材料科学与工程实验系列教材

腐蚀科学与工程实验教程

主　编　王吉会
副主编　芦　笙　孙建波
主　审　于金库

北 京 大 学 出 版 社
国 防 工 业 出 版 社
哈 尔 滨 工 业 大 学 出 版 社
冶 金 工 业 出 版 社

内 容 简 介

本书是材料科学与工程实验系列教材之一，是根据高等院校材料科学与工程一级学科中"材料的腐蚀与保护"课程教学的基本要求，同时又考虑到教育部卓越工程师教育培养计划中对工程教育改革的需要而编写的。本书分为绪论、腐蚀实验体系与常用测量仪器、腐蚀科学基础实验、腐蚀工程基础实验、研究性腐蚀综合实验和工程性腐蚀综合实验六部分内容。

本书既可作为"材料的腐蚀与保护""腐蚀电化学""腐蚀与控制工程""金属腐蚀学"等课程的配套实验教材，也可用于材料科学、材料化学、腐蚀工程等专业方向单独开设的实验课程教学。同时，也可供从事腐蚀与防护研究及工程应用的研究生和专业技术人员参考使用。

图书在版编目(CIP)数据

腐蚀科学与工程实验教程/王吉会主编. —北京：北京大学出版社，2013.8
（材料科学与工程实验系列教材）
ISBN 978-7-301-23030-5

Ⅰ. ①腐… Ⅱ. ①王… Ⅲ. ①腐蚀—高等学校—教材②工程化学—化学实验—高等学校—教材
Ⅳ. ①TG17②TQ016

中国版本图书馆 CIP 数据核字（2013）第 190858 号

书　　　　名：腐蚀科学与工程实验教程
著作责任者：王吉会　主编
策 划 编 辑：童君鑫　黄红珍
责 任 编 辑：黄红珍
标 准 书 号：ISBN 978-7-301-23030-5/TG · 0046
出 版 发 行：北京大学出版社
地　　　　址：北京市海淀区成府路 205 号　100871
网　　　　址：http://www.pup.cn　新浪官方微博：@北京大学出版社
电 子 信 箱：pup_6@163.com
电　　　　话：邮购部 62752015　发行部 62750672　编辑部 62750667　出版部 62754962
印　刷　者：北京鑫海金澳胶印有限公司
经　销　者：新华书店
　　　　　　787 毫米×1092 毫米　16 开本　13.75 印张　302 千字
　　　　　　2013 年 8 月第 1 版　2013 年 8 月第 1 次印刷
定　　　　价：32.00 元

材料科学与工程实验系列教材总编委会

总主编 崔占全　潘清林　赵长生　谢峻林

总主审 王明智　翟玉春　肖纪美

材料科学与工程实验系列教材编审指导与建设委员会成员单位：

燕山大学、清华大学、东北大学、中南大学、四川大学、武汉理工大学、北京科技大学、郑州大学、哈尔滨工业大学、天津大学、大连理工大学、山东大学、南昌大学、南昌航空大学、兰州理工大学、中国石油大学(华东)、太原理工大学、北方民族大学、河南理工大学、西南石油大学、佳木斯大学、陕西理工大学、江苏科技大学、沈阳工业大学、沈阳理工大学、沈阳化工大学、河南科技大学、太原科技大学、成都理工大学、北华航天工业大学、大连交通大学、九江学院、河南工业大学、东北大学秦皇岛分校、武昌工学院

序

实验教学是培养学生动手能力及分析与解决问题能力，即综合素质与能力的基础，是学生理论联系实际的纽带和桥梁，是高等院校培养创新与开拓应用型人才的重要手段，因此，实验教学及国家级实验示范中心建设至关重要，同时也在高等院校人才培养计划中占有极其重要的地位。但长期以来，实验教学存在以下弊病：

（1）在高等院校的教学中存在重理论轻实践的现象，实验教学长期处于从属于理论教学的地位，大多没有单独设课；

（2）实验教师队伍建设落后，师资力量匮乏，部分实验教师由于种种原因而进入实验室，且实验教师知识更新不够；

（3）实验内容陈旧单调，局限在验证理论、服务于理论教学，忽视对学生能力的培养；

（4）实验教学学时有限，且在教学计划中实验教学缺乏系统性，为了理论教学任务往往挤压实验教学时数，实验教学没有被置于适当的位置；

（5）设备缺乏且陈旧，组数少，大大降低了实验效果；

（6）实验方法呆板、落后，学生按照详细的实验指导书机械地模仿和操作，缺乏思考、分析和设计过程，被动地重复几年不变的书本上的内容，整个实验过程是教师"抱着"学生走；

（7）很多高等院校存在实验室开放程度不够，实验室的高精尖设备学生根本没有机会操作，更谈不上培养学生动手能力及分析与解决问题的能力。

近年来，我国高等教育取得了历史性突破，实现了跨越式的发展，高等教育由精英教育变为大众化教育。以国家需求与社会发展为导向，走多样化人才培养之路是今后高等教育教学改革的一项重要内容。"百年大计，教育为本；教育大计，教师为本；教师大计，教学为本；教学大计，教材为本。"有了好的教材，就有章可循，有规可依，有鉴可借，有路可走。师资、设备、资料（首先是教材）是高等院校的三大教学基本建设。

为落实教育部"质量工程"及"卓越工程师"计划，建设好材料类特色专业与国家级实验示范中心，培养面向 21 世纪高等院校材料类创新型综合性应用人才的目的，材料科学与工程实验系列教材编审委员会特别组织了国内 40 余所院校及四家出版社 100 多名专家、学者共同研讨、编写与出版的这套大型实验系列教学丛书。编写本套教材的基本思路是：以总结已有、通向未来、面向 21 世纪且优化实验教材的宗旨，为培养材料科学与工程人才提供一个平台。为确保教材品位、体现材料科学与工程实验教材的国家水平，编委会特意对培养目标、教材编写大纲、书目名称、主干内容等进行了研讨，经全体编审教师的共同努力，此套教材即将出版发行，我们殷切期望此套教材能够满足国内高等院校材料科学与工程类各个专业教育改革发展的需要，并在教学时间中得以不断充实、完善、提高和发展。

本套实验系列教材的编写特色如下：

（1）实验教材的编写与教育部专业设置、专业定位、培养模式、培养计划、各学校实际情况联系在一起；坚持加强基础、拓宽专业面、更新实验教材内容的基本原则。

（2）成立实验系列教材编审委员会。

① 成立以国内各学科专家、院士为首的高水平实验系列教材总编审指导委员会。审查教材编写的选题；撰写、出版高水平教材；把关教材总体编写质量；为教材作序。

② 成立以教学第一线骨干教师及主编主审为首的各门实验教材编写委员会。审查编写大纲、编写教材；教材成稿后，组织国内同一学科专家把关，提出教材修改意见；出版优秀教材、精品教材、"十二五"国家级规划教材，将教材编写与精品课程、质量工程等联系起来。

（3）实验教材编写紧跟世界各高校教材编写的改革思路。注重人才素质、创新意识及创造能力、工程意识的培养，注重动手能力及分析与解决问题的能力的培养。

（4）实验教材的编写与专业人才的社会需求实际情况联系在一起，做到宽窄并举；教材编写听取用人单位专业人士的意见。

（5）实验教材编写突出专业特色、深浅度适中，树立实验教材编写质量是生命线的思想。

（6）教材编写中，要处理好两个关系。教材编写要处理好基础课与实验课之间的关系；处理好实验课与其他专业课之间的关系。

（7）实验教材编写注意教材体系的科学性、理论性、系统性、实用性，不但要编写基本的、成熟的、有用的内容，同时也要将相关内容的未知问题在教材中体现，只有这样才能真正培养学生的创新意识。

（8）实验教材编写要体现教学规律及教学方法，真正编写出一本教师及学生都感到得心应手的教材。

（9）注重实验教材与专业教材、学习指导、课堂讨论及习题等配套教材的编写。实验教材出版后，往往要有配套教材，力争打造立体化教材。打破配套教材编写无人过问，且专业教材内容陈旧，先进的实验方法与内容无人编写的尴尬局面。

（10）此次编写的材料科学与工程实验教材名称有：材料科学基础实验教程（金属材料工程专业）；机械工程材料实验教程（机械类、近机类专业）；材料科学与工程实验教程（金属材料工程）；高分子材料实验教程（高分子材料专业）；无机非金属材料实验教程（无机专业）；材料成形与控制实验教程（压力加工分册）；材料成形与控制实验教程（铸造分册）；材料成形与控制实验教程（焊接分册）；材料物理实验教程（材料物理专业）；超硬材料实验教程（超硬材料专业）；表面工程实验教程（材料的腐蚀与防护专业）等二十余本实验教材。

（11）材料科学与工程实验系列教材所包含实验内容为：基础入门型实验，设计研究型实验，综合型实践实验，软件模拟型实验，创新开拓型实验。每个实验包含实验目的、实验原理、实验设备与材料、实验内容与步骤、实验注意事项、实验报告要求、思考题等内容。教材涉及的专业及内容极其广泛。

全套实验教材由崔占全（燕山大学）、潘清林（中南大学）、赵长生（四川大学）、谢峻林（武汉理工大学）主编；王明智（燕山大学）、翟玉春（东北大学）、肖纪美（北京科技大学、院士）主审；教材编写后分别由北京大学出版社、国防工业出版社、哈尔滨工业大学出版社、冶金工业出版社等出版社出版。

由于编者水平及时间有限，不足之处难以避免，敬请读者批评指正。

材料科学与工程实验系列教材总编审委员会
2011 年 6 月

前　　言

　　"腐蚀科学与工程"是一门研究材料在各种环境条件下的表面形态演变、过程作用规律、影响因素、测试技术及控制措施的综合性技术学科。其主要内容是认识材料腐蚀过程的基本规律和机理，获取与积累材料腐蚀数据，并开发耐蚀材料、保护方法、评价与检监测技术等。在目前高等院校的本科生教学中，腐蚀科学与工程的理论内容常以"材料的腐蚀与防护""腐蚀电化学""金属腐蚀学""腐蚀与控制工程""表面科学与工程"等课程的形式出现在材料、化工、石油、机械、冶金等专业课程中；而实验教学内容相对较少，且缺乏系统性和完整性。

　　随着教育部卓越工程师教育培养计划的启动及工程教育改革的全面展开和进行，对学生的实验技能和工程实践能力要求越来越高。在此情况下，2011年1月在燕山大学召开了第一届高等院校材料科学与工程实验教学研究会，旨在研究实验教学改革，交流实验教学经验，提高材料科学与工程系列实验教学的质量和水平。本书就是根据本次研究会的会议精神，并考虑腐蚀科学与工程课程的教学要求而编写的。

　　鉴于腐蚀科学与工程学科理论体系的特点及实验教学的需要，全书共分6章。第1章和第2章主要介绍腐蚀实验的目的、意义和分类，及腐蚀实验设计、腐蚀实验体系与常用测量仪器。第3章是从腐蚀速率和其他腐蚀参数测定两方面进行的腐蚀科学基础实验；而第4章是从电化学保护、缓蚀剂、表面改性与涂覆、腐蚀监测四方面进行的腐蚀工程基础实验。第5章和第6章是为培养学生科学研究水平和解决工程实际问题能力而设计的研究性和工程性腐蚀综合实验。相信通过这些从腐蚀实验设计到仪器使用，从腐蚀科学实验到腐蚀工程实验，从腐蚀基础实验到研究性、工程性综合实验的实验训练，会使学生加深对腐蚀科学与工程的基本理论和研究方法的理解，培养与锻炼学生的腐蚀科学与工程实验技能，从而为学生今后独立地分析和解决实际工程材料的腐蚀问题打下良好基础。

　　本书是材料科学与工程实验系列教材之一，由天津大学王吉会任主编，江苏科技大学芦笙和中国石油大学（华东）孙建波任副主编。其中第2章及第3章的实验十二、第4章的实验四十二和第5章的实验四十五由中国石油大学（华东）的孙建波编写；第3章的实验一与实验二、第4章的实验二十二由中国石油大学（华东）的赵卫民编写；第3章的实验三与实验十一、第6章的实验四十四由中国石油大学（华东）的王炳英编写；第3章的实验四、实验五、实验七、实验十四、实验十五、实验十七由江苏科技大学的吴海峰、郑传波编写；第3章的实验八与实验九、第4章的实验三十六、第5章的实验四十一、第6章的实验四十三由江苏科技大学的李照磊编写；第4章的实验二十九、实验三十四和实验三十五由江苏科技大学的芦笙编写；其余由天津大学王吉会编写。最后，由王吉会进行统稿和定稿工作，并由燕山大学于金库主审。

　　本书的编写，得到了天津大学本科实验教学改革与研究项目"综合性实验的开发与学生工程实践能力培养"及天津大学、中国石油大学（华东）和江苏科技大学材料科学与工程学院的大力支持与帮助。另外，本书的编写和出版还得到了北京大学出版社的支持与热情协助。特此向所有支持、帮助和关心本书编写工作的各级领导、专家和同仁表示衷心的感谢！

由于腐蚀科学与工程学科涉及的研究内容和应用领域十分广泛，但编者的专业领域和知识水平有限，书中难免存在疏漏和不当之处，敬请各位老师、同学和读者批评指正，以便今后再版时加以修正和弥补。

编　者
2013 年 4 月

目　　录

第1章
绪 论

1.1 材料腐蚀与保护的概念

1. 腐蚀的概念

材料在环境作用下发生的破坏和变质的现象，称为腐蚀。材料发生腐蚀应具备以下条件：①材料和环境构成同一体系；②材料与环境间的化学或电化学相互作用，有时某些物理作用如液态金属中的物理溶解也可归入腐蚀的范畴；③材料发生了破坏和变质。只要具备了以上条件，材料腐蚀现象就存在。

从材料看，材料的腐蚀不仅发生在金属材料-环境体系中，也存在于陶瓷、高分子材料、复合材料和各种功能材料与环境构成的体系中。从环境看，腐蚀环境可分为介质性环境(如各种腐蚀性溶液、土壤、大气、熔盐、液态金属、食品、饮料等)和作用性环境(如应力、疲劳、振动、冲击、摩擦、空蚀、辐照等)；腐蚀环境的影响因素有化学因素(溶液成分、浓度、pH、溶解氧等)、物理因素(温度、压力、速率、机械作用、辐照和电磁场等)和生物因素(生物种类、群落特性及代谢产物)等。

2. 腐蚀的危害

由以上的腐蚀概念可知，材料的腐蚀问题几乎存在于国民经济的各个领域，如能源(石油、天然气、火电、水电、核电、风电)、交通(航空、铁路、公路、船舶等)、机械、冶金、化工(石油化工、精细化工、制药工业等)、轻工、纺织、食品、电子、信息和海洋开发等。因此，由于材料腐蚀而造成的损失是十分巨大的。

从经济损失看，腐蚀造成的经济损失约占国民生产总值(GNP)的 3%～5%。2003 年出版的《中国腐蚀调查报告》指出，2000 年我国因腐蚀造成的直接损失约 2288 亿元人民币，占我国 GNP 的 2.4%；若计入间接损失，腐蚀总损失可达 5000 亿元，约占我国 GNP 的 5%。

除经济损失外，材料的腐蚀也会对材料构件如桥梁、船舰、化工容器等的安全造成威胁。与此同时，材料的腐蚀也会加速自然资源的损耗和浪费，如我国每年因腐蚀消耗的钢材约为 19000 万 t，占我国钢产量的 1/3。此外，材料的腐蚀问题，还会引起环境污染，从而导致水和土地资源的紧缺。

3. 材料的保护

虽然材料的腐蚀会给工业生产造成巨大的经济损失和人身安全威胁，但只要认识了材料腐蚀过程的规律和机理，就可以发展出正确合理的防护技术，从而有效地避免或减缓材料腐蚀的发生。

材料的防腐蚀方法很多，主要有：①合理选择材料或设计研发耐蚀的新材料；②对材料进行表面处理如磷化、氧化、钝化、转化、电镀、热喷涂、涂料、衬里、包覆等，从而将材料与环境介质隔开；③改善腐蚀环境，如减少腐蚀介质浓度、调节 pH、除氧、脱盐、加入缓蚀剂等；④电化学保护，如牺牲阳极保护和外加电流阴极保护等；⑤进行合理的防腐蚀设计，如合理设计表面与几何形状，避免异种金属连接、构件应力集中、产生缝隙结构等。

在上述几种方法中，方法①与材料科学有密切的关系，是材料保护的内因；方法②～⑤与化学、表面科学相关，是材料保护的外因。针对具体的材料腐蚀问题，需要对材料的腐蚀环境、保护效果、技术难易程度、经济效益和社会效益等进行综合评估，然后选择合适的保护方法或方法组合。

1.2　腐蚀实验的目的与意义

腐蚀科学与工程（也称材料的腐蚀与防护或材料腐蚀学）是一门研究材料在各种环境条件下的表面形态演变、过程作用规律（化学/电化学的、热力学/动力学的）、影响因素、测试技术及控制措施的综合性技术学科。其主要内容是认识材料腐蚀过程的基本规律和机理，获取与积累材料腐蚀数据，并发展耐蚀材料、保护方法、评价与检监测技术等。

作为技术性学科，腐蚀实验方法与测试技术在腐蚀科学与工程中占有十分重要的地位。一方面，腐蚀科学的理论和规律都要经过腐蚀实验的验证，从而使理论变得直观可察；另一方面，发展的防护技术和控制措施也要在腐蚀实验过程中加以考核，因为只有这样才能真正解决工程实际应用中遇到的材料腐蚀问题。

在大多数情况下，进行腐蚀实验的目的是测定材料在特定条件下的耐蚀性，从而给出该材料在服役条件下所表现出的腐蚀行为信息。具体来说，又可细化为如下内容：

（1）研究或阐明腐蚀反应规律和腐蚀机理，包括腐蚀反应的类型、速率及与影响因素间的关系。

（2）对确定的材料/介质体系，测定腐蚀体系的特征数据如腐蚀失重、腐蚀孔深、裂缝长度、使用寿命等。

（3）确定由于材料腐蚀对介质造成污染的可能性或污染程度。

（4）进行失效分析，追查发生腐蚀事故的原因，寻求解决问题的办法。

（5）选择合适有效的防腐蚀措施，并估计其效果。

（6）选择适合在特定腐蚀环境中使用的材料。

（7）研制开发新型耐蚀材料。

（8）对设备的腐蚀状态进行动态检监测。

（9）对表面处理工艺、缓蚀剂的有效性及防腐蚀新工艺、新技术进行检验等。

通过对腐蚀实验方法和测试技术的学习与实际操作训练，可使学习者获得以下的基本能力：

（1）理解与掌握腐蚀科学与工程的基本研究方法、试验技术和计算机应用的基本技能。

（2）具有合理选择耐蚀材料和采取正确防护措施的能力。

（3）具有进行防腐蚀工程设计的初步能力。

（4）具有初步的耐蚀新材料，防腐新工艺、新技术的研究开发能力。

1.3　腐蚀实验方法的分类

由于腐蚀实验中实验材料、腐蚀介质和环境条件的多样性和复杂性，因此腐蚀实验方法也呈现出多样性的特点。对众多的腐蚀实验方法，可按材料、环境、腐蚀类型和工业应用领域等进行分类，如图 1.1 所示。按腐蚀类型，腐蚀实验方法可分为均匀腐蚀、点蚀、缝隙腐蚀、电偶腐蚀、晶间腐蚀、应力腐蚀、腐蚀疲劳等；按环境，腐蚀实验方法可分为大气腐蚀、海水腐蚀、土壤腐蚀、微生物腐蚀等。

除以上分类方法外，还可按实验场所对腐蚀实验进行分类。按实验场所（或试样大小、或测试类型），腐蚀实验方法可分为实验室试验、现场试验和实物试验。

1. 实验室试验

在实验室内，有目的地将专门制备的小型试样在人工配制的或取自实际环境的腐蚀介质和受控实验条件（温度、流速、除氧等）下进行的腐蚀试验，称为实验室试验。

实验室试验，又可分为模拟试验和加速试验。实验室模拟试验是一种不加速试验，指在实验室的小型模拟装置中，尽可能精确地人为模拟实际环境，或在专门规定的介质条件下进行的试验。这种试验的稳定性和重现性好，但试验周期较长、试验费用也较高。实验室加速试验是人为地强化一个或几个控制因素，从而可在较短的时间内确定材料发生腐蚀的倾向，或相对比较材料在指定条件下耐蚀性的一种加速试验方法。但需要注意的是，加速试验中不应引入实际条件并不存在的因素，也不能因为引入加速因素而改变实际条件下的腐蚀机理。

实验室试验的优点在于：①可充分利用实验室的精确测试仪器和控制设备；②试样形状和大小的选择有较大的灵活性；③可严格控制试验中的各影响因素；④可灵活地规定试验时间（与自然环境情况相比，一般情况下实验室试验的周期较短）；⑤试验结果的重现性较好。但实验室试验的局限性在于：①实验室试样的状态（如冶金、加工状态等）很难于与实物状态保持完全一致；②实验室试样与实物的面积存在差别；③实验室腐蚀介质和试验条件与实际情况存在差异。

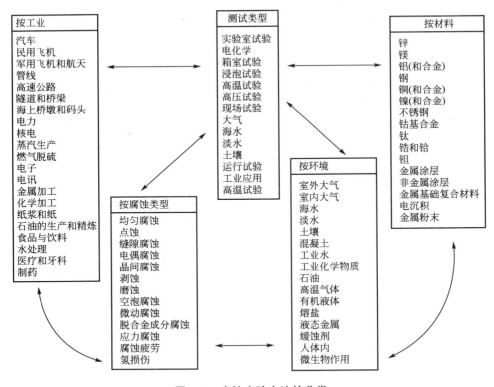

图 1.1　腐蚀实验方法的分类

2．现场试验

把专门制备的材料试样置于现场实际应用的环境介质(天然海水、土壤、大气或工业介质)中进行腐蚀试验，称为现场试验。现场试验的最大特点是环境条件的真实性，因而其试验结果比较可靠，常用于筛选材料、评定材料的耐蚀性、预测材料的使用寿命、考核防腐措施的有效性及检验实验室试验结果的可靠性等。

但现场试验的缺点是：①试验中环境因素无法严格控制、试验条件可能有较大变化，试验结果分散性大、重现性较差；②试验周期长；③现场试验中的试样状态仍与实物间有很大差异。

3．实物试验

实物试验是将待实验的材料制成实物部件、设备或小型试验装置，在现场的实际应用条件下进行的腐蚀实验。虽然这种试验能如实地反映实际使用材料的状态及环境介质状态，且试验结果比较可靠，但试验的费用大、周期长，且只能提供定性的评定考核。

按实验周期，腐蚀实验方法可分为长时间腐蚀实验、短时间腐蚀实验和快速腐蚀实验。长时间腐蚀实验的试验周期，常接近现场试验的情况；短时间腐蚀实验是指通过强化腐蚀作用来使试验周期缩短的腐蚀实验，这与实验室加速试验相似。而快速腐蚀实验是通过选择适当的介质使试验周期大为缩短的实验，如不锈钢的点蚀实验、晶间腐蚀实验等，常用于材料的快速腐蚀性检验。

由于实验课程的时间限制，本书涉及的实验主要是在较短时间内完成的实验室试验，但这并不会削弱现场试验和实物试验在腐蚀实验方法中的作用和重要性。

1.4 本书的编写思路与教学安排

1. 编写思路

腐蚀科学与工程是一门融合材料科学、化学、电化学、物理学、表面科学、力学、生物学和环境科学等多种学科的综合性交叉学科，其研究手段涉及电化学测试、材料微观分析、物相表征、化学分析等仪器和设备，其应用范围包括各种工业领域的化学介质环境和大气、土壤、海/河水等自然环境。

在目前高等学校的本科生教学中，腐蚀科学与工程的理论内容常以"材料的腐蚀与防护""腐蚀电化学""金属腐蚀学""腐蚀控制工程""表面科学与工程"等课程的形式出现在材料、化工、石油、机械、冶金等专业课程中；而实验教学内容则相对较少，且缺乏系统性和完整性。

随着高等学校工程教育改革的开展和进行，对学生的实验技能和工程实践能力要求越来越高。加之，腐蚀科学与工程是一门具有很强实验性质的技术学科，因此就迫切需要编写一本能较全面系统反映腐蚀科学与工程内容的实验教程，以满足本科生实验教学的需要，提升学生的研究创新和工程创新能力。

鉴于腐蚀科学与工程学科理论体系的特点及实验教学的需要，全书分为 6 章。第 1 章是绪论，主要介绍腐蚀实验的目的、意义及腐蚀实验方法的分类。第 2 章主要叙述腐蚀实验设计、条件控制、腐蚀实验体系与常用的测量仪器。第 3 章从腐蚀速率和其他腐蚀参数测定两方面对腐蚀科学的理论进行实验验证；第 4 章则是从电化学保护、缓蚀剂、表面改性与涂覆、腐蚀监测等四方面对材料防护措施的有效性进行检验。此外，为培养学生的科学研究水平和解决实际问题的能力，从耐蚀材料、应力作用环境、涂料设计和腐蚀产物膜分析等方面设计了四个研究性综合实验(第 5 章)；从海水、土壤、石油、混凝土等工程实际问题出发，提取出四个工程性综合实验(第 6 章)。相信通过这些从腐蚀实验设计到仪器使用、从腐蚀科学实验到腐蚀工程实验、从腐蚀基础实验到研究性、工程性综合实验的实验训练，会使学生熟练地掌握腐蚀科学与工程的基本理论和研究方法，具备扎实的腐蚀科学与工程实验技能，具有初步分析和解决工程实际材料腐蚀问题的能力。

2. 教学安排

作为本科生的实验教学内容，本书既可与《材料的腐蚀与防护》、《腐蚀电化学》、《金属腐蚀学》、《腐蚀控制工程》等理论教程配套使用，也可以单一设课的形式进行实验课程的独立教学。

在具体教学安排上，整个实验教程约需要 48 学时。其中绪论和腐蚀实验体系与常用测量仪器部分约需 4 学时；在腐蚀科学实验和腐蚀工程实验部分，可根据各学校的需要分别选做 6～8 个实验，需 24～32 学时；对研究性综合实验和工程性综合实验，可以项目式教学(project teaching)或专业课程设计的形式分别选做 1～2 个，需 16～20 学时。

在进行每一个具体实验时，首先要仔细阅读实验指导书，了解实验目的和要求，熟悉实验的测试原理、仪器使用方法和实验步骤等内容，并写出实验预习提纲。进入实验室后，应先检查测量仪器和化学试剂是否符合要求。在实验操作过程中，应严格控制实验条件、仔细观察实验现象，详细记录各种原始数据，善于发现和及时解决实验中可能出现的问题。实验结束后，整理实验仪器和实验台，将原始实验记录交给老师进行签字，然后正确处理实验数据，并按时完成实验报告。实验报告应包括实验目的、实验原理、实验材料、实验仪器、实验步骤、数据处理(图、表)、结果讨论、思考题、参考文献、心得体会或改进建议等内容。

第2章
腐蚀实验体系与常用测量仪器

对材料的腐蚀与防护研究如腐蚀行为和机理、耐蚀性评价、腐蚀事故原因分析和防护效果验证等，都离不开腐蚀实验。而腐蚀实验的目的能否达到，与腐蚀实验体系的设计、实验和评价方法的选择、实验仪器的操作运用密切相关。

因此，为加深对腐蚀实验的理解，本章将首先介绍腐蚀实验的设计与实验条件的选择，然后再对腐蚀电化学测量体系和常用仪器作简明扼要的介绍。至于腐蚀实验体系和测量仪器的详细论述，可参考本书所列的相关参考文献。

2.1　腐蚀实验设计与条件控制

2.1.1　腐蚀实验设计

一般情况下，实验研究常包括研究目标的确定、实验方法的选择、实验条件的控制、实验参数的测量及实验结果的解析等五方面的内容。对于腐蚀实验的研究和设计，也不例外。

确定腐蚀实验的目的和目标，是进行腐蚀实验的前提。因为腐蚀研究的具体目标不同，可能采用的实验方法、实验条件、表征参数等也会有所差异。腐蚀实验的目的，既可能是评价材料的耐蚀性、防护措施的有效性，也可能是确定腐蚀环境的浸蚀性、腐蚀类型和机制，甚至是服役部件在运行环境中的腐蚀状况分析或失效部件的原因分析，等等。

研究目标和目的的确定后，接下来是设计或选择实验方法。尽管腐蚀实验的目的不同、材料-环境间的组合千差万别，但腐蚀实验与评价的方法仍有规范可循。国际标准组织（ISO）、美国材料与试验协会（ASTM）、英国标准学会（BSI）、德国标准学会（DIN）、腐蚀和失效防护联合体（USCAP）、美国腐蚀工程师协会（NACE）、国际电化学委员会（IEC）等，都制定有相应的腐蚀实验标准；我国也制定了详尽的腐蚀实验方法标准，并出版了腐蚀实验方法标准汇编。这些标准中的腐蚀实验方法，可为我们正确选择腐蚀实验方法提供指导性的依据和有益的借鉴。

在实验过程中，材料的腐蚀行为往往受到材料、介质和环境条件等多种因素的影响，有时这些因素间还存在交互或协同作用。因此，应力求找出其中的关键影响因素，并严格控制其他因素，以保证实验结果的可靠性和重现性。

此外，任何实验方法中都有其理论依据；应当正确理解所用实验方法的原理、实验技术和限制条件，以便能正确地测量并获得实验参数。

最后，经腐蚀实验所获得的实验数据还通常需要经过去伪存真的逻辑分析和数学统计处理，进而将实验参数转化为有用的信息。在简单情况下，实验结果的解析可采用极限简化或解析法，配合适当的作图方式来计算某些参数；也可利用计算机建立模型、模拟解析或曲线拟合等求解参数。

2.1.2 实验条件控制

由于腐蚀试样、试验介质、环境条件和实验周期等均会影响实验结果的可靠性、准确性和重现性，因此进行腐蚀实验时必须加以控制。

1. 腐蚀试样

试验材料的选择，要依据实验的目的来确定。选择时，不仅要考虑材料的基本特点（化学成分、金相组织、表面粗糙度等），而且要考虑到材料的生产过程和最后的成形、加工、焊接及热处理方式。因为这些因素均会影响材料的耐蚀性，从而使材料的代表性受到质疑。

试验材料的形状和尺寸，主要取决于实验目的、材料性质、实验时间和实验装置等。一般情况下，试样的形状应尽可能简单，以便加工试样、测量腐蚀表面积和清除腐蚀产物。为消除边界效应的影响，试样的表面积与其质量之比要大些，边缘面积对总面积之比要小些。通常用得最多的是薄矩形、圆形薄片和圆棒试样；有时也可根据实际需要将试样制成较复杂的形状，如应力腐蚀试样等。

在试样制备方面，为消除试样表面状态的差异，获得均一的表面，在实验前要对腐蚀试样进行规范化的表面处理。表面处理包括机械切削、粗磨、细磨、抛光（机械抛光、化学抛光、机械-化学抛光等）到一定的粗糙度等。对试样表面的残屑和油污，要进行除锈、除油清洗。清洗后的试样，在空气中或冷风干燥后置于干燥器中静置24h后使用。

为控制试验结果的偶然误差，提高测量结果的准确性，一般要求每次实验应采用一定数量的平行试样。平行试样数量越多，结果的准确性就越高。通常情况下，平行试样的数目为3～5个；对加载应力的实验，平行试样数量为5～10个。

腐蚀试样在试验介质中的安放，大多采用悬挂或支架支撑的方式固定在介质中。对此的要求是：①支架或悬挂物应不妨碍试样与腐蚀介质的自由接触，支架或容器壁与试样应保持点接触或线接触，尽可能减少屏蔽面；②支架或悬挂物应是惰性的，在实验中既不能因腐蚀而失效，也不能因其腐蚀而污染溶液；③保证试样相互之间、试样与容器及支架间的电绝缘，并避免形成缝隙；④试样装取方便、牢固可靠；⑤在同一容器中，避免不同试样间的相互干扰。

为保证试样有恒定的暴露面积，经常需要将试样的非工作面用蜂蜡、环氧树脂、聚四氟乙烯或密封胶等进行封闭处理。腐蚀试样在容器的相对位置，可根据需要垂直、水平或倾斜放置；也可以全部、部分或间断地暴露于介质中，以模拟实际应用中的全浸、半浸和间浸实验。

2. 试验介质

在腐蚀实验中，介质因素主要包括：①介质类型、主要成分、杂质成分、浓度及分布；②溶液的 pH；③介质的电导率；④实验过程中形成腐蚀产物的性质；⑤含有的固体粒子的数量及尺寸；⑥介质的容量；⑦生物因素等。进行腐蚀实验前，应分析找出影响腐蚀过程的主要因素，并在实验中加以严格控制。

在解决实际腐蚀问题时，应尽可能采用实际应用的介质，或在实验室模拟配制实验介质。为加速腐蚀实验过程，有时还需要采用强化的加速腐蚀实验介质。

腐蚀实验中的介质容量取决于试样面积、腐蚀速度和实验周期。原则是不能因为腐蚀过程的进行而使介质中的腐蚀性组分明显减少，腐蚀产物在介质中的积累也不能明显改变腐蚀规律。一般情况下，介质容量与试样面积的比例控制在 $20\sim200\text{mL/cm}^2$；下限适用于浸蚀性比较温和和试验时间不太长的腐蚀实验，上限适用于浸蚀性比较强和试验时间长的实验。

在试验前、试验过程和试验结束时，应注意检查溶液的成分，以确定由于蒸发、稀释、催化分解或腐蚀反应可能引起的变化。为控制由于水分蒸发引起的变化，可采用恒定水平装置、回流冷凝装置，有时需要采取人工定时添加蒸馏水等措施。

3. 环境条件

除试样和环境介质外，影响腐蚀过程的环境条件还有温度、介质流速、充气或去气等。

介质温度的选择，要尽量模拟实际应用的情况，或根据腐蚀试验标准而确定。温度的控制，可采用水（油）浴恒温器、空气恒温箱等实现；也可用加热装置对腐蚀介质直接加热，进而用温度传感器进行控制的方式实现。

腐蚀试样与介质间的相对运动，可通过搅拌器、流体管道系统、旋转圆盘、圆环、盘-环、环-环和旋转圆筒等装置来实现。

在敞开大气中进行腐蚀实验时，空气中的氧和 CO_2 会溶解到实验溶液中，进而对腐蚀实验结果产生影响。因而对实验溶液进行充气和去气处理，是控制溶液中气体含量的常用方法。充气一般是指向溶液中供氧，可以直接供以氧气，也可以供以空气，或氧气与惰性气体的混合气体。去气则是将惰性气体（如氮气、氩气）鼓入溶液，以驱除溶液中的氧；另外，也可通过抽真空与充惰性气体相结合，或加热溶液驱氧、加入除氧剂除氧等方式来实现去气。

4. 实验周期

腐蚀实验的时间，与材料的腐蚀速率有关。一般来说，材料腐蚀速率越高，实验时间越短。对于中等或较低腐蚀速率的体系，可用试验周期（h，小时）＝50/腐蚀速率（mm/a，毫米/年）来进行试验周期的粗略估计。

在实验室中，一个周期的浸泡试验的时间通常为 $24\sim168\text{h}(1\sim7$ 天），并且至少要进行两个周期的腐蚀实验。在实验教学中，由于教学时间的限制，可压缩实验周期，只进行基本方法的训练。

2.2　腐蚀电化学体系

在腐蚀体系的电化学测量中，最常用的是三电极体系。三电极体系由放置在电解池中的研究电极(工作电极)、参比电极和辅助电极组成,其基本电路如图 2.1 所示。从图 2.1 中可以看出,三电极体系构成了两个回路:一是极化回路,由极化电源、研究电极和辅助

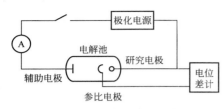

图 2.1 腐蚀电化学测量中三电极体系的电路示意图

电极构成,极化电源为研究电极提供极化电流,在极化回路中有电流通过,可对极化电流进行测量和控制;二是测量控制回路,由电位差计、参比电极和研究电极构成,其作用是测量或控制研究电极相对于参比电极的电位差,在测量控制回路中没有极化电流通过,只有极小的测量电流,所以不会对研究电极的极化状态造成干扰。

进行测量时,采用电化学仪器给研究体系(电解池)施加一定的激励,并检测其响应信号,进而通过对实验数据的分析揭示研究体系的腐蚀行为和腐蚀机理。由此可见,腐蚀电化学的测量是通过电解池和电解池中的电极实现的,它们是整个腐蚀电化学测量回路中的重要组成部分。下面,就电极和电解池的结构设计与组装进行说明。

2.2.1 电解池

腐蚀用的电解池(electrolytic cell),又称极化池。由于电极反应是在腐蚀电极表面进行的,溶液中微量有害杂质的存在往往会明显地影响电极反应的动力学过程,因此制作电解池的材料必须有很好的稳定性。

实验室测量用的小型电解池通常用玻璃制成;玻璃具有范围很大的使用温度,能在火焰下加工成各种形状,又具有高度的透明性。在大多数无机电解质溶液中,玻璃具有良好的化学稳定性和加工性能,但在氢氟酸溶液、浓碱液及碱性熔盐中不稳定。近年来由于塑料工业的发展,很多合成材料如聚四氟乙烯、有机玻璃、聚乙烯等具有良好的化学稳定性和加工性能,它们也可以用作电解池的材料。

电解池的选择和设计,主要考虑以下因素:

(1)电解池的各接口布置要合理。除了设置常用三电极体系的研究电极、辅助电极和参比电极外,还应设置气体进、出口,以供对电解质溶液去气或充气之用。各电极的安装、定位和更换应比较方便。

(2)电解池应有足够的容量,以保证研究电极面积与电解质溶液的比例。一般要求 $1cm^2$ 电极有 $50mL$ 以上的电解质溶液。

(3)电解池应容易清洗,并且其制造材料不能污染电解质溶液。

图 2.2 是一种简单的三室电解池(也称为 H 形电解池)。其研究电极、辅助电极和参比电极各自处于一个电极管中,研究电极和辅助电极之间以多孔烧结玻璃板隔开,参比电极位于参比电极管中,通过鲁金毛细管同研究体系相连,毛细管口靠近研究电极表面。三个电极管以研究电极为中心直角布置,有利于电流的均匀分布和进行电位测量,也有助于电解池的稳妥放置。图 2.3 是美国材料与试验协会(ASTM)推荐的腐蚀电解池。它通常是玻璃五口瓶,电解池配有带鲁金毛细管的盐桥,参比电极通过它与电解池连通。

常用电解池的实验照片如图 2.4 所示。其中图 2.4(a)为 H 型电解池;图 2.4(b)为平板电解池;图 2.4(c)为涂层评价电解池;图 2.4(d)为简易密封型电解池;图 2.4(e)为五口型电解池。

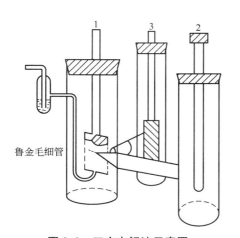

图 2.2　三室电解池示意图
1—研究电极；2—参比电极；3—辅助电极

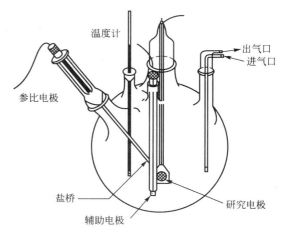

图 2.3　一种用于金属腐
蚀研究的电解池

(a) H型电解池

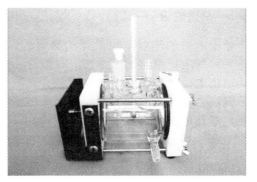

(b) 平板电解池

(c) 涂层评价电解池

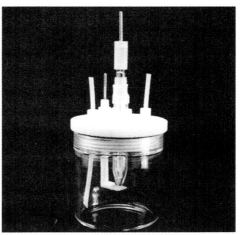

(d) 简易密封型电解池

图 2.4　常用电解池的实物照片（图片来自天津艾达恒晟科技发展有限公司）

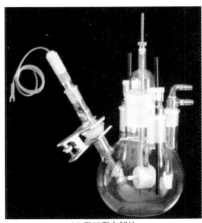

(e) 五口型电解池

图 2.4　常用电解池的实物照片 (图片来自天津艾达恒晟科技发展有限公司) (续)

2.2.2　参比电极

由于单个电极的绝对电位是无法测量的，因此参比电极 (reference electrode，RE) 的作用是作为测量电极电位的"参比"对象。利用参比电极，可从测得的电池电动势计算被测电极的电极电位。参比电极的性能，直接影响着电位测量或控制的稳定性、重现性和准确性。不同场合对参比电极的性能要求不尽相同，应根据具体测量对象，合理选择参比电极。当然，参比电极的选择还是有一些共性要求的。

1. 参比电极的一般性能要求

在腐蚀电化学测量中，对参比电极一般有如下的性能要求：

(1) 理想的参比电极是不极化电极，即电流流过时电极电位的变化很微小。这就要求参比电极具有较大的交换电流密度 ($i^0 > 10^{-5}\,\mathrm{A/cm^2}$)；当流过的电流小于 $10^{-7}\,\mathrm{A/cm^2}$ 时，电极不发生极化。

(2) 参比电极要有良好的稳定性。温度系数要小，且电位随时间的变化小。

(3) 电位重现性好。不同的人或多次制作的同种参比电极，其电位应相同。每次制作的参比电极稳定后，其电位差值应小于 1mV。

(4) 电极表面反应是可逆的电极过程，它的电位是平衡电位。

(5) 腐蚀介质与参比电极内的电解液之间互相不能污染，且基本不产生液接电位，或通过计算易于修正。

(6) 电极的制作、使用和维护简单方便。

使用时，应尽量选择与腐蚀体系溶液相适应的参比电极。例如，在含氯离子溶液中可选用甘汞电极或氯化银电极，硫酸溶液中可选硫酸亚汞电极，碱性溶液体系中可选择氧化汞电极等。另外，还可采用氢电极作为参比电极。在某些场合下，也常使用固体参比电极；有时也选用与研究电极同种材料的金属作为参比电极。在具体选择时，还必须考虑减少液接电位等问题。

2. 水溶液中常用的参比电极

水溶液中常用的参比电极，有氢电极、甘汞电极、硫酸亚汞电极、氯化银电极等。

表 2-1 列出了一些常用的参比电极。

表 2-1　一些常用的参比电极

名　称	结　构	电极电位/V[①]	温度系数/mV[②]	适用介质	代码
标准氢电极	$Pt[H_2]_{1atm} \mid H^+ (\alpha=1)$	0.000	0	酸性介质	SHE
饱和甘汞电极	$Hg[Hg_2Cl_2] \mid$ 饱和 KCl	0.244	−0.65	中性介质	SCE
1mol/L 甘汞电极	$Hg[Hg_2Cl_2] \mid$ 1mol/L KCl	0.283	−0.24	中性介质	NCE
0.1mol/L 甘汞电极	$Hg[Hg_2Cl_2] \mid$ 0.1mol/L KCl	0.338		中性介质	
标准甘汞电极	$Hg[Hg_2Cl_2] \mid Cl^- (\alpha=1)$	0.2676	−0.32	中性介质	
海水甘汞电极	$Hg[Hg_2Cl_2] \mid$ 海水	0.296	−0.28	海水	
饱和氯化银电极	$Ag[AgCl] \mid$ 饱和 KCl	0.196	−1.10	中性介质	
1mol/L 氯化银电极	$Ag[AgCl] \mid$ 1mol/L KCl	0.2344	−0.58	中性介质	
标准氯化银电极	$Ag[AgCl] \mid Cl^- (\alpha=1)$	0.2223	−0.65	中性介质	
海水氯化银电极	$Ag[AgCl] \mid$ 海水	0.2503	−0.62	海水	
标准硫酸亚汞电极	$Hg[Hg_2SO_4] \mid SO_4^{2-} (\alpha=1)$	0.6158		酸性介质	
饱和硫酸亚汞电极	$Hg[Hg_2SO_4] \mid$ 饱和 K_2SO_4	0.650		酸性介质	
1mol/L 氧化汞电极	$Hg[HgO] \mid$ 1mol/L NaOH	0.114		碱性介质	
标准氧化汞电极	$Hg[HgO] \mid OH^- (\alpha=1)$	0.098	−1.12	碱性介质	
饱和硫酸铜电极	$Cu[CuSO_4] \mid$ 饱和 $CuSO_4$	0.316	+0.02	土壤，中性介质	CSE
标准硫酸铜电极	$Cu[CuSO_4] \mid SO_4^{2-} (\alpha=1)$	0.342	+0.008	土壤，中性介质	

注：1 atm=1.01325×10^5 Pa。

① 各电极的电位值是指 25℃时相对于标准氢电极的电位值。

② 温度系数是指每变化 1℃时电极电位变化的数值。

1）氢电极

氢电极常用作电极电位测量的标准，在酸性溶液中也可作参比电极，尤其在测量氢超电势时，采用同一溶液中的氢电极作为参比电极，可简化计算。

氢电极的电极反应为

在酸性溶液中：$2H^+ + 2e^- \longrightarrow H_2(g)$

在碱性溶液中：$2H_2O + 2e^- \longrightarrow H_2(g) + 2OH^-$

氢电极的电极电位为：

$$E_{H_2} = E^0 + \frac{RT}{F} \ln \frac{\alpha_{H^+}}{p_{H_2}^{1/2}}$$

式中，E^0 为标准电极电位；R 为理想气体数(8.314J/(k·mol))；T 为绝对温度(K)；F 为法拉第常数(96485.338C/mol)；α_{H^+} 为 H^+ 离子的活度；p_{H_2} 为氢气的压力。人们常将 $\alpha_{H^+}=1$、$p_{H_2}=1$ 个大气压(atm)的氢电极称为标准氢电极(standard hydrogen electrode, SHE)，并人为地规定在任何温度下标准氢电极的电极电位均为零，即 $E^0=0$。于是氢电极的电位为：

$$E_{H_2} = \frac{RT}{F} \ln \frac{\alpha_{H^+}}{p_{H_2}^{1/2}}$$

考虑到 $pH = -\lg\alpha_{H^+} = -\frac{1}{2.303}\ln\alpha_{H^+}$，因此在25℃、1atm 氢气压力下氢电极的电位为：

$$E_{H_2} = -\frac{2.303RT}{F}pH = -0.0591pH$$

氢电极的优点是其电极电位仅决定于液相的热力学性质，因而易做到实验条件下的重复。但其电极反应在许多金属上的可逆程度很低，因此必须选择对此反应有催化作用的惰性金属作为电极材料。一般采用大小适中（如 1cm×1cm）的金属铂片，将铂片与一铂丝相焊接，铂丝的另一头烧结在无硼钠玻璃管中。这种玻璃的线膨胀系数与铂相近，与铂丝密封性好，如图 2.5 所示。

氢电极的铂片应镀铂黑且应露出液面一半，处在气、液、固三相界面，有利于氢电极达到平衡。溶液中应通入高纯度的氢气流（每秒钟 1 至 2 个气泡为宜）。如果氢气中含有惰性杂质 N_2 会影响其分压，分压还要根据温度进行校正；如果含有氧则会在电极上还原，产生一个正的偏离电压；如果含有 CO、CO_2 及 As 的硫化物等会导致铂黑电极的活性中毒而失效。另外，配制氢电极的电解液必须高度纯净，常用电导水配制，电导水的电导率应小于 $1×10^{-6}$ S/cm。

2）甘汞电极

甘汞电极（calomel electrode）是实验室最常用的参比电极之一。其最突出的特征是容易处理、使用方便，如图 2.6 所示。甘汞电极的结构组成为 $Hg[Hg_2Cl_2(固)]KCl(溶液)$，其电极反应为 $Hg_2Cl_2 + 2e^- \Longrightarrow 2Hg + 2Cl^-$。

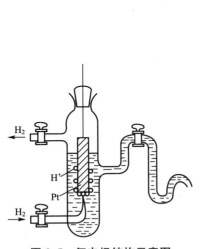

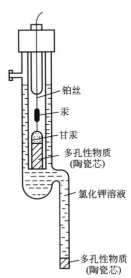

铂丝
汞
甘汞
多孔性物质
（陶瓷芯）

氯化钾溶液

多孔性物质
（陶瓷芯）

图 2.5　氢电极结构示意图　　　　图 2.6　甘汞电极结构示意图

甘汞电极的平衡电位取决于 Cl^- 的活度；KCl 溶液的浓度有 0.1mol/L、1mol/L 和饱和液三种，分别称为 0.1mol/L、标准甘汞电极（normal calomel electrode，NCE）和饱和甘汞电极（standard calomel electrode，SCE），其中以饱和甘汞电极最为常用。常用的三种甘汞电极的电极电位，见表 2-1。此外，甘汞电极的电位随温度的升高而降低。在其他温度使用时，应对甘汞电极进行校正。饱和甘汞电极的校正公式为：

$$E_{SCE}=0.244-7.6\times10^{-4}(T-25)$$

饱和甘汞电极的制备过程是先在电极管的底部焊接一段铂丝，用于内外导电。然后在电极管内加 1mL 左右的纯汞，再在纯汞的表面上铺一层纯汞和甘汞的混合糊状物。该糊状物的制作方法为在清洁的研钵中放一定量的甘汞，加几滴纯汞与饱和 KCl 溶液，仔细研磨成灰白色的糊状物。应注意电极管内所铺糊状物不能太厚。铺好后，注入饱和 KCl 溶液，并静止一昼夜以上，即可使用。

刚刚做好或者久置不用的参比电极，使用者往往担心该参比电极的电位是否准确可靠。这时最好用另一可靠的参比电极确认它的电极电位；同样的参比电极，电位差一般不超过±1mV，校正方法如图 2.7 所示。各文献上给出的甘汞电极的电位数据常常不相符合，这是因为液接电位的变化对甘汞电极电位有影响；所用盐桥的介质不同也会影响甘汞电极电位的数据。

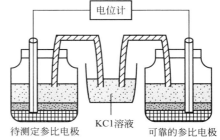

图 2.7　参比电极的电位校正

在使用过程中，甘汞电极应注意以下事项：

（1）若被测溶液中不允许含有氯离子，则应避免直接插入甘汞电极，这时应使用盐桥。

（2）由于液接电位较大，且甘汞电极可能被氧化，所以不宜用在强酸或强碱性溶液中。

（3）避免将甘汞电极直接插入含有氰化钾及能侵蚀汞或甘汞物质的溶液，这时应使用双液接甘汞电极；同时不要将电极长时间地浸在被测溶液中。

（4）使用前，先将电极侧管上的小橡皮塞及弯管下端的橡皮套取下，以借着重力使管内的氯化钾溶液维持一定的流速以与被测溶液联通。

（5）每隔一段时间，应用电导仪检测一次电极内阻，阻值不能超过规定的内阻值（10kΩ，自制甘汞电极的内阻一般为数千欧姆）很多。

（6）当电极内部溶液太少，未浸过电极内管管口时应及时补充，并注意去除弯管内的气泡，以免回路中断或内阻增大。

（7）在饱和甘汞电极管中应存有少许氯化钾晶体，以保证溶液的饱和度。

（8）保持甘汞电极的清洁，不得使灰尘或其他离子进入电极内部。

3）银-氯化银电极

银-氯化银电极（Ag[AgCl]｜Cl⁻）具有非常好的电极电位重现性和高温稳定性，也是一种常用的参比电极。由于汞有毒，银-氯化银电极甚至有取代甘汞电极的趋势。银-氯化银电极与甘汞电极相似，都是属于金属-微溶盐-负离子型的电极。其电极反应为：

$$AgCl+e^-\longrightarrow Ag+Cl^-$$

银-氯化银电极的电极电位取决于 Cl⁻ 的活度，该电极具有良好的稳定性和较高的重现性，该电极必须浸于溶液中，否则 AgCl 层会因干燥而剥落。另外，AgCl 见光会分解，因此银-氯化银电极的主要缺点是不易保存。

银-氯化银电极的主要部分是覆盖有 AgCl 的银丝，它浸在含 Cl⁻ 离子的溶液中，其形式如图 2.8 所示。AgCl 在水中的溶解度很小，约为 $10^{-5}\,g/L(25℃)$。但是如果在 KCl 溶液中，由于 AgCl 和 Cl$^-$ 离子能生成络合离子 AgCl$_2^-$，AgCl 的溶解度显著增加。在 1mol/L KCl 溶液中，AgCl 的溶解度为 $1.4×10^{-2}\,g/L$；而在饱和 KCl 溶液中，AgCl 的溶解度高达 10g/L。因此，为保持电位的稳定，所用 KCl 溶液需要预先用 AgCl 饱和，特别是在饱和氯化钾溶液中。此外，如果把含饱和的 KCl 溶液的 AgCl 电极插在稀溶液中，在液接界处 KCl 溶液被稀释，这时部分原先溶解的 AgCl$_2^-$ 离子将会分解而析出 AgCl 沉淀。这些 AgCl 沉淀容易堵塞参比电极的多孔性封口。为了防止研究体系溶液对 AgCl 电极稀释而造成的 AgCl 沉淀析出，可以在电极和研究体系溶液之间放一个盛有 KCl 溶液的盐桥。

银-氯化银电极的电极电位，因电解液 KCl 浓度（0.1mol/L、1mol/L 和饱和液）的不同而变化；不同 KCl 浓度时，Ag/AgCl 电极的电位见表 2-1。此外，Ag/AgCl 电极的电位对温度也很敏感；标准 Ag/AgCl 电极的电位与温度的关系为

$$E=0.222-6.45×10^{-4}(T-25)$$

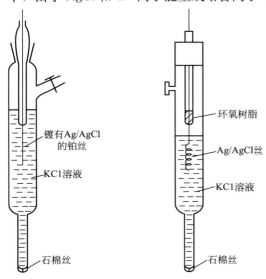

图 2.8 银-氯化银电极结构示意图

银-氯化银电极的制备方法，是先取一段 5cm 的铂丝作为基体，铂丝的另一端封接在玻璃管中，铂丝洗净后，置于电镀液作为阴极，用一支铂电极作阳极。电镀液为 10g/L 的 K[Ag(CN)$_2$] 溶液；应保证其中无过量 KCN，为此在电镀液中加 0.5g AgNO$_3$。电流密度为 0.4mA/cm^2 左右，电镀时间为 6h；银镀层为洁白色。将镀好的银电极置于 NH$_3$·H$_2$O 溶液中 1h，用水洗净后，存放在蒸馏水中。最后在 0.1mol/L HCl 溶液中用同样的电流密度阳极氧化约 30min。清洗后，浸入含有饱和 AgCl 和一定浓度的 KCl 溶液中老化 1～2 天备用。此外，也可直接用高纯度的金属银丝（99.99%）制备银-氯化银电极。取 15cm 长的银丝（直径约 0.5mm）一根，将其一端焊上铜丝作为引出线，另一端约 10cm 绕成螺旋形（直径约 5mm），然后用加有固化剂的环氧树脂将其封入玻璃管内。先用丙酮将银丝除油，如表面有氧化物可用稀硝酸去除，再用蒸馏水洗净再在 0.1mol/L HCl 溶液中进行阳极极化，如在 0.4mA/cm^2 的电流密度下进行 30min 电解氯化。取出后用去离子水清洗，氯化后的氯化银电极呈淡紫色。为防止 AgCl 层因干燥而剥落，可将其浸在适当浓度的 KCl 溶液中保存备用。

4）汞-硫酸亚汞电极

汞-硫酸亚汞电极（Hg[Hg$_2$SO$_4$]｜SO$_4^{2-}$），由汞、硫酸亚汞和含 SO$_4^{2-}$ 离子的溶液组成，其电极反应为：

$$Hg_2SO_4+2e^-\longrightarrow SO_4^{2-}+2Hg$$

硫酸亚汞电极的结构形式与甘汞电极一样，制作方法与甘汞电极相似。只不过是将 Hg$_2$Cl$_2$ 换成 Hg$_2$SO$_4$，Cl$^-$ 换成 SO$_4^{2-}$。

Hg$_2$SO$_4$ 在水中易于溶解，且溶解度较大，所以稳定性较差。汞-硫酸亚汞电极常用作

硫酸体系的参比电极，如铅蓄电池的研究、硫酸介质中金属腐蚀的研究等。

5）汞-氧化汞电极

汞-氧化汞电极（Hg［HgO］｜OH⁻）是碱性溶液中常用的参比电极，由汞、氧化汞和碱性溶液组成，其电极反应为：

$$HgO + H_2O + 2e^- \longrightarrow Hg + 2OH^-$$

汞-氧化汞电极的结构和形式与甘汞电极基本相同，制备方法也相同。氧化汞有红色和黄色两种，制备氧化汞电极时应采用红色氧化汞，原因是红色氧化汞制成的电极能较快地达到平衡。由于在碱性溶液中一价汞离子会被歧化为零价汞和二价汞离子，所以体系中不会因 Hg_2O 的存在而引起电势的偏移。因此该电极是一个再现性很好的电极，其电极电位见表 2-1。

6）微参比电极

为实现局部腐蚀研究中的微区电位测量，常需要选用或制作微参比电极。对微参比电极的基本要求是电化学性能良好（不极化或难极化电极、电位稳定）、电极前端微毛细管的口径小（外径为 $1 \sim 30 \mu m$，内径为 $0.2 \sim 8 \mu m$）、具有一定的机械强度、阻抗尽可能小及电极内溶液扩散小等。

用于腐蚀研究的微参比电极有两类。一类是金属微电极，如 Pt、Sn、W、Sb 等。例如，钨微电极就是用直径为 0.1mm 的纯钨丝熔封在玻璃毛细管中制成的，前端露出的钨丝需经浓硝酸氧化处理。另一类是非极化微参比电极，如氯化银微参比电极就是将直径为 0.1mm 的纯银丝在 0.1mol/L HCl 溶液中恒电流电解后，封闭在盛 1mol/L KCl 溶液的玻璃毛细管中而制成的。

另外，为研究金属表面微区的腐蚀电位和电流密度的分布状况，可采用扫描微电极、丝束电极（wire beam electrode，WBE）等技术来实现。

2.2.3　辅助电极

辅助电极（auxiliary electrode，AE 或 counter electrode，CE）也叫对电极，是腐蚀电化学测量中与研究电极构成电流回路的电极。研究电极的反向电流能顺畅地流过辅助电极，辅助电极的极化会使电解池的槽电压发生波动，以致对研究电极的电流控制或电位控制产生困难。因此一般要求辅助电极本身电阻小，并且不易发生极化，如氢过电位很低的铂电极。

另外，辅助电极的面积一般比研究电极大，这样就可降低辅助电极上的电流密度，使其在测量过程中不被极化，外部所加的极化主要作用在研究电极上。例如，铂黑电极就是在铂电极上镀铂，使其表面将析出凹凸不平的铂层；这样的铂层吸收光后表面显黑色，其表观面积可达一般平滑铂电极的数千倍，从而可降低辅助电极上的电流密度，使其在测量过程中基本不极化，外加的极化主要作用在研究电极上。

为避免辅助电极上发生的电极反应对研究电极附近电解质溶液的污染，一般情况下要选用惰性材料做辅助电极（如实验室广泛使用 Pt 做辅助电极），或将研究电极和辅助电极隔开，放置在彼此分开的电解池中。

此外，辅助电极的形状、配置和放置位置应尽量使电解池中的电力线分布均匀。如对平面状研究电极，辅助电极应放在对称的位置；对两面均发生电极反应的研究电极，其两侧应各放置一个辅助电极。研究电极与辅助电极间的距离也可做适当调整，以改善电流分布的均匀性。

2.2.4 研究电极

研究电极(working electrode，WE)，也称工作电极或试验电极。在腐蚀电化学测试中，研究电极就是待研究的腐蚀金属试样。由于金属材料种类、绝缘封装方法、电极表面状态等对电极上的腐蚀电化学反应类型及结果重现性有很大影响，于是对研究电极有如下的基本要求：

(1) 为保证实验结果的重现性和可比性，研究电极表面应光洁、无污染、无氧化膜、无棱角。为使平行实验的试样处理和表面状态均匀一致，腐蚀电化学实验前试样要依次经过磨光、抛光、清洗、除油、除脂等表面处理，以便获得清洁、新鲜的金属表面。

(2) 有确定的暴露面积，以便于准确计算电流密度。为使研究电极有确定的暴露面积，并且使试样的非工作表面与电解质溶液隔离，必须进行封样处理。常用的封样方法，有涂料封闭试样、热固性或热塑性材料镶嵌(或浇注)试样、聚四氟乙烯专用夹具压紧非工作表面等。图 2.9 就是利用环氧树脂和聚四氟乙烯套管对金属电极进行封装的示意图。

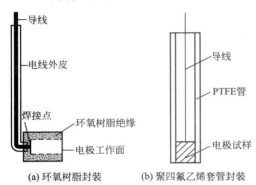

(a) 环氧树脂封装　(b) 聚四氟乙烯套管封装

图 2.9　腐蚀电化学测量中常用的金属电极封装方法

由于金属电极的形状各异，因此封样操作时应避免产生缝隙，否则将严重干扰腐蚀电化学实验的测量结果。

(3) 研究电极的形状及在电解池中的配置，应使电极表面电力线分布均匀，研究电极一般与辅助电极平行放置。

(4) 电极安装时，应与外导线有良好的接触，且便于与支架连接、无意外机械应力和热应力。

2.2.5 盐桥

参比电极内的溶液与被研究体系的溶液组成往往不一样，这时在两种溶液间存在一个接界面。在接界面的两侧由于溶液浓度不同，所含离子的种类不同，在液接界面上产生液接电位。为了尽量减小液接电位，通常采用盐桥(salt bridge)。所谓盐桥，就是由正负离子扩散速率大致相同的电解质溶液作为中间溶液装在 U 形玻璃管中，像桥一样把参比电极溶液与试验溶液连接导通，如图 2.10 所示。由于盐桥内的电解质呈凝胶状(电解质与琼脂、硅胶等一起加热溶解后凝固而成)，因此可抑制两边溶液的流动，防止或减小两种溶液之间的相互污染。

选择盐桥溶液时，应注意下述几点：

(1) 盐桥溶液内阴阳离子的扩散速度应尽量相近，且溶液浓度要大。这样在液接界面上主要是盐桥溶液向对方扩散，在盐桥两端产生的两个液接电位的方向相反，串联后总液接电位大大减小，甚至可忽略不计。

在水溶液体系中，常采用饱和 KCl 或 NH_4NO_3 作为盐桥溶液。例如，25℃ 时 0.1mol/L HCl 和 0.01mol/L HCl 相接界时，液接电位为 38mV。采用饱和 KCl 溶液作盐

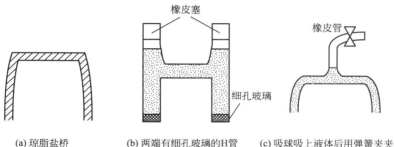

(a) 琼脂盐桥   (b) 两端有细孔玻璃的H管   (c) 吸球吸上液体后用弹簧夹夹住

图 2.10　几种常用的盐桥形式

桥后，在盐桥一端的饱和 KCl 溶液和 0.1mol/L HCl 溶液间液接电位约为 4.6mV，饱和 KCl 溶液一侧带正电；而在盐桥另一端的液接电位约为 3.0mV，且也是饱和 KCl 溶液一侧带正电。这样，总的液接电位只约为 2mV，比原先要小得多。

（2）盐桥溶液内的离子，必须不与两端的溶液相互作用。例如，在研究金属腐蚀过程中，微量的 Cl^- 离子对某些金属的阳极过程会有明显的影响，这时应避免用 KCl 溶液作盐桥，或尽量设法避免 Cl^- 离子扩散到研究体系。

常用盐桥（质量分数为 3％的琼脂-饱和 KCl 盐桥）的制备方法，首先是在烧杯中加入琼脂 3g 和 97mL 蒸馏水，在水浴上加热至完全溶解；然后加入 30g KCl 充分搅拌，待 KCl 完全溶解后趁热用滴管或虹吸将此溶液加入已事先弯好的 U 形玻璃管中，静置待琼脂凝结后便可使用。

2.2.6　鲁金毛细管

鲁金毛细管（luggin capillary）就是盐桥靠近研究电极的尖嘴部分，可用玻璃管或塑料管经拉拔处理而成。常用毛细管的内径为 0.25～1.0mm，毛细管与研究电极表面的距离通常为毛细管直径的 2 倍。

当用参比电极和盐桥测量研究电极的电极电位时，由于材料表面溶液中流过电流而产生电阻电压降，从而给实测电位带来误差。为减少这种误差，措施之一就是改进盐桥与金属表面的毛细管形状与位置。通过尽量接近金属表面，可减少毛细管端部与金属表面之间溶液电阻而降低电阻电压降对电位测量造成的误差。但是，毛细管又不能太接近金属表面，那样会屏蔽电力线，扰乱研究电极表面的电场分布，改变金属表面溶液的流动状态。一般情况下，最合适的距离为毛细管直径的 2 倍。

另外，鲁金毛细管的位置也很重要。对于平板电极，毛细管应放在电极的中央部分；对于球形电极，毛细管应放在球形电极的侧上方。

2.3　常用测量仪器

由于绝大多数腐蚀过程属于电化学腐蚀，因此除分析天平、盐雾试验箱、稳压电源、体视显微镜外，导电率仪、酸度计、恒电位仪、恒电流仪、信号发生器、电化学工作站等电化学仪器日渐成为腐蚀测量中的最常用仪器。

腐蚀测量的电化学仪器，通常由控制电极电位的恒电位仪（potentiostat）或用于控制电流的恒电流仪（galvanostat）、产生所需扰动信号的信号发生器（signal generator）及测量和记录体系响应的记录仪（recorder）或存储器组成，如图2.11所示。虽然目前计算机控制的电化学工作站应用非常广泛，但其主要构成并没有太大改变。

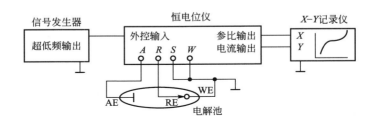

图 2.11　常用的腐蚀电化学测量仪器示意图

2.3.1　恒电位仪

恒电位仪是金属腐蚀电化学测试中一种重要而基本的仪器。它的功能是使研究电极的电位按指定的规律变化（保持在一定值或按信号发生器给出的指令规律变化），并同时测定相应的电流数值。于是，恒电位仪不仅可以用于控制电极电位为指定值以达到恒电位极化和研究恒电位暂态等目的，还可以配以信号发生器使电极电位（或电流）自动跟踪信号发生器给出的指令信号而变化。例如，将恒电位仪配以方波、三角波和正弦波发生器，可以研究电化学系统的各种暂态行为；配以慢的线性扫描信号或阶梯波信号，则可以自动进行稳态（或接近稳态）的极化曲线测量。

从电路上看，恒电位方法必须满足两个条件：一是具有基准电位（也称给定电位），使恒定的电位值可调；二是满足恒电位的调节规律，当电路的参数变化如电源电压变化或由于电化学变化引起电极电位漂移时，恒电位仪具有自动调节的能力，使电极电位保持恒定。因此，恒电位仪常由基本放大器（比较放大器）、功率放大器、基准信号源、电流检测、电位检测、工作电源和极化电源等组成，如图2.12所示。

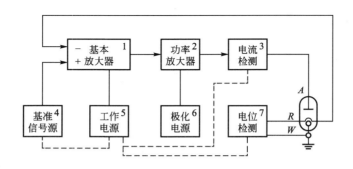

图 2.12　恒电位仪组成的原理框图

现在，已有各种型号的恒电位仪问世。理想的恒电位仪应具有如下特性：①电压放大倍数无限大，即电压误差为0；②输出阻抗为0，即输出特性不因负载而变化；③输入阻抗无限大，即不影响电化学体系；④响应速度快；⑤输出功率高，⑥温度漂移和时间漂移均为0，不产生噪声。

图2.13是反相加法式恒电位仪的电路图。其中运算放大器A_1和四个电阻构成反相加法电路，从而允许直流、交流、扫描、脉冲等电压信号叠加，实现各种电压波形的输入；无论极化过程中电解池的阻抗是否发生变化，研究电极和参比电极间的电位总是维持在$V_1+V_2+V_3$。运算放大器A_2是高输入阻抗的电压跟随器，可防止参比电极流过电流后极化而造成电位漂移。A_3是电流-电压转换器，流过研究电极和辅助电极间的电流经A_3会转化成易于测量的电压信号，并由记录装置记录。通过改变A_3的反馈电阻R_2可调整电流测量的灵敏度。通过调节电位器R_1可使正比于流过电解池电流的电压量正反馈回控制放大器A_1的输入端，以补偿由于电流流过时溶液内阻而产生的电压降。功率放大电路B是一个低增益的同相放大电路，它接在A_1的输出端，其作用是提高恒电位仪的输出功率。

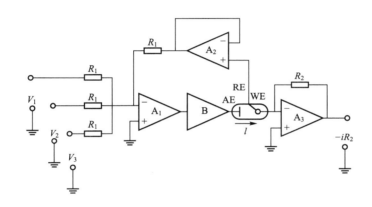

图2.13　反相加法式恒电位仪的电路图

恒电位仪用于恒电位测量时，与电解池的连接方法如图2.14所示；用于恒电流测量时的接线方法，如图2.15所示；用于电偶电流测量时的接线方法如图2.16所示，并调节恒电位仪的基准电压为零。

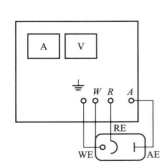

图2.14　恒电位仪的一般连接方法

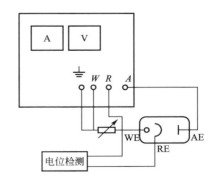

图2.15　恒电位仪用于恒电流测量时的接线法

2.3.2 恒电流仪

将恒电位仪稍微改造后，即可用作恒电流仪。在恒电位仪的研究电极和参比电极两端之间接上一个已知的电阻，使得接上的电阻与设定电位组成恒电流电源，从而进行恒电流测量（图2.15）。不过一般的商品化恒电位仪也具有恒电流的功能，通过转换开关就可以进行转化。

恒电流仪的功能主要是用于控制流过研究电极和辅助电极间的电流大小，同时记录研究电极和参比电极间的电位随时间的变化。典型的恒电流仪电路原理，如图2.17所示。图中 A_1 为恒电流电路，流过研究电极和辅助电极间的电流等于 $(V_1 + V_2 + V_3)/R_1$；因此电流的大小可通过改变输入电压 V_1、V_2、V_3 或输入电阻 R_1 来调节。A_2 是高输入阻抗的电压跟随器，用以防止参比电极流过电流而造成极化。由于研究电极接在 A_1 的虚地端，A_2 的输出即参比电极与工作电极间的电位差，可由记录仪记录。在低电流的情况下，这种电路具有简单而性能良好的特点。

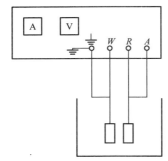

图 2.16 恒电位仪用于测量电偶电流时的接线法

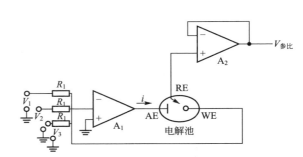

图 2.17 典型的恒电流仪电路图

2.3.3 电化学工作站

尽管大多数电化学仪器本质上是模拟性质的，但随着计算机技术的飞速发展和普及，电化学仪器也在不断发展更新。传统的由模拟电路控制的恒电位仪、信号发生器和记录装置组成的电化学测量系统已被由计算机控制的电化学测量仪器所替代，但起核心作用的恒电位仪和恒电流仪仍由运算放大器构成。

利用计算机可以方便地得到各种复杂的激励波形，这些波形以数字阵列的方式产生并存于储存器中，然后这些数字通过数-模转换器（digital - to - analog converter，DAC）转变为模拟电压施加在恒电位仪上。在数据获取及记录方面，电化学响应（如电流或电位）基本上是连续的，可通过模-数转换器（ADC）在固定时间间隔内将它们数字化后进行记录。于是，将由计算机控制的电化学测试仪器通常称为电化学工作站（electrochemical workstation），其典型的原理框图如图2.18所示。

电化学工作站的主要优点是实验的自动化和智能化，可以储存大量的数据，可自动操作数据，并方便地将数据进行展示。更为重要的是，几乎所有商品化的电化学工作站都具有一系列数据分析功能，如数字过滤、重叠峰的数值分辨、卷积、背景电流的扣除、未补偿电阻的数字校正等。对于一些特定的分析方法，不少仪器制造公司还设计了专门的软件对数据进行复杂的分析和拟合。

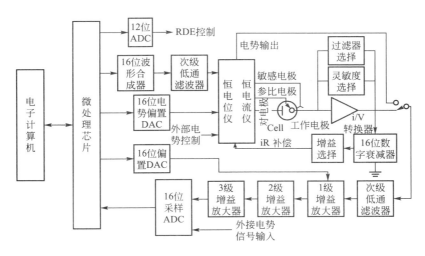

图 2.18　电化学工作站的原理框图

目前，国内外已有多家公司生产了多种系列的电化学工作站，如天津兰力科公司的 LK2005（图 2.19（a））；上海辰华仪器公司的 CHI660 系列；武汉科思特公司的 CS350（图 2.19（b））；美国 PAR（Princeton Applied Research，普林斯顿应用研究公司，原属 EG&G 公司，现属 AMETEK 公司）的 PAR273A、PARSTAT 2273（图 2.19（c））、PARSTAT4000、VersaSTAT 4（图 2.19（d））、M283、M370、VMP2（（图 2.19（e））、VMP3 等；美国 Gamry

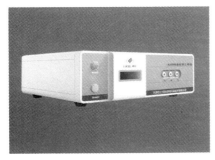

(a) LK2005 电化学工作站

(b) CS350 电化学工作站

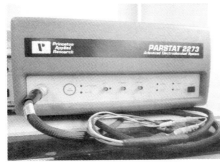

(c) PARSTAT2273 电化学工作站

(d) VersaSTAT 4 电化学工作站

图 2.19　常用电化学工作站的实物照片

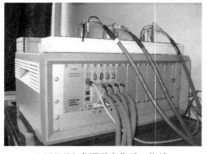

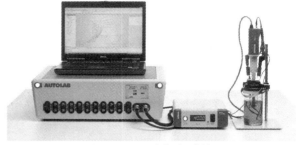

(e) VMP2 多通道电化学工作站 (f) PGSTAT128 电化学工作站

图 2.19　常用电化学工作站的实物照片(续)

公司的 Series G300/750 和 Reference600/3000；德国 ZAHNER 公司的 IM6、IM6e、Zennium 等；英国 Solartron 的 Solartron 1287；瑞士 Metrohm 公司的 Autolab PGSTAT128（图 2.19(f)）、PGSTAT302 等。

除以上的最常用仪器外，随着电化学仪器的不断发展，石英晶体微天平（QCM，如图 2.20 所示）、扫描电化学显微镜（SECM，如图 2.21 所示）、扫描振动电极（SVP 或 SVET）、扫描开尔文探针（SKP）、微区电化学阻抗（LEIS）、红外光谱电化学等方法和测量仪器也在腐蚀电化学研究中逐渐得到了广泛的应用。

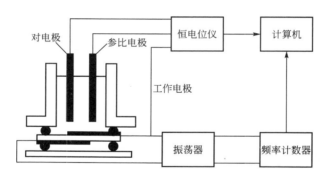

图 2.20　石英晶体微天平的装置示意图

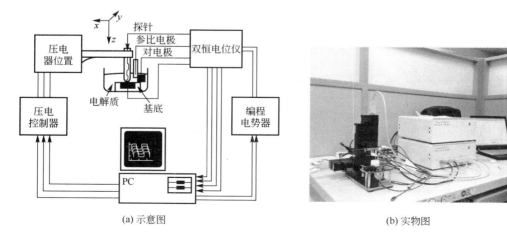

(a) 示意图 (b) 实物图

图 2.21　扫描电化学显微镜

第**3**章
腐蚀科学基础实验

材料在环境介质中发生的腐蚀，常用材料的耐蚀性(腐蚀类型和腐蚀速度)表示。从理论上讲，材料的腐蚀倾向由材料在介质中的热力学稳定性决定；而腐蚀破坏的速率取决于材料腐蚀过程的动力学规律。但是，由于腐蚀热力学和动力学理论正处于发展与完善之中，且考虑到材料腐蚀体系的多样性和复杂性，目前被理论研究、工程应用、数据积累和实验技术上普遍接受的、简单明了的腐蚀评价方法仍然是从材料本身或腐蚀介质的变化两方面进行检测和评定。

对于腐蚀过程及腐蚀前后材料的变化，常通过表观检查、质量法、厚度(深度)法、电流密度法、电阻法、力学性能法等进行评价。而腐蚀介质的变化，常采用气体容量法、溶液分析法和指示剂法等进行评价。

1. 表观检查

表观检查是一种定性的检查评定方法，包括宏观检查和微观检查两类。宏观检查是指利用肉眼或低倍放大镜对材料和腐蚀介质在腐蚀过程、腐蚀前后的形态变化(如材料表面、腐蚀产物和腐蚀介质的颜色、形态、数量、附着及分布情况等)进行仔细检查，以初步确定材料的腐蚀形貌、类型、程度和受腐蚀的部位。而微观检查是利用光学显微镜、扫描电镜、电子探针、俄歇电子能谱、X射线光电子能谱、X射线衍射仪等对腐蚀前后材料的金相组织、微观形貌、成分组成与分布、物相组成等进行检测，以进一步判断材料的腐蚀类型、腐蚀程度、产生腐蚀的原因等。

2. 质量法

质量法是以单位时间、单位面积上因腐蚀引起的材料质量变化来评价腐蚀的。质量法是材料腐蚀最基本的定量评价方法，既适用于实验室，又可适用现场腐蚀试验。若腐蚀产物全部牢固地附着于试样表面或能全部收集，则用质量增加法表示；若腐蚀产物完全脱落或全部被清除(可用化学、电解和机械等方法去除)，则用质量损失法表示。质量法计算腐蚀速率的公式如下：

$$V_W = \Delta m / (S \times t) = |m_1 - m_0| / (S \times t) \tag{3-1}$$

式中，V_W 为腐蚀速率($g/m^2 \cdot h$)；$\Delta m = |m_1 - m_0|$ 为试样腐蚀后质量 m_1 和腐蚀前质量

m_0 的变化量(g);S 为试样的表面积(m^2);t 为试样的腐蚀时间(h)。

3. 厚度法

厚度法(深度法)是利用卡尺、螺旋测微器、金相显微镜等测量腐蚀前后或腐蚀过程中任意两时刻的试样厚度,并以单位时间内试样的厚度损失来评价腐蚀,常以 mm/a(毫米/年)表示。以厚度法表示的腐蚀速率 V_d 与质量法表示腐蚀速率 V_w 间的换算关系为:

$$V_d = (8.76 \times V_w)/\rho \tag{3-2}$$

式中,V_d 与 V_w 分别是用厚度法和质量法表示的腐蚀速率,单位分别为 mm/a 和 g/($m^2 \cdot$ h);ρ 为腐蚀材料的密度(质量损失法中)或腐蚀产物的密度(质量增加法中),其单位为 g/cm^3。

厚度法适用于对材料均匀腐蚀的评价,而对不均匀腐蚀的评价是不准确的。当材料发生局部腐蚀如点蚀时,常用最大点蚀深度和平均点蚀深度等指标来表征。

4. 电流密度法

电流密度法是利用腐蚀电化学过程中材料表面阳极反应的自腐蚀电流密度来评价腐蚀的,常以 i_{corr}(A/cm^2)表示。经公式推导,自腐蚀电流密度 i_{corr} 与 V_d、V_w 的转换关系为:

$$V_w = (373 \times A \times i_{corr})/m \tag{3-3}$$

$$V_d = (3268 \times A \times i_{corr})/m\rho \tag{3-4}$$

式中,A 为材料的摩尔质量;m 为阳极反应离子的价数。

5. 电阻法

电阻法是一种电学方法,其原理是:对一定形状、尺寸和组织结构的材料,当其遭受腐蚀后,材料的厚度或横截面积减小,因而使材料的电阻增大,从而可由电阻的变化计算材料的腐蚀速率。对丝状试样和片状试样,利用电阻法计算材料腐蚀速率的表达式详见实验二。

电阻法测定腐蚀速率时不受腐蚀介质的限制,即无论是气相或液相、导电或不导电的介质均可应用。且在测量时,无需取出试样和清除腐蚀产物,可实现实时、原位测量,因而可用于腐蚀速率的监控。

6. 力学性能法

力学性能法是通过测定腐蚀前后材料力学性能的变化来评价腐蚀作用的。这种方法不仅可用于评价均匀腐蚀,也特别适合用于评价点蚀、晶间腐蚀、应力腐蚀等局部腐蚀的腐蚀程度。

如腐蚀前、后试样的抗拉强度分别为 σ_{b0} 和 σ_{b1}、延伸率分别为 δ_0 和 δ_1,则可利用抗拉强度损失 K_s 和延伸率损失 K_L 来评价材料的腐蚀程度或腐蚀速率:

$$K_s = (\sigma_{b0} - \sigma_{b1})/\sigma_{b0} \tag{3-5}$$

$$K_L = (\delta_0 - \delta_1)/\delta_0 \tag{3-6}$$

另外,还可利用腐蚀前后材料的断面收缩率、断裂时间、静力韧性(应力-应变曲线下的面积)等力学性能指标来评价材料的腐蚀损伤程度。

由于局部腐蚀一般都伴随着材料脆性的增大,因此使用最多的是延伸率损失 K_L。用 K_L 进行耐蚀性评价时,其标准是:① $K_L < 5\%$ 时,材料耐蚀;② $K_L = 5\% \sim 10\%$ 时,材料较耐蚀;③ $K_L = 10\% \sim 20\%$ 时,材料稍耐蚀;④ $K_L > 20\%$ 时,材料不耐蚀。

7. 气体容量法

如果材料腐蚀的阴极反应为氢去极化或氧去极化过程，则可通过一定时间内的析氢量或耗氧量来计算材料的腐蚀速率，这种方法称为气体容量法。气体容量法的测量装置简单可靠，测量灵敏度较质量法高。由于不必像质量损失法那样需要清除腐蚀产物，所以可以测定腐蚀过程的瞬时腐蚀速率，从而获得腐蚀速率与时间的连续关系曲线。

气体容量法的具体实验装置和计算方法，详见实验一。

8. 溶液分析法

溶液分析法是指采用化学分析法和仪器分析法测定腐蚀介质的成分和浓度、缓蚀剂的含量及腐蚀产物的组成和浓度等，进而在材料腐蚀产物完全溶解于介质条件下通过定量化学分析计算材料的腐蚀速率。

溶液分析法是一种重要的工业腐蚀监控方法；常采用的分析方法有极谱分析、离子选择电极分析和原子吸收光谱等。

9. 指示剂法

指示剂法是利用某些化学试剂配制的指示剂与腐蚀产物（金属离子、OH^-、H^+ 等）反应可产生不同的特定颜色，以确定材料腐蚀表面上阳极区和阴极区及腐蚀区域和状态类型的方法。

对铁基合金的腐蚀，常采用铁羟指示剂，其配方为 $K_3Fe(CN)_6 \cdot 2H_2O(1g) + NaCl$（10g）＋琼脂（10g）＋水（1000mL）＋数滴酚酞。该配方中的铁氰化钾会与 Fe^{2+} 作用使腐蚀的阳极区呈现深蓝色，而阴极区富集的 OH^- 离子与酚酞作用呈现粉红色。对铝基合金的腐蚀，可采用 3％NaCl 溶液＋1％琼脂溶液（100mL）＋茜素（室温下饱和乙醇溶液 7～10mL）的指示剂溶液，该溶液使阳极区显示红色，而使阴极区显示蓝色。

3.1 腐蚀速率测定

对发生均匀腐蚀的材料/介质体系，腐蚀速率是表征材料耐蚀性的最有效、最直接的评价指标。材料的均匀腐蚀速率，可通过失重法、厚度法、电阻法、电流密度法、气体容量法和溶液分析法等进行准确测定。

根据材料腐蚀速率的大小，可对材料的耐蚀性进行评价和等级划分。按三级标准分类，则有：1 级-耐蚀，腐蚀速率小于 0.1mm/a；2 级-可用，腐蚀速率为 0.1～1.0mm/a；3 级-不可用，腐蚀速率大于 1.0mm/a。按十级标准，则有：1 级-完全耐蚀，腐蚀速率小于 0.001mm/a；2 级-很耐蚀，腐蚀速率为 0.001～0.005mm/a；3 级-很耐蚀，腐蚀速率为 0.005～0.01mm/a；4 级-耐蚀，腐蚀速率为 0.01～0.05mm/a；5 级-耐蚀，腐蚀速率为 0.05～0.1mm/a；6 级-尚耐蚀，腐蚀速率为 0.1～0.5mm/a；7 级-尚耐蚀，腐蚀速率为 0.5～1.0mm/a；8 级-欠耐蚀，腐蚀速率为 1.0～5.0mm/a；9 级-欠耐蚀，腐蚀速率为 5.0～10.0mm/a；10 级-不耐蚀，腐蚀速率大于 10.0mm/a。但不管是三级标准还是十级标准，对均匀腐蚀的评价仅具有相对性和参考性，科学地评价材料腐蚀等级时还必须考虑具体的应用背景和实际情况。

在本节实验中，将分别利用失重法、容量法、电阻法、电化学方法（线性极化法、塔菲尔直线外推法、充电曲线法、断电流法、恒电位阶跃法）等测定材料在典型腐蚀介质中的腐蚀速率，以表征材料的耐蚀性。

实验一　失重法和容量法测定金属腐蚀速率实验

一、实验目的

（1）掌握失重法和容量法测定金属材料腐蚀速率的基本原理和方法。
（2）用失重法和容量法测定碳钢在稀硫酸中的腐蚀速率。

二、实验原理

1）失重法

失重法又称为质量损失法，是一种简单而直接的腐蚀测试方法。它要求在腐蚀试验后全部清除腐蚀产物后再称量试样的终态质量，因此根据试验前后样品质量计算得出的质量损失直接表示了由于腐蚀而损失的金属量，不需要按照腐蚀产物的化学组成进行换算。失重法并不要求腐蚀产物牢牢地附着在金属材料表面上，也不用考虑腐蚀产物的可溶性，因此失重法得到了广泛的应用。

清除试样表面腐蚀产物的方法可分为三类，即机械方法、化学方法和电解方法。一种理想的去除腐蚀产物的方法是只去除腐蚀产物而不损伤基体金属；用化学方法去除腐蚀产物的方法叫去膜，详见附录1。

把金属材料做成一定形状和大小的试样，放在腐蚀环境（如大气、海水、土壤、试验介质等）中，经过一定的时间后，取出并测量试样的质量变化，进而计算其腐蚀速率。对于失重法，可由式（3-7）计算腐蚀速率：

$$V_W^- = \frac{m_0 - m_1}{St} \tag{3-7}$$

式中，V_W^- 是金属的腐蚀速率（g/m² · h）；m_0 是试样腐蚀前的质量（g）；m_1 是进行腐蚀试验并去除腐蚀产物之后试样的质量（g）；S 是试样暴露在腐蚀环境中的表面积（m²）；t 是试样腐蚀试验的时间（h）。

2）容量法

对阴极过程为析氢或吸氧的腐蚀过程，可通过一定时间内的析氢量或耗氧量来计算金属的腐蚀速率，这种方法叫做容量法。容量法测量装置简单可靠，测量的灵敏度较失重法高。由于不必像质量损失法那样清除腐蚀产物，所以可以跟踪腐蚀过程，测量腐蚀量与腐蚀时间的关系曲线，实验装置如图 3.1 所示。

如果金属材料腐蚀的阴极过程是氢去极化过程，则可通过测定腐蚀反应析出的氢气量来计算金属腐蚀量。

阳极过程：$M \longrightarrow M^{m+} + me^-$

阴极过程：$mH^+ + me^- \longrightarrow \frac{m}{2}H_2$

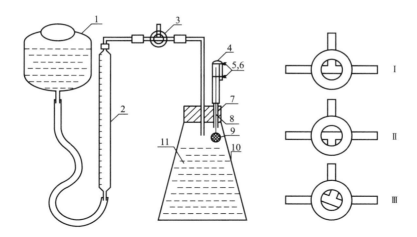

图 3.1 容量法测定腐蚀速率装置图

1—水准瓶；2—量气管；3—三通活塞；4—软橡皮管；5、6—弹簧夹；7—玻璃管；

8—尼龙丝线；9—试样；10—三角烧瓶；11—腐蚀溶液（5%硫酸）

在阳极上金属不断失去电子而溶解的同时，溶液中的氢离子与阳极上过剩的电子结合而析出氢气。于是金属溶解的量，可通过氢的析出量来计算。首先由实验测出一定时间内的析氢体积 V_H(mL)，由气压计读出大气压力 P(mmHg)和温度计读出室温，并查出该室温下的饱和水蒸气的压力 P_{H_2O}(毫米汞柱)。根据理想气体状态方程：

$$PV = nRT \tag{3-8}$$

可以计算出所析出氢气的摩尔数：

$$n_{H_2} = \frac{(P - P_{H_2O})V_H}{RT} \tag{3-9}$$

对应的金属溶解的量为：

$$n_M = \frac{2}{m} n_{H_2} \tag{3-10}$$

为了得到更准确的结果，还应考虑到氢在该实验介质中的溶解量 V'_H(可用氢在水中的溶解度乘以该介质的体积近似计算，并略去氢在量气管的水中的溶解量)。则金属材料的腐蚀速率 V_L 为：

$$V_L = \frac{A \times n_M}{St} = \frac{2A(P - P_{H_2O})(V_H + V'_H)}{mStRT} \tag{3-11}$$

式中，A 是金属的摩尔质量(g)；m 是阳极反应离子的价数；S 是金属的暴露面积(m^2)；t 是金属腐蚀试验的时间(h)；R 是理想气体状态常数。

容量法也可用于吸氧腐蚀的过程，此时的阴极反应为 $1/2O_2 + H_2O + 2e \longrightarrow 2OH^-$。因此，可通过测定一定容积中氧气的减少量来测定材料的腐蚀速率，计算方法类似于析氢过程。

三、实验材料和仪器

1）实验材料

碳钢试样(如 $\phi20mm \times 5mm$)6 个，稀硫酸(5%)800mL。

2）实验仪器

（1）容量法测定腐蚀速率装置1套。

（2）试样打磨、清洗、干燥、测量用品1套。

（3）分析天平、气压计、温度计（公用）。

（4）电化学去膜装置（公用）。

四、实验步骤

（1）失重法和容量法测定金属材料的腐蚀速率之前，试样经过360～1000♯砂纸依次预磨，以除去表面氧化膜，然后在乙醇和丙酮中超声清洗，并进行编号。

（2）在分析天平上称量，要求精确到0.1mg。

（3）在图3.1所示的三角烧瓶10中注入5％的硫酸溶液，将试样系于尼龙绳一端，尼龙绳的另一端用弹簧夹5夹牢，用弹簧夹6夹住尼龙绳的中部，恰使试样悬于腐蚀液之上，按图3.1塞紧橡皮塞。

（4）检查试验装置的气密性：转动三通活塞3使之处于Ⅱ的状态，把水准瓶1下移一定的距离，并保持在一定的位置，若量气管内的水平面稍稍下降后可与水准瓶的水平面保持一定的位差，则表示气密性良好，否则应检查漏气的地方，加以解决。

（5）气密性良好之后，旋转活门至Ⅰ状态，使系统与大气相通。提高水准瓶的位置，使量气管的水平面上升到接近顶端时读数。旋转活门至Ⅱ的状态，再使量气管和三角烧瓶相通，调整水准瓶使之与量气管的水平面等高，记下量气管的读数。

（6）随着腐蚀反应的发生，氢气逸出，量气管的液面下降，将水准瓶缓缓下移，使两个水平面接近。（如果每隔一段时间记下一个读数，即可求出不同时间间隔内的平均腐蚀速率。）浸泡2～3h，最后使两个水平面等高，读出量气管的读数。

（7）将试样取出，称重，去膜，再称重，再去膜，如此反复，直至相邻两次去膜操作后试样的质量差不超过0.5mg，记录试验数据。要求学生去膜1～2次即可，为了获得准确的实验结果，用未经过腐蚀试验的试样在同一条件下进行去膜，以得到去膜时的空白腐蚀损失。

五、实验结果处理

按表3-1进行实验数据的记录，进而计算材料的腐蚀速率。

表3-1 失重法和容量法实验数据记录表

室　　温：＿＿＿＿＿＿；气　　压：＿＿＿＿＿＿；浸入时间：＿＿＿＿＿＿；
取出时间：＿＿＿＿＿＿；试样材料：＿＿＿＿＿＿；介质成分：＿＿＿＿＿＿。

项目		试样编号		
		1	2	3
试样尺寸	直径 D/cm			
	厚度 h/cm			
	小孔直径 d/cm			
	表面积 S/cm²			

(续)

项目			试样编号		
			1	2	3
试样质量	腐蚀前 m_0/g				
	腐蚀后 m_1	一次去膜/g			
		二次去膜/g			
	质量损失 $m_0 - m_1$/g				
量气管读数	腐蚀前/mL				
	腐蚀后/mL				
	析氢体积/mL				
腐蚀速度	失重法	V_{w}^{-}/[g/(m^2·h)]			
		V_{w}^{-}/(mm/a)			
	容量法	V_{L}/[g/(m^2·h)]			
		V_{L}/(mm/a)			

在腐蚀试验中，腐蚀介质和试样表面往往存在不均匀性，这就使得试验数据的分散性比较大，所以通常要求采用 2～5 个平行试样。因时间关系，本实验采用 3 个小组的 3 个平行试验，最后以失重法为准，计算出两种方法所测得腐蚀速率的百分比误差。

六、思考题

（1）分析失重法和容量法测定金属腐蚀速率的优缺点及各自的适用范围。

（2）分析失重法和容量法测定金属腐蚀速率的误差来源。

（3）测定金属材料的腐蚀速率还有哪些其他的方法？

实验二　电阻法测定金属腐蚀速率实验

一、实验目的

（1）掌握电阻法测定金属腐蚀速率的基本原理和操作步骤。

（2）用电阻法测定碳钢试样在稀硫酸溶液中的腐蚀速率。

二、实验原理

金属材料的电阻，取决于金属本身的化学成分、组织结构和几何形状等因素。因此，当腐蚀过程影响了试验材料的组织结构、长度和横截面积时，均会使材料的电阻发生改变。电阻法测定金属材料的腐蚀速率，是根据金属试样由于腐蚀作用会使横截面积减小，从而导致电阻增大的原理，进而通过测量腐蚀过程中金属电阻的变化求出金属的腐蚀量和腐蚀速率。

在某一恒定温度下，根据电学定律，导体的电阻 R 与其长度 L 成正比，与其横截面积 S 成反比：

$$R=\rho \frac{L}{S} \tag{3-12}$$

其中 S 为材料的电阻率。假定腐蚀试验前后试样长度的变化忽略不计，如果初始截面积和电阻分别为 S_0 和 R_0；在经过时间 t 的腐蚀试验之后，试样的截面积和电阻变化为 S_t 和 R_t，则有：

$$\frac{R_0}{R_t}=\frac{S_t}{S_0} \tag{3-13}$$

令 $\Delta R=R_t-R_0$，$\Delta S=S_0-S_t$，可得：

$$\frac{\Delta R}{R_t}=\frac{\Delta S}{S_0} \tag{3-14}$$

根据式（3-13）和式（3-14），对不同几何形状的试样，可推导出均匀腐蚀条件下试样腐蚀速率的表达式。

（1）丝状试样：横截面积如图 3.2(a)所示；r_0 为试样的原始半径（mm），r_1 为腐蚀试验进行了 t 时间的半径，则腐蚀深度 $x=r_0-r_t$，$S_0=\pi r_0^2$，$S_t=\pi r_t^2$，带入式（3-13）可得到试样的腐蚀深度：

$$x=r_0-r_t=r_0\left(1-\sqrt{\frac{R_0}{R_t}}\right) \tag{3-15}$$

用腐蚀深度除以腐蚀时间 t(h)，可以得到腐蚀速率（mm/a）：

$$V_R=\frac{r_0}{t}\left(1-\sqrt{\frac{R_0}{R_t}}\right)\times 8760 \tag{3-16}$$

（2）片状试样：其截面形状如图 3.2(b)所示；a、b 分别为试样的原始宽度和厚度（mm），x 为腐蚀深度。用 a、b、x 计算出 ΔS 和 S_0，并代入式（3-14），得到一个一元二次方程。方程的解为：

$$x=\frac{1}{4}\left[(a+b)-\sqrt{(a+b)^2-4ab\frac{\Delta R}{R_t}}\right] \tag{3-17}$$

把腐蚀深度 x 除以试验时间 t(h)，求得腐蚀速率 V_R(mm/a)：

$$V_R=\frac{(a+b)-\sqrt{(a+b)^2-4ab\dfrac{\Delta R}{R_t}}}{t}\times 2190 \tag{3-18}$$

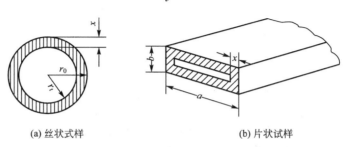

(a) 丝状式样　　　　　　　　(b) 片状试样

图 3.2　不同形状试样腐蚀后的横截面积变化

电阻法测定腐蚀时，不受腐蚀介质的限制，无论是气相或液相、导电或不导电的介质均可使用。测量时无需取出试样和清除腐蚀产物，可实现实时、原位测量腐蚀速率随时间的关系，因此可用于腐蚀监控。

通常，腐蚀试样的电阻值很小，一般为 0.2Ω 左右；经腐蚀后，电阻变化的绝对值更小。因此，采用测量较大电阻的常用仪器，如兆欧表、万用表、安培-伏特表是不行的，必须采用更加精确的仪表及测量方法，通常采用的是电桥法。图 3.3 为电阻测量的单电桥法和双电桥法的原理图，其中 R_x 为待测腐蚀试样，$R_补$ 和 R_N 分别为两种方法中的温度补偿试样。

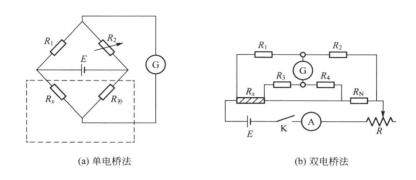

(a) 单电桥法   (b) 双电桥法

图 3.3   用电桥法测量电阻的原理图

三、实验材料和仪器

1）实验材料

碳钢试样 $\phi 10 \times 120$mm1 个，5％稀硫酸溶液 800mL。

2）实验仪器

1）电阻法测定腐蚀速度装置 1 套。

2）试样打磨、清洗、干燥、测量用品 1 套。

3）螺旋测微器 1 把。

四、实验步骤

（1）在进行实验之前，试样经过 360～1000♯砂纸依次预磨，以除去表面氧化膜，然后在乙醇和丙酮中超声清洗，并进行编号。

（2）用螺旋测微器准确测量试样的初始尺寸 r_0（测量三次，取其平均值），并用四线制 DMR-5 型微欧仪测量试样的初始电阻 R_0（测量三次，取平均值）。

（3）试样两端和电阻测量夹具用环氧树脂密封。

（4）将试样放入 5％的稀硫酸中进行腐蚀试验，然后每隔 20min 左右取出试样，用乙醇或丙酮对试样进行超声波清洗，吹干，测量试样腐蚀后的电阻 R_t（测量三次，取平均值）。

（5）再次将试样放入 5％的稀硫酸中进行腐蚀试验，持续进行测量（2h），直至实验结束。

五、实验结果处理

按表 3-2 进行实验数据的记录，进而计算材料的腐蚀速率。

表 3-2 电阻法实验数据记录表

室　　温：＿＿＿＿＿＿＿＿＿＿；气　　压：＿＿＿＿＿＿＿＿＿＿；浸入时间：＿＿＿＿＿＿＿＿＿＿；
取出时间：＿＿＿＿＿＿＿＿＿＿；试样材料：＿＿＿＿＿＿＿＿＿＿；介质成分：＿＿＿＿＿＿＿＿＿＿。

时间 t/min	试样的初始半径 r_0/mm	试样的初始电阻 R_0/$\mu\Omega$	试验后的电阻 R_t/$\mu\Omega$	腐蚀深度 x/μm	腐蚀速率 V_R/mm/a

六、思考题

（1）简述用电阻法测量金属材料腐蚀速率的优点及应用。

（2）分析电阻法测量金属腐蚀速率的误差来源。

实验三　线性极化法测定金属腐蚀速率实验

一、实验目的

（1）掌握线性极化技术测量金属腐蚀速率的原理。

（2）掌握不同金属在 3.5％NaCl 溶液中腐蚀速率的测量方法。

（3）了解电化学工作站的使用方法。

二、实验原理

在腐蚀金属电极上，有两个或更多的电化学反应同时进行，但我们只能从外电路上测量到一个电位和一个电流密度值，所有反应都在同一电位（混合电位）下进行，整个电极外部测到的电流密度是各个分反应电流密度的代数和。如果反应是在活化控制下，则该反应的电流与外加的电位应服从 Tafel（塔菲尔）关系。

对于活化极化控制的腐蚀体系，Stern（斯特恩）和 Geary（盖里）经理论推导，发现极化阻力与腐蚀电流间存在如下关系：

$$i = i_{corr}\left\{\exp\left[\frac{2.303(E-E_{corr})}{b_a}\right] - \exp\left[\frac{2.303(E_{corr}-E)}{b_c}\right]\right\} \qquad (3-19)$$

通过微分和适当的数学处理可导出：

$$R_p = \left(\frac{\Delta E}{\Delta i}\right)_{E_{corr}} = \frac{1}{i_{corr}} \times \frac{b_a \times b_c}{2.303(b_a+b_c)} \qquad (3-20)$$

式中，R_p 为极化电阻（$\Omega \cdot cm^2$）；ΔE 为极化电位（V）；Δi 为极化电流（A/cm²）；i_{corr} 为金属自腐蚀电流密度（A/cm²）；b_a 和 b_c 分别为常用对数下的阳极、阴极塔菲尔常数（V）；

E_{corr} 为金属的自腐蚀电位(V)。

在电化学测量的每一个时刻，i_{corr}、b_a、b_c 都是定值。显然在 E-i 极化曲线上，在腐蚀电位附近($<10mV$)存在一段近似线性区，即 ΔE 与 Δi 呈线性关系，此直线的斜率 $\left(\dfrac{\Delta E}{\Delta i}\right)_{E_{corr}}$ 就是极化电阻，从而引入了"线性极化"一词。即有

$$R_p = \left(\frac{\Delta E}{\Delta i}\right)_{E_{corr}} \tag{3-21}$$

R_p 恒等于腐蚀电位附近极化曲线线性段的斜率。

令

$$B = \frac{b_a \times b_c}{2.303(b_a + b_c)}$$

则有

$$R_p = \frac{B}{i_{corr}} \tag{3-22}$$

$$i_{corr} = \frac{B}{R_p} \tag{3-23}$$

式(3-23)为线性极化方程式，很显然极化电阻 R_p 自与腐蚀电流密度 i_{corr} 成反比。但要计算腐蚀电流密度 i_{corr}，还必须知道体系的塔菲尔常数 b_a 和 b_c，再从实验中测得 R_p 代入式(3-20)中得到。对于大多数体系，可以认为腐蚀过程中 b_a 和 b_c 总是不变的。确定 b_a 和 b_c 的方法有以下几种：

(1) 极化曲线法：在极化曲线的塔菲尔直线段求直线的斜率 b_a、b_c。

(2) 根据电极过程动力学基本原理，由 $b_a = \dfrac{2.303RT}{(1-\alpha)n_aF}$ 和 $b_c = \dfrac{2.303RT}{\alpha n_cF}$ 公式求 b_a、b_c。该法的关键是要正确选择 α 值(α 值为 0～1 的数值)，这要求对体系的电化学特征了解得比较清楚，如析氢反应，在 20℃各种金属上反应 $\alpha \approx 0.5$，所以值 b_c 都在 0.1～0.12V。

(3) 查表或估计 b_a 和 b_c。对于活化极化控制体系，b 值范围很宽，一般在 0.03～0.18V，大多数体系落在 0.06～0.12V。如果不要求精确测定体系的腐蚀速度，只是大量筛选材料和缓蚀剂及现场监控时求其相对腐蚀速度，这还是一个可用的方法。针对一些常见的腐蚀体系，已有许多文献资料介绍了 b 值，可以查表；关键是要注意使用相同的腐蚀体系、相同的实验条件和相同的测量方法得到的数据，才能尽量减小误差。

在腐蚀过程中，自腐蚀电流密度(i_{corr})表示在金属样品上，单位时间单位面积内通过的电量(C)。通过法拉第定律电化学当量换算，得到按质量损失法计算的金属腐蚀速率 V_W($g/m^2 \cdot h$)：

$$V_W = \frac{i_{corr}}{F} \times \frac{A}{m} \times 10^4 = \frac{373 \times A \times i_{corr}}{m} \tag{3-24}$$

式中，A 为金属的摩尔质量；m 为金属离子的价数；F 为法拉第常数(96500C 或 26.8A · h)。

三、实验材料和仪器

1) 实验材料

碳钢、Al 合金或不锈钢试样，3.5%NaCl 溶液，砂纸，乙醇，电解槽，参比电极(饱和甘汞电极)，辅助电极(Pt 电极)。

2) 实验仪器

电化学工作站 1 台。

四、实验步骤

(1) 将碳钢试样的工作面积用砂纸依次打磨至光亮，用丙酮除油、蒸馏水清洗，并用电吹风吹干；留出工作面积为 1cm²，其余封蜡。

(2) 将 3.5％NaCl 溶液倒入烧杯中，按要求固定好参比电极、工作电极和辅助电极。

(3) 将工作电极、参比电极和辅助电极与电化学工作站的相应导线相连接，经指导教师检查后方可通电测量。

(4) 测定工作电极的自腐蚀电位 Ecorr(试样入槽后 20～30min，电极电位基本上达到稳定；当在 2min 内电极电位变化不超过 1mV 时，即可认为已达到了稳定)。工作电极的电极电位稳定后，即可进行线性极化的测量。

(5) 通过电化学工作站控制软件选取适当的实验方法，设置合适的实验参数进行实验。如以 CS350 电化学工作站为例，打开软件，依次选择菜单栏里的"测试方法"—"稳态极化"—"动电位扫描"，在弹出的参数设置页面设置好文件存储路径及文件名，然后在测试参数中设置初始电位－0.02V，在初始电位下拉菜单里选择相对于开路电位。设置终止电位 0.02V，在终止电位下拉菜单里选择相对于开路电位。设置扫描速度为 0.2mV/s。单击确定进入实验。电位扫描结束后，取出试样，观察试样的表面状态。

(6) 将工作电极换成铝合金和不锈钢试样，重复以上实验步骤。实验结束后，整理实验台。

五、实验结果处理

1) 实验数据记录

打开存储的数据文件，按表 3-3 的格式记录实验数据。

2) 实验数据处理

以 ΔE 在为纵坐标、Δi 为横坐标，绘制出碳钢、铝合金和不锈钢试样在 3.5％NaCl 溶液的线性极化曲线；并由线性极化曲线的斜率求出各试样的极化电阻 R_p，进而按式(3-23)和式(3-24)计算试样的自腐蚀电流密度和腐蚀速率。

表 3-3 实验数据记录表

介质成分：＿＿＿＿＿＿＿＿＿＿＿；试样材料：＿＿＿＿＿＿＿＿＿＿＿＿；

实验温度：＿＿＿＿＿＿＿＿＿＿＿；试样暴露表面积：＿＿＿＿＿＿＿(cm²)；

参比电极：＿＿＿＿＿＿＿＿＿＿＿；自腐蚀电位 E_{corr}：＿＿＿＿＿＿＿＿＿。

碳钢		铝合金		不锈钢	
$\Delta i/E$mV	$\Delta i/(A/cm^2)$	$\Delta E/mV$	$\Delta i(A/cm^2)$	$\Delta E/mV$	$\Delta i(A/cm^2)$

六、思考题

(1) 简述用线性极化法测金属腐蚀速率的基本原理。

(2) 分析讨论影响应用线性极化技术测定金属腐蚀速率准确性的因素。

实验四　塔菲尔直线外推法测定金属腐蚀速率实验

一、实验目的

（1）掌握利用塔菲尔直线外推法测定金属腐蚀速率的原理和方法。

（2）通过极化曲线测定碳钢在盐酸溶液中的腐蚀速率。

二、实验原理

采用电化学测试技术，可以测得以自腐蚀电位 E_{corr} 为起点的完整极化曲线，如图 3.4 所示。这样的极化曲线可以分为三个区：①微极化区或线性区——$AB(A'B')$ 段。在这一区间电位（E）与电流密度（i）呈线性关系；②弱极化区——BC（$B'C'$）段；③强极化区或塔菲尔（Tafel）区- $CD(C'D')$ 段。

由腐蚀金属电极的动力学方程，可知在强极化区腐蚀金属电极的电流密度与电极电位之间的关系服从指数规律 $\Delta E = a + b \lg i$，即塔菲尔（Tafel）关系。在 E - $\lg i$ 坐标中，阴、阳极极化曲线的强极化区呈直线关系，且外延与自腐蚀电位 E_{corr} 的水平线相交于 O 点（理论上也可以将阳极极化曲线或阴极极化曲线的塔菲尔区直线段与自腐蚀电位 E_{corr} 的水平线相交）。此交点对应的电流密度即是金属的自腐蚀电流密度 i_{corr}。根据法拉第定律，可以换算成按质量法和深度法表示的腐蚀速率。

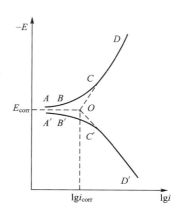

图 3.4　活化极化控制的极化曲线示意图

这种利用极化曲线的塔菲尔直线段外推，以求取金属腐蚀速率的方法称为极化曲线法或塔菲尔直线外推法。这种实验方法只适用于在较广的电流密度范围内电极过程服从指数规律的体系（如析氢型的腐蚀）；不适用于浓度极化较大的体系，也不适用于溶液电阻较大的情况及强极化时金属表面状态发生很大变化（如膜的生成与溶解）的场合。另外，塔菲尔直线外推法作图时还会引入一定的人为误差，因此采用这种方法所测得的结果与失重法所测得的结果相比可差 10%～50%。

在本实验中，首先测定出碳钢在 1mol/L 盐酸溶液中的阴、阳极极化曲线，然后通过塔菲尔直线外推法计算碳钢的腐蚀速率 i_{corr}。另外，也可通过计算机数据处理程序求解碳钢的腐蚀速率 i_{corr}。

三、实验材料和仪器

1）实验材料

Q235 碳钢，试样尺寸为 $\phi6mm \times 12mm$。实验前，Q235 钢均需经过金相砂纸依次研磨、抛光、冲洗、除油、除锈、吹干等处理。另外，除试样上部连接导线处和下部插入电解池内约 27.5mm² 的暴露面外，其余均用 704 硅橡胶密封。

试液为 1mol/L 盐酸溶液，实验温度为室温。

2）实验仪器

（1）电化学工作站一台。

（2）饱和甘汞电极、铂丝辅助电极各 1 支。

（3）烧杯 2 个。

（4）铁架台，洗耳球，鲁金毛细管，自由夹与十字夹等。

四、实验步骤

（1）将 1mol/L 盐酸溶液倒入烧杯中，在鲁金毛细管宽管处倒入大半管 1mol/L 盐酸溶液，将毛细管浸入烧杯中，用洗耳球抽吸使溶液充满毛细管，此时用止血夹夹住乳胶管，固定好鲁金毛细管，在其中插入饱和甘汞电极，按要求（通常取毛细管与金属表面的距离为毛细管管径的两倍为宜）放置好工作电极，固定好辅助电极。

（2）将工作电极、参比电极和辅助电极与电化学工作站的相应导线相连接，经指导教师检查后方可通电测量。

（3）测定工作电极的自腐蚀电位（Ecorr 试样入槽后 20～30min，电极电位基本上达到稳定；当在 2min 内电极电位变化不超过 1mV 时，即可认为已达到了稳定）。工作电极的电位稳定后，即可进行极化曲线的测量。

（4）通过电化学工作站控制软件选取适当的实验方法，设置合适的实验参数进行实验。如以 CS350 电化学工作站为例，打开软件，依次选择菜单栏里的"测试方法—稳态极化—动电位扫描"，在弹出的参数设置页面设置好文件存储路径及文件名，然后在测试参数中设置初始电位-0.2V，在初始电位下拉菜单里选择相对于开路电位。设置终止电位 0.2V，在终止电位下拉菜单里选择相对于开路电位。设置扫描速度为 0.2mV/s。单击"确定"进入实验。

（5）实验结束后，取出试样，观察试样的表面状态；之后，整理实验台。

五、实验结果处理

1）实验数据记录

打开存储的数据文件，并按表 3-4 的格式记录实验数据。

2）实验数据处理

在半对数坐标纸上描绘出碳钢在 1mol/L 盐酸溶液中的阴、阳极极化曲线；并由极化曲线用外推法求出碳钢在此溶液中的自腐蚀电流密度。

表 3-4 阴、阳极极化曲线的数据记录表

介质成分：_____；试样材料：_____；

实验温度：_____；试样暴露面积：_____（cm^2）；

参比电极：_____；自腐蚀电位 E_{corr}：_____。

阴极极化				阳极极化			
E/mV	I/A	$i(A/cm^3)$	$\lg i/(A/cm^2)$	E/mV	I/A	$i(A/cm^2)$	$\lg i/(A/cm^2)$

六、思考题

(1) 为什么可以用自腐蚀电流密度 i_{corr} 来代表金属的腐蚀速率？如何由 i_{corr} 换算出金属腐蚀速率的质量指标和深度指标？

(2) 本实验为什么不用阳极极化曲线直线段外推求腐蚀速率？

(3) 为什么实验由强阴极极化开始而不从强阳极极化开始测量连续的阴、阳极极化曲线？

(4) 本实验方法的误差来源有哪些？

实验五　充电曲线法测定金属腐蚀速率实验

一、实验目的

(1) 了解用充电曲线法测定钝态体系中金属腐蚀速率的原理。

(2) 掌握用充电曲线上的暂态数据计算稳态下的极化电阻，进而求取腐蚀速率的方法。

(3) 用充电曲线两点法和计算机解析法分别测定碳钢在饱和碳酸氢铵溶液中的腐蚀速率。

二、实验原理

对于大多数钝化体系，由于腐蚀速率极低、极化电阻 R_p 很大、时间常数(R_pC_d)很大、达到稳态所需要的时间很长，因而不易测定出稳态下的电化学参数；同时在这样的实验周期中，自腐蚀电位的漂移亦会产生很大的测量误差，应用充电曲线两点法是解决这个问题的方法之一。这种方法不要求测定稳态数据，而是用暂态过程下的数据推算稳态下的腐蚀速率。目前已有多种充电曲线数据解析法，本实验采用充电曲线两点法和计算机解析法，并对所得结果进行比较。

1) 充电曲线两点法

对于 R_p 很大的体系，如果溶液电阻 R_s 不大，可将其忽略或补偿掉，于是电极的等效电路可简化成图 3.5 所示的电路。图中 C_d 是金属-电解质界面的总电容，包括双电层电容和钝态表面膜的电容，R_p 表示电化学反应电阻，即极化电阻。

根据图 3.5 的等效电路，当外加恒定的极化电流 i 时，极化电位 E 和时间 t 的关系应为：

$$E = iR_p\left[1 - \exp\left(-\frac{t}{R_pC_d}\right)\right] + E_{corr}\exp\left(-\frac{t}{R_pC_d}\right) \qquad (3-25)$$

当从自腐蚀电位 E_{corr} 开始极化时，即在坐标纸上是以 E_{corr} 为原点的，$E_{corr}=0$，则

$$E = iR_p\left[1 - \exp\left(-\frac{t}{R_pC_d}\right)\right] \qquad (3-26)$$

式中，i 为极化电流；R_p 为极化电阻；E 是极化电位；E_{corr} 为自腐蚀电位；C_d 为总电容；t 为时间。

式(3-25)和式(3-26)都是充电曲线方程式，均表示金属试件在恒电流极化时极化电位和时间的函数关系；充电曲线如图 3.6 所示。

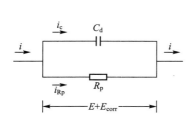

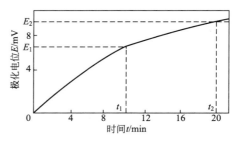

图 3.5 腐蚀电极的等效电路图   **图 3.6 极化电位 E 随时间 t 的充电曲线**

如图 3.6 所示，在同一条恒电流充电曲线上，当 $t=t_1$ 时，$E=E_1$，充电曲线方程式为：

$$E_1 = iR_p\left[1-\exp\left(-\frac{t_1}{R_pC_d}\right)\right] \qquad (3-27)$$

当 $t=t_2=2t_1$ 时，$E=E_2$，则

$$E_2 = iR_p\left[1-\exp\left(-\frac{t_2}{R_pC_d}\right)\right] \qquad (3-28)$$

将式(3-27)除式(3-28)，得

$$\exp\left(-\frac{t_1}{R_pC_d}\right)=\frac{E_2-E_1}{E_1} \qquad (3-29)$$

将式(3-29)代入式(3-27)，得

$$R_p = \frac{E_1^2}{i(2E_1-E_2)} \qquad (3-30)$$

由此，可由充电曲线上的两个数据可求出极化电阻的大小；然后由线性极化方程 $i_{corr}=B/R_p$ 求出腐蚀电流密度 i_{corr}。

2) 计算机解析法

充电曲线两点法并非只能适用于钝态金属腐蚀体系，对于其他电化学腐蚀体系也是适用的。不过，由于钝态金属的极化电阻 R_p 很大，测量极化电位时可以忽略欧姆电压降的影响；而非钝态腐蚀体系的极化电阻不是很大，这个问题就必须考虑。

考虑到被测金属腐蚀电极与参比电极之间的溶液电阻 R_s，充电曲线方程式具有以下一般形式：

$$E = iR_s + iR_p\left[1-\exp\left(-\frac{t}{R_pC_d}\right)\right] \qquad (3-31)$$

设在时刻 t_0 测取的极化电位值为 E_0，然后等时间间隔读取相应的极化电位值，即

$$t_k = t_0 + k\Delta t \qquad (3-32)$$

式中，Δt 为时间间距。

由式(3-31)和式(3-32)可得：

$$E_k = iR_s + iR_p\left[1-\exp\left(-\frac{t_k}{R_pC_d}\right)\right]$$

$$E_{k+1} = iR_s + iR_p\left[1-\exp\left(-\frac{t_k+\Delta t}{R_pC_d}\right)\right]$$

$$= \left\{iR_s + iR_p\left[1-\exp\left(-\frac{t_k}{R_pC_d}\right)\right]\right\}\exp\left(-\frac{\Delta t}{R_pC_d}\right) + i(R_s+R_p)\left[1-\exp\left(-\frac{\Delta t}{R_pC_d}\right)\right]$$

于是有

$$E_{k+1} = AE_k + B \qquad (3-33)$$

式中，$A=\exp\left(-\dfrac{\Delta t}{R_\mathrm{p}C_\mathrm{d}}\right)$；$B=i(R_\mathrm{s}+R_\mathrm{p})\left[1-\exp\left(\dfrac{-\Delta t}{R_\mathrm{p}C_\mathrm{d}}\right)\right]$。

从式(3-33)可以看出，E_{k+1} 与 E_k 呈线性关系。测出 n 个 E_k 数据，可以列出 $(n-1)$ 个线性方程。用最小二乘法处理，计算出系数 A，则可求得时间常数 τ：

$$\tau=R_\mathrm{p}C_\mathrm{d}=\frac{\Delta t}{\ln A} \tag{3-34}$$

又由 E_k 的表示式可得

$$\begin{aligned}
E_k &= iR_\mathrm{s}+iR_\mathrm{p}\left[1-\exp\left(-\frac{t_k}{R_\mathrm{p}C_\mathrm{d}}\right)\right]\\
&= iR_\mathrm{s}+iR_\mathrm{p}\left\{1-\exp\left(-\frac{t_0}{R_\mathrm{p}C_\mathrm{d}}\right)\left[\exp\left(-\frac{\Delta t}{R_\mathrm{p}C_\mathrm{d}}\right)\right]^k\right\}\\
&= i(R_\mathrm{s}+R_\mathrm{p})-iR_\mathrm{p}\exp\left(-\frac{t_0}{R_\mathrm{p}C_\mathrm{d}}\right)\left[\exp\left(-\frac{\Delta t}{R_\mathrm{p}C_\mathrm{d}}\right)\right]^k
\end{aligned} \tag{3-35}$$

故

$$E_k=UA^k+V$$

式中，$V=iR_\mathrm{s}+iR_\mathrm{p}$，$U=-iR_\mathrm{p}\exp\left(-\dfrac{t_0}{R_\mathrm{p}C_\mathrm{d}}\right)$。

式(3-35)表明，E_k 与 A^k 呈线性关系，用测量的 n 个 E_k 数据和前面已求出的 A 值可以列出 n 个线性方程式。用最小二乘法处理，计算出系数 U 和 V。由 V 可求得 $(R_\mathrm{s}+R_\mathrm{p})$，由 U 可求出 R_p：

$$R_\mathrm{s}+R_\mathrm{p}=\frac{V}{i} \tag{3-36}$$

$$R_\mathrm{p}=-\frac{U}{i}\exp\left(-\frac{t_0}{R_\mathrm{p}C_\mathrm{d}}\right) \tag{3-37}$$

如取 $t_0=0$，则式(3-37)式简化为

$$R_\mathrm{p}=-\frac{U}{i} \tag{3-38}$$

从而由式(3-34)和式(3-38)结合，可求得表面电容 C_d。

上述计算过程简单明了，由测得的 n 个 E 数据经过两次计算便可求得 R_p、C_d 和 R_s 三个参数，编写程序用计算机计算很容易进行。然后，由线性极化方程 $i_\mathrm{corr}=B/R_\mathrm{p}$ 求出腐蚀电流密度 i_corr。

三、实验材料和仪器

1）实验材料

Q235 碳钢和 18-8 不锈钢，试样尺寸为 ϕ6mm×12mm。实验前，试样均需经过金相砂纸依次研磨、抛光、冲洗、除油、除锈、吹干等处理。另外，除试样上部连接导线处和下部插入电解池内约 27.5mm² 的暴露面外，其余均用 704 硅橡胶密封。

试液为 18% 的硝酸溶液和饱和碳酸氢铵溶液，实验温度为室温。

2）实验仪器

（1）直流稳压电源 1 台。

（2）电流表 1 个。

（3）X-Y 函数记录仪 1 台。

(4) 电位器 3 个。

(5) 开关 2 支。

(6) 电解槽池 2 个。

实验电路图如图 3.7 所示。

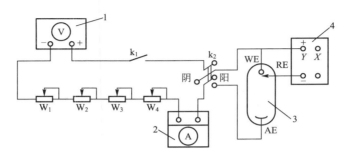

图 3.7 测定充电曲线的实验电路图

1—直流稳压电源；2—电流表；3—模拟电解池；4—X-Y 函数记录仪

k_1—开关；k_2—双刀双掷开关；W_1～W_4—电位器

四、实验步骤

(1) 在电解槽中注入足够的饱和碳酸氢铵溶液，安装好工作电极、参比电极和辅助电极，它们形成 Q235 碳钢的同种材料三电极系统。

(2) 按图 3.7 接好线路，经指导教师检查后，通电进行测量，并测定工作电极的腐蚀电位 E_{corr} 直至稳定为止。

(3) 接通直流稳压电源和 X-Y 函数记录仪的电源，把记录仪的 X 轴、Y 轴切换开关置于"调零"档位。旋转 X、Y 轴的调零电位器，使记录笔落在所需的位置(阳极极化时，笔位于左下方；阴极极化时，笔位于左上方)。选择 k_2 于阳(阴)极极化，轴切换开关置于"信号"位置，选择适当的 Y 轴量程(通常为 0.5～1mV/cm)；合上 k_1，调节电位器 W_1～W_4 和直流稳压电源的电压输出旋钮，即通过调节模拟电解池的电流强度，使 Y 轴的电位变化小于 8mV，直至满意为止，打开 k_2 合上 k_1 的同时，将 X 轴切换开关置于"扫"的位置，选择适当的 X 轴扫描时间(通常为 0.5～1cm/s)，使整个充电曲线的横向控制在 20～25cm 内。调节满意后，记录下电表上的电流数值；Y 轴的量程和 X 轴的扫描时间。打开 k_1、X 轴切换开关置于"调零"。

(4) 落下记录笔，合上 k_2 的同时把 X 轴切换开关置于"扫"，记录仪便记下一条完整的充电曲线。打开 k_1，X 轴置于"调零"档，抬起记录笔，改变 k_2 的方向，进行阴(阳)极化，(阳、阴极极化曲线最好做在同一幅面上以便比较，同一模拟电解池选用相同的电流强度、X 轴扫描时间、Y 轴置程)，方法同上。

(5) 在电解槽中注入 18％的硝酸溶液，安装好工作电极、参比电极和辅助电极，形成 18-8 不锈钢的同种材料三电极系统。之后，按照步骤(2)、(3)、(4)进行不锈钢的充电曲线测量。

(6) 实验结束后，取出试样，整理实验台。

五、实验结果处理

(1) 按表 3-5 记录充电实验过程中的极化电位 E 随时间 t 的变化。

表 3-5 充电实验数据记录表

试样材料：_____；介质成分：_____；

介质温度：_____（℃）；试样暴露面积：_____（cm²）；

极化电流强度：_____（mA）；X 轴扫描时间：_____（cm/s）；

Y 轴信号量程：_____（mV/cm）；包括原点等时间间隔 Δt：_____（s）。

时间间隔/s		$\Delta t(\Delta t = \Delta t - 0)$	$2\Delta t$	$3\Delta t$	$4\Delta t$	$5\Delta t$	…
电位 E/mV	阳极						
	阴极						

（2）用充电曲线两点法计算两种腐蚀体系的极化电阻和腐蚀速率。

（3）将实验数据输入计算机，利用计算机数据处理方法计算体系的腐蚀速率。

（4）比较两种计算方法所得的结果。

六、思考题

（1）与充电曲线两点法相比，计算机解析法有什么优点？适用于哪些腐蚀体系？

（2）分析充电曲线两点法测定腐蚀速率时的实验误差。

实验六　断电流法和恒电位阶跃法测定金属腐蚀速率实验

一、实验目的

（1）了解并掌握断电流法测定金属腐蚀速率的原理和方法。

（2）熟悉与掌握恒电位阶跃法测定金属腐蚀速率的原理和方法。

二、实验原理

金属腐蚀速率的暂态测量方法，除实验五的恒电流充电曲线两点法外，还有控制电流暂态测量技术中的断电流法、方波电流法和双脉冲电流法等，以及控制电位测量技术中的恒电位阶跃法、方波电位法和三角波电位扫描的循环伏安法等。

在本实验中，将主要介绍断电流法和恒电位阶跃法测定金属腐蚀速率的原理和方法；在随后的实验二十四中将介绍三角波电位扫描的循环伏安法。

1）断电流法

断电流法的原理是以恒定的电流密度 i（电流密度小到可把电极系统看成是线性系统）对电极进行极化，在电位达到稳定后突然将电流切断，并观察记录电位的响应变化，进而通过计算极化电阻 R_p、双电层电容 C_d、溶液电阻 R_s 以获得电极体系的腐蚀速率，如图 3.8 所示。

由图 3.9 的等效电路模型可知，当电极系统由恒电流极化达到稳态后，极化电位为：

$$E = iR_s + iR_p = iR_s + E_{10}, \quad 其中\ E_{10} = iR_p \tag{3-39}$$

当 $t = 0$ 时，切断极化电流。在刚切断电流的瞬间，溶液电阻 R_s 上的电压降为零；而双电层电容尚来不及放电，此时的电压仍为 iR_p 或 E_{10}。之后，双电层开始通过 R_p 放电，于是有 $i_c = -i_R$。

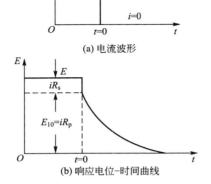

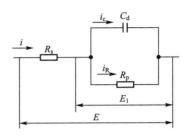

图 3.8　断电流法中的电流波形
和响应电位-时间曲线

图 3.9　恒电流时腐蚀体
系的等效电路模型

考虑到 $i_R = E_1/R_p$、$i_c = C_d \times (\mathrm{d}E_1/\mathrm{d}t)$，于是有
$$C_d \times (\mathrm{d}E_1/\mathrm{d}t) = - E_1/R_p \tag{3-40}$$
求解式(3-40)，并考虑到初始条件 $t=0$、$E_1 = E_{10} = iR_p$，可得
$$E_1 = E_{10} \times \exp[-t/(R_p \cdot C_d)] \tag{3-41}$$
对式(3-41)两端求对数后可得：
$$\lg(E_1) = \lg(iR_p) - t/(2.303 R_p \cdot C_d) \tag{3-42}$$
于是可通过 $\lg(E_1)-t$ 曲线的截距和斜率求得极化电阻 R_p、双电层电容 C_d，进而由式(3-39)求得溶液电阻 R_s，最终由 $i_{corr} = B/R_p$ 获得电极体系的腐蚀速率。

2) 恒电位阶跃法

恒电位阶跃法的原理是对原来未极化的体系，从 $t=0$ 开始施加一个阶跃电位高度为 E (在线性极化范围内)的电位阶跃，从而观察并测定电极系统的电流密度 i 随时间 t 的变化规律，如图 3.10 所示。

由图 3.11 的等效电路模型可知，对电极系统施加的电位可分为溶液电阻 R_s 上的电位

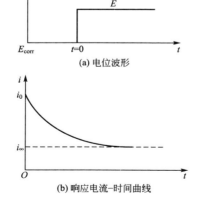

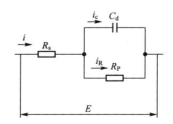

图 3.10　恒电位阶跃法中的电位
波形和电流-时间曲线

图 3.11　恒电位时腐蚀体
系的等效电路模型

降 iR_s 和极化电阻/双电层上的电位降 $(E-iR_s)$ 两部分。在刚进行电位阶跃时，因双电层电容尚来不及充电，因而整个电位 E 施加在溶液电阻 R_s 上，即 $t=0$，$i=E/R_s$。之后，开始对双电层充电，但充电电流逐渐降低，最终稳定下来。

考虑到电路元件的特点，于是有：

$$i=i_c+i_R \tag{3-43}$$

$$i_R=(E-iR_s)/R_p \tag{3-44}$$

$$i_c=C_d \cdot [\mathrm{d}\,(E-iR_s)/\mathrm{d}t]=-C_d R_s \mathrm{d}i/\mathrm{d}t \tag{3-45}$$

由式(3-44)和式(3-45)，并令 $R=R_s R_p/(R_s+R_p)$，得

$$\mathrm{d}i/\mathrm{d}t+i/(RC_d)=E/(R_s R_p C_d) \tag{3-46}$$

求解式(3-46)，并考虑到初始条件 $t=0$、$i=E/R_s$，可得：

$$i=E/(R_s+R_p) \cdot \{1+R_p/R_s \exp[-t/(RC_d)]\} \tag{3-47}$$

式(3-47)称为恒电位充电曲线的方程式，其 i-t 曲线如图3.10(b)所示。该曲线的两个极限情况如下：

$$t=0, \quad i_0=E/R_s \tag{3-48}$$

$$t=0, \quad i_\infty=E/(R_s+R_p) \tag{3-49}$$

于是可通过 i_0、i_∞ 求得极化电阻 R_p 和溶液电阻 R_s，进而由 $i_{corr}=B/R_p$ 获得电极体系的腐蚀速率。

对恒电位充电曲线，经过变换可得

$$\lg(i-i_\infty)=\lg(R_p/R_s)+\lg i_\infty-t/(2.303R \times C_d) \tag{3-50}$$

于是可通过对 $\lg(i-i_\infty)$-t 曲线的分析，由直线的斜率求得双电层电容 C_d。另外，也可通过在恒电位阶跃过程中双电层的充电电量 $\int_0^\infty (i-i_\infty)\mathrm{d}t$ 与阶跃电位 E 的比值求得

$$C_d=\frac{\int_0^\infty (i-i_\infty)\mathrm{d}t}{E} \tag{3-51}$$

三、实验材料和仪器

1）实验材料

Q235 碳钢，试样尺寸为 $\phi6\mathrm{mm}\times12\mathrm{mm}$。实验前，Q235 钢均需经过金相砂纸依次研磨、抛光、冲洗、除油、除锈、吹干等处理。另外，除试样上部连接导线处和下部插入电解池内约 $27.5\mathrm{mm}^2$ 的暴露面外，其余均用 704 硅橡胶密封。

试液为 3.5% 的氯化钠溶液，实验温度为室温。

2）实验仪器

（1）电化学工作站 1 台。

（2）饱和甘汞电极、铂丝辅助电极各 1 支。

（3）烧杯 2 个。

四、实验步骤

（1）将氯化钠溶液倒入电解池，安装好试样、参比电极和辅助电极，并与电化学工作站的相应导线相连接。

（2）打开电化学工作站的 CorrTest 菜单，在"测试方法"中选择"恒电流阶跃"，并

设置"初始电流"i和"保持时间"及"阶跃电流"(在断电流法中阶跃电流为零)和"保持时间";之后按"开始"按钮测试 Q235 碳钢在 3.5％NaCl 溶液中的响应电位-时间曲线。测量结束后,命名存储。

(3) 打开工作站 CorrTest 菜单,在"测试方法"中选择"恒电位阶跃",并设置"初始电位"(相对于腐蚀电位为 0)和"保持时间"及"阶跃电位"E 和"保持时间";之后按"开始"按钮测试 Q235 碳钢在 3.5％NaCl 溶液中的响应电流-时间曲线。测量结束后,命名存储。

(4) 改变断电流法中恒定电流密度 i 和恒电位阶跃法中阶跃电位 E 的大小,重复实验步骤(2)和步骤(3)。实验结束后,取出试样,整理实验台。

五、实验结果处理

(1) 调取存储的响应电位-时间文件,绘制电位-时间曲线,由 $t=0$ 时刻的电位降值求溶液电阻 R_s;之后作 $\lg(E_1)$-t 曲线,由直线的截距和斜率求得极化电阻 R_p 和双电层电容 C_d。

(2) 调取存储的响应电流-时间文件,绘制电流-时间曲线,由曲线的初始值 i_0 和达到的稳态值 i_∞ 求溶液电阻 R_s 和极化电阻 R_p;之后作 $\lg(i-i_\infty)$-t 曲线,由直线的斜率求得双电层电容 C_d。

(3) 计算不同恒定电流密度 i 和阶跃电位 E 下 Q235 碳钢在 3.5％NaCl 溶液中的溶液电阻 R_s、极化电阻 R_p 和双电层电容 C_d,并进行对比分析。

六、思考题

(1) 分析比较断电流法和恒电位阶跃法的特点,并讨论溶液电阻 R_s 对两种方法测量结果的影响。

(2) 如将图 3.8(a)和图 3.9(a)中的波形分别换成是方波电流和方波电位,测试结果会如何?并讨论方波周期对测量结果的影响。

(3) 断电流法中的恒定电流密度 i 和恒电位阶跃法中的阶跃电位 E 是如何确定的?它们的大小对测量结果有什么影响?

3.2　其他腐蚀参数测定

材料在环境介质中发生的腐蚀,不仅有均匀腐蚀,还有点蚀、缝隙腐蚀、电偶腐蚀、晶间腐蚀、选择性腐蚀、应力腐蚀、氢腐蚀、腐蚀疲劳、冲刷腐蚀等局部腐蚀和应力作用下的腐蚀破坏。

对各种局部腐蚀和应力作用下的腐蚀破坏,3.1 节中的平均腐蚀速率方法一般并不适用。由于局部腐蚀通常较均匀腐蚀的危害更大,而且在腐蚀失效中占的比例很大,因而对局部腐蚀和应力作用下的腐蚀除利用腐蚀速率指标外,还需要借助表观检查、点蚀深度法、力学性能法等来评价其腐蚀程度。此外,由于非均匀腐蚀或局部腐蚀的特殊性,常可通过电位序、极化曲线及其特征参数(点蚀电位、致钝电位)、电化学阻抗谱、氢的扩散速率等来判断材料发生电偶腐蚀、点蚀、晶间腐蚀等的腐蚀倾向和腐蚀机制。

另外，为模拟材料的高温氧化和大气腐蚀行为，还需要进行材料的高温氧化和中性盐雾腐蚀实验。

因此在本节实验中，将利用表观检查、点蚀深度、力学性能损失和氧化速率等方法表征材料在发生晶间腐蚀、盐雾腐蚀、点蚀、应力腐蚀、高温氧化时的腐蚀程度，并确定材料在腐蚀介质中的电位序、极化曲线、电化学阻抗谱和氢的扩散速率等特征，从而对局部腐蚀和各条件下的腐蚀破坏形式做出客观合理的综合评价。

实验七　电偶腐蚀中电偶电流和电位序的测定实验

一、实验目的

（1）了解电偶腐蚀测试的原理。
（2）掌握使用零阻电流表测定电偶电流的方法。
（3）测定铝-铜、铝-铅、铝-石墨、铝-锌、铝-碳钢、铝-不锈钢在 3% 氯化钠溶液中的电偶电流，并排出电位序。

二、实验原理

当两种不同的金属在腐蚀介质中相互接触时，由于腐蚀电位不相等，在组成偶合电极（即形成电偶对）时，原腐蚀电位较负的金属（电偶对阳极）溶解速度增加，从而造成接触处的局部腐蚀，这就是电偶腐蚀（也称为接触腐蚀）。测量短路条件下偶合电极两端电流（电偶电流）的数值，就可以判断金属耐电偶腐蚀的性能。

电偶电流与电偶对中阳极金属的真实溶解速度之间的定量关系较复杂（它与不同金属间的电位差、未偶合时的腐蚀速率、塔菲尔常数和阴阳极面积比等因素有关），但可以有如下的基本关系。

在活化极化控制条件下，金属腐蚀速率的一般方程式为：

$$i = i_{corr} \left\{ \exp\left[\frac{2.303(E-E_{corr})}{b_a} \right] - \exp\left[\frac{2.303(E_{corr}-E)}{b_c} \right] \right\} \tag{3-52}$$

式中，E_{corr}、i_{corr} 分别为偶合电极中阳极金属未形成电偶对时的自腐蚀电位和自腐蚀电流密度；E 是极化电位；b_a、b_c 分别为偶合电极中阳极金属上局部阳极和局部阴极反应的塔菲尔常数。

如果该金属与电位较正的另一个金属形成电偶对，则这个电位较负的金属将被阳极极化，电位将正向移到电偶电位 E_g，它的溶解电流将由 i_{corr} 增加到 E_a^A：

$$i_a^A = i_{corr} \exp\left[\frac{2.303(E_g - E_{corr})}{b_a} \right] \tag{3-53}$$

电偶电流 i_g 实际上是电偶电位 E_g 处电偶对阳极金属上局部阳极电流 i_a^A 和局部阴极电流 i_c^A 之差：

$$i_g = i_{a(E_g)}^A - i_{c(E_g)}^A = i_a^A - i_{corr} \exp\left[\frac{2.303(E_{corr}-E_g)}{b_c} \right] \tag{3-54}$$

由式（3-54），可以获得两种极限情况：

（1）形成电偶对后，若阳极极化很大（即 $E_g \gg E_{corr}$），则

$$i_g = i_a^A \tag{3-55}$$

在这种情况下，电偶电流数值等于偶合电极中金属阳极的溶解电流。

（2）形成电偶对后，若阳极极化很小（即 $E_g \approx E_c$），则

$$i_g = i_a^A - i_{corr} \tag{3-56}$$

在这种情况下，电偶电流数值等于偶合电极阳极在偶合前后的溶解电流之差。

由以上讨论可知，直接将电偶电流看作电偶对中阳极金属的溶解速度，数值会不同程度地偏低。因此，如果需要求出真实的溶解速度，对电偶电流 i_g 进行修正是必要的。

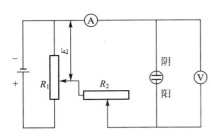

图 3.12　零电阻安培表的原理图

在测量方面，电偶电流不能用普通的安培表进行测量，要采用零电阻安培表来测试。零电阻安培表的原理如图 3.12 所示，调节电压 E 或电阻 R_1 或 R_2，使电偶对阴阳极之间的电位差为零。此时，电流表 A 中所通过的电流，即为电偶电流 i_g。但是，这种手调的方法很难测定。目前已采用晶体管运算放大器制作零电阻安培表，也可运用零电阻安培表的结构原理，将恒电位仪改接成测量电偶电流的仪器。

三、实验材料和仪器

1）实验材料

纯铜、铅、锌、石墨、Q235 碳钢、18-8 不锈钢和纯铝，试样尺寸为 $\phi 6mm \times 12mm$。实验前，试样均需经过金相砂纸依次研磨、抛光、冲洗、除油、除锈、吹干等处理。另外，除试样上部连接导线处和下部插入电解池内约 $27.5mm^2$ 的暴露面外，其余均用 704 硅橡胶密封。

试液为 3% 氯化钠溶液，实验温度为室温。

2）实验仪器

（1）电化学工作站 1 台。

（2）恒温水浴 1 台。

（3）烧杯 2 个。

（4）秒表。

（5）饱和甘汞电极 1 个。

（6）金相试样磨光机 1 台。

四、实验步骤

（1）按测定先后顺序，分别将铝与铜、铝与铅、铝与石墨、铝与锌、铝与碳钢、铝与不锈钢等所组成的电偶对安装于盛有适量 3% 氯化钠溶液的电解槽中。电偶对的试样应尽量靠近，把饱和甘汞电极安装于两试样之间，便于测定偶合前后的各电位值。

（2）将铝试样设为工作电极 I，并与工作站的工作电极夹相连接；将铜、铅、石墨、碳钢或不锈钢依次设为工作电极 II，与接地的辅助电极夹相连接；饱和甘汞电极接参比电极夹。

（3）利用电化学工作站测量各电极偶合前的电极电位 E_a 和 E_c，及两电极未偶合时的

相对电位差。

（4）待电极的自腐蚀电位趋于稳定后，打开控制软件（以 CS350 电化学工作站为例），选择电化学噪声功能，此时软件窗口将会显示偶接电位 E_g 和电偶电流 i_g，电流计数为正表示研究电极引线所接的工作电极 I 为阳极，接地线连接的工作电极 II 为阴极，负电流与此相反。在窗口中设置好监测时间和数据采集速率，单击"确定"进入实验，测定电偶对的电偶电流 i_g 随时间的变化情况。

（5）更换电偶对，按上述步骤进行各电偶对电偶电流的测定。

（6）实验结束后，取出试样，整理实验台。

五、实验结果处理

（1）按表 3 - 6 和表 3 - 7 的内容记录电偶腐蚀实验的实验数据。

表 3 - 6　电偶对材质和尺寸参数

序号	试样材料	试样尺寸/cm	试样暴露面积/cm^2
1	铜		
2	铝		
3	石墨		
4	锌		
5	碳钢		
6	不锈钢		
7	铝		

表 3 - 7　电偶腐蚀实验数据表

介质成分：＿＿＿＿＿＿＿＿；温度＿＿＿＿＿＿＿＿℃。

电偶对名称	电极电位/mV			电偶间相对电位差/mV	时间	电偶电流 i_g/A
	阳极 E_a	阴极 E_c	电偶电位 E_g			
铝-铜						
铝-铅						
铝-石墨						
铝-锌						
铝-碳钢						
铝-不锈钢						

（2）在同一张直角坐标纸上绘出各组电偶电流 i_g 对时间的关系曲线。

（3）将各组的电偶电流 i_g 除以铝的电极表面积，排出上述各种材料在 3% 氯化钠溶液中的电位序并与有关文献资料上的数据作比较。

六、思考题

（1）为什么不能用普通电流表来测量电偶腐蚀电流？

（2）电偶电流的数值受哪些因素的影响？

（3）根据本实验结果，你认为是否能用所测得的电偶电流值来表示电偶对中阳极金属的溶解速度？为什么？

实验八　不锈钢的点蚀实验

一、实验目的

（1）了解点蚀的发生条件和机理。

（2）掌握化学浸泡法评价不锈钢点蚀性能的原理与方法。

二、实验原理

点蚀是一种典型的局部腐蚀，是指在金属表面的局部地区出现向深处发展的腐蚀小孔，其余地区不腐蚀或腐蚀很轻微的腐蚀现象。具有自钝化特性的金属或合金如不锈钢、铝和铝合金、钛和钛合金等在含氯离子的介质中，经常会发生点蚀。碳钢在表面的氧化皮或锈层有孔隙的情况下，在含氯离子的水中也会发生点蚀现象。

金属发生点蚀时，具有以下的特征：蚀孔小（一般直径只有数十微米）且深（深度等于或大于孔径），它在金属表面的分布有些较分散、有些较密集。孔口多数有腐蚀产物覆盖，少数呈开放式。

点蚀的发生，有三个基本条件即钝态金属、环境中存在卤素等有害离子、电位高于某个临界电位（称点蚀电位）。点蚀的发生过程，可分为形核（孕育）和发展（生长）两个阶段。可观察到的点蚀斑点出现之前称为形核阶段，表面膜薄弱的地方如晶界、活性夹杂、位错等表面点缺陷常成为点蚀源。形核时间可由数月到数年，这取决于金属和腐蚀环境的种类。点蚀的长大过程称为发展阶段，一旦点蚀开始发展，因受蚀孔几何形状的限制、孔内溶解的金属离子浓缩、水解而使 pH 降低，同时为了维持电荷平衡，Cl^- 不断向孔内迁移富集，增强了腐蚀性，形成自催化体系，点蚀便以不断增长的速度向金属纵深发展，如图 3.13 所示。

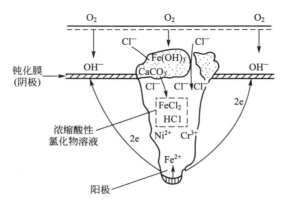

图 3.13　18－8 不锈钢在充气 NaCl 溶液中发生点蚀的闭塞电池示意图

点蚀通常沿重力方向生长，多数点蚀从金属表面向下发展和生长，少数在垂直表面上发生，却很少发生在朝下的表面上。点蚀破坏具有极大的隐蔽性和突发性，特别是在石油、化工、核电等领域。点蚀容易造成管壁穿孔，使大量油气泄漏，甚至造成火灾、爆炸等灾难。

点蚀敏感性的试验评定方法，可分为化学浸泡和电化学测试两大类。点蚀的化学浸泡法是指材料在自然状态受到化学介质的作用而诱发点蚀的实验方法，最常见的是用于检验不锈钢或镍基合金点蚀性能的三氯化铁试验法。点蚀的电化学测试法，则主要通过测量金属的阳极极化曲线确定点蚀电位 E_b 和保护电位 E_{pr}，从而评价材料的点蚀敏感性。

防止点蚀的方法，主要有采用电化学保护法使金属材料的电位低于点蚀电位；采用缓蚀剂保护；降低有害阴离子和氧化剂浓度并保持均匀；避免缝隙存在；对溶液进行搅拌，或加大流速避免沉积物生成；降低介质温度，提高溶液的 pH；选用耐点蚀的金属材料等。

在本实验中，采用化学浸泡法来评价不锈钢材料的点蚀敏感性，并利用蚀孔的标准样图对不锈钢的点蚀程度进行分类评级。

三、实验材料和仪器

1）实验材料

1Cr18Ni9 不锈钢，试样尺寸为 50mm×25mm×（2～5）mm。6％FeCl₃（10％ FeCl₃ · 6H₂O）溶液，实验温度为（35±1）℃ 或（50±1）℃，详见 GB/T 17897—1999 的《不锈钢三氯化铁点腐蚀试验方法》，或 ASTMG46—94 的 Standard Guide for Examination and Evaluation of Pitting Corrosion。

2）实验仪器

（1）金相显微镜 1 台。

（2）恒温水浴槽 1 台。

（3）超声波清洗仪 1 台。

（4）温度计、量筒、烧杯、镊子、硬尼龙毛刷各 1 个。

四、实验步骤

（1）采用砂布或砂纸按顺序对不锈钢试样进行研磨；研磨时要避免试样发热，最后用粒度 240 号以上的水砂纸进行湿磨。最后用无水乙醇清洁表面，吹干。

（2）试验前，用精确到 0.1mg 的天平称重试样；并用游标卡尺测量试样的尺寸，计算试样的总面积及试验有效面积。

（3）利用纯盐酸和蒸馏水配制成 0.05mol/L 的盐酸溶液，再将 100g 分析纯的 FeCl₃ · 6H₂O 溶于 900mL0.05mol/L 盐酸溶液中，以获得 6 ％的 FeCl₃ 溶液。

（4）将 6％FeCl₃ 溶液倒入烧杯中，试验溶液量以每平方厘米试样表面不少于 20mL 为准；并把烧杯放到恒温槽中，加热至实验温度（（35±1）℃ 或（50±1）℃）。

（5）将试样放于玻璃烧杯中的玻璃管支架上，然后进行连续 24h 的浸泡试验。试验过程中，在烧杯上盖上表面皿以防止试验溶液的蒸发。

（6）试验结束后，取出试样，在流水下用硬尼龙毛刷清除试样上的腐蚀产物，超声波清洗半个小时左右，洗净，干燥后称重。

五、实验注意事项

（1）正确使用砂轮及预磨机，注意安全。预磨机使用时，注意砂纸的使用次序，每换一次砂纸务必旋转试样 90°。用力要均匀，以免被处理的表面不平整。

（2）浸泡过程中，避免试样与容器之间的接触。

（3）保证溶液体积与试样表面积之比应大于或等于 20mL/cm²。

六、实验结果与处理

（1）根据浸泡试验前后试样的重量，按腐蚀率＝$(m_0-m_1)/(S\times t)$计算材料的腐蚀率（g/m²·h），其中 m_0、m_1、S、t 分别是试样试验前质量、试验后质量、总面积和试验时间。

（2）用金相显微镜观察试样表面点蚀孔的分布、密度、形状、尺寸和深度等特征，必要时可拍照。测量点蚀深度时，可采用带有刻度微调的金相显微镜（50～500 倍，分别在孔底和表面聚焦，其读数差即为点蚀深度）。应测量足够多的蚀孔，以确定最大点蚀深度。在低放大倍数（如 20 倍）下数出试样表面上的蚀孔数，以确定点蚀平均密度，操作中可用带网格的透明纸盖在表面上，分别数出每一格中的蚀孔数，直至数完整个表面。根据观察和测试结果，按照图 3.14 和图 3.15 的标准样图对不锈钢材料的蚀孔特征进行分级。

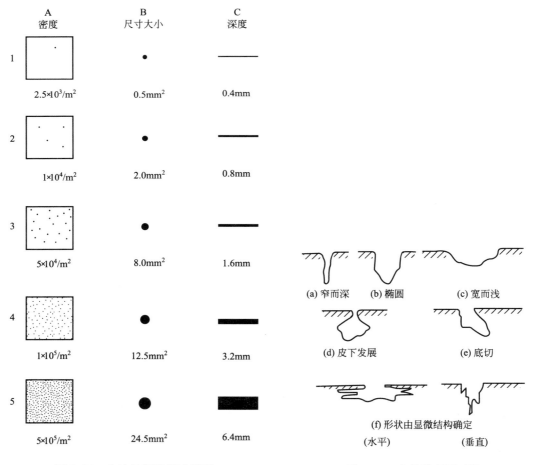

图 3.14　点蚀特征的标准样图　　　　图 3.15　点蚀的断面形状

（3）由测得的点蚀深度，按"点蚀系数＝最大腐蚀深度/平均腐蚀深度"计算出点蚀系数。式中平均腐蚀深度根据腐蚀失重计算得到；最大腐蚀深度由最大孔深或十个最深孔的平均深度得到。

七、思考题

（1）简述不锈钢的点蚀机理并分析合金元素、热处理和表面状态对不锈钢点蚀性能的影响。

（2）在点蚀的化学浸泡法中，对试液的要求有哪些？

实验九　不锈钢的晶间腐蚀实验

一、实验目的

（1）了解奥氏体不锈钢发生晶间腐蚀的机制。
（2）掌握奥氏体不锈钢晶间腐蚀倾向的试验方法和评定过程。

二、实验原理

晶间腐蚀是一种常见的局部腐蚀，是指金属材料在特定的腐蚀介质中沿着金属或合金的晶粒边界或它的邻近区域发生腐蚀，而晶粒本身的腐蚀很轻微，从而使材料性能降低的现象。不锈钢、铝及铝合金、铜合金、镁合金和镍合金都是具有较高晶间腐蚀敏感性的材料，其中尤以不锈钢的晶间腐蚀现象最为常见。

18-8 不锈钢如 0Cr18Ni9、1Cr18Ni9、2Cr18Ni9 等是工程中常用的金属材料，这类钢的强度、塑性、韧性及冷加工性能良好。但是这种材料在敏化态或者焊接以后，一旦与腐蚀介质相接触，发现晶粒边界处的材料比晶粒本体腐蚀要来得快得多，造成所谓的"晶间腐蚀"。严重的晶间腐蚀将造成材料的晶间结合力丧失，进而使金属力学性能丧失。晶间腐蚀发生后，金属和合金虽然表面仍保持一定的金属光泽，也看不出被破坏的迹象，但晶粒间的结合力已显著减弱，强度下降，因此设备和构件容易遭到破坏。晶间腐蚀的隐蔽性强，突发性破坏几率大，因此有严重的危害性。

1）晶间腐蚀理论

现代晶间腐蚀理论，主要有贫化理论和晶界杂质选择溶解理论两种。现以奥氏体不锈钢为例介绍贫化理论。在含碳量较高的奥氏体不锈钢中，碳与 Cr 及 Fe 能生成复杂的碳化物$(Cr、Fe)_{23}C_6$。这种碳化物在不锈钢高温淬火（固溶处理）时，形成固溶态而溶入奥氏体中，使铬在奥氏体内均匀分布，保证了合金基体各部分的含铬量都在钝化所需值（12％Cr）以上。然而，这种固溶处理所形成的过饱和固溶体是不稳定的。一旦在敏化温度（400～850℃）下保温，这种碳化物会沿着晶界首先沉淀析出。在所析出的碳化物$(Cr、Fe)_{23}C_6$中碳与铬的质量比是 1∶17，即 1 份碳必须有 17 份铬与之化合，这就需要铬元素大量从固溶体中分离出来。由于奥氏体中铬的扩散速度远小于碳的扩散速度，所以生成碳化物所需的铬不能从晶粒内的固溶体中迅速扩散补充到晶界，只能由晶界附近区域中供给。结果使晶界贫铬区的含铬量低于维持钝化所需的最低 Cr 含量，形成一个贫铬区（图 3.16）。问题是晶界贫铬区的电极电位比晶粒内部的电位要低，更低于碳化物的电位。因而，在腐蚀环境中贫铬区将优先成为小阳极，与整个合金基体组成电池，大大加速了沿晶界贫铬区的腐蚀，导致不锈钢产生严重的晶间腐蚀。

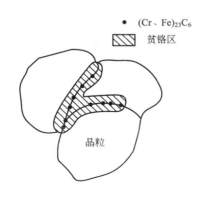

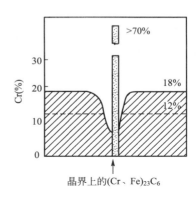

(a) $(Cr、Fe)_{23}C_6$的析出与贫铬区   (b) 碳化物附近铬的分布

图 3.16　不锈钢晶界上碳化物的析出与铬分布

引起不锈钢晶间腐蚀的常用介质，主要有两类：一类是氧化性或弱氧化性的介质如充气的海水或 $MgCl_2$ 溶液等；另一类是强氧化性的介质如 HNO_3 等。

2）提高奥氏体不锈钢耐晶间腐蚀能力的方法

由于奥氏体不锈钢的晶间腐蚀是晶界产生贫铬而引起的，控制晶间腐蚀可从控制碳化物在晶界上的沉淀来考虑。总的说来，有以下几种方法：

（1）重新固溶处理，即将不锈钢材料再次加热到 $1050\sim1100$℃，使沉淀的$(Cr、Fe)_{23}C_6$重新溶解，然后淬火防止其再次沉淀。

（2）采用超低碳不锈钢，即将 $18-8$ 型奥氏体不锈钢的碳含量降至 0.03% 以下，以减少晶界处碳化物析出量，而防止发生晶间腐蚀。这类钢被称为超低碳不锈钢，常见的有 00Cr18Ni10 等。

（3）稳定化处理，即在 $18-8$ 型奥氏体不锈钢中加入比铬更易形成碳化物的元素钛或铌，钛或铌的碳化物较铬的碳化物难溶于奥氏体中，所以在敏化温度范围内加热时，也不会于晶界处析出碳化物，不会在腐蚀性介质中产生晶间腐蚀。为固定 $18-8$ 型奥氏体不锈钢中的碳，必须加入足够量的钛或铌。按原子量计算，钛或铌的加入量分别为钢中碳含量的 $4\sim8$ 倍。不过，上述不锈钢只有经过"稳定化"热处理，即须充分生成 TiC、NbC 的热处理，才能起到防止晶间腐蚀的作用。

3）晶间腐蚀的实验方法

晶间腐蚀是由于材料的晶粒和晶界，在电解质中的钝化行为不同所引起的。如果在某一介质中，晶粒处于钝化状态，而晶界处于活化状态，材料就要发生晶间腐蚀。材料的电化学行为除取决于它本身的化学成分和组织外，还取决于介质的氧化还原能力。因此，晶间腐蚀试验所用溶液的选取原则是：应能保证晶粒处于钝化状态，同时又要使具有晶间腐蚀倾向材料的晶界处于活化状态，这样才能保证在不发生均匀腐蚀的情况下，仅在晶界处产生腐蚀，显示出材料的晶间腐蚀倾向。

不锈钢晶间腐蚀的实验方法，通常分为化学浸泡法和电化学法两大类。常用的化学浸泡法，有65％硝酸、硝酸-氢氟酸、硫酸-硫酸铁、硫酸-硫酸铜等方法；电化学法，常有10％草酸电解浸蚀、动电位再活化等方法。

在本实验中，主要介绍草酸电解侵蚀法。草酸电解侵蚀试验的腐蚀电位大于2.00V，在这种条件下，晶粒边界上的碳化物至少比晶粒本体的溶解速度快一个数量级。这样就可以在显微镜下观察到"沟状"的组织结构（即腐蚀沟）。

三、实验材料和仪器

1）实验材料

经1100℃固溶处理的1Cr18Ni9不锈钢试样，1100℃固溶＋650℃、2h敏化处理的1Cr18Ni9和1Cr18Ni9Ti不锈钢试样及1100℃固溶＋880℃、6h稳定化处理的1Cr18Ni9Ti不锈钢试样四种，试样尺寸为40mm×20mm×2mm。实验前，试样需经过金相砂纸依次研磨、抛光、冲洗、除油、除锈、吹干等处理。

实验用的10％草酸溶液，是将100g草酸溶解于900mL蒸馏水中制成的。实验温度为室温。

2）实验仪器

（1）YB173A型直流稳压电源1台。

（2）电流表和变阻器1个。

（3）JX4-Ⅰ型金相显微镜1台。

（4）250mL烧杯1个，导线若干。

不锈钢晶间腐蚀的实验装置如图3.17所示。

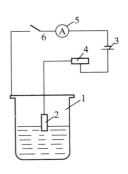

图 3.17　不锈钢
晶间腐蚀
1—不锈钢容器；2—试样；
3—直流电源；4—变阻器；
5—电流表；6—开关

四、实验步骤

（1）按图3.17连接好电路，试样为阳极，另选一块钢片作为阴极或使用不锈钢钢杯为阴极。

（2）向烧杯内添加100～120mL配制好的草酸溶液，实验温度为室温。

（3）合上电路开关，调节电源旋钮，使试样在1A/cm² 的电流密度下阳极电解1.5min。

（4）试验结束后，用流水洗净试样，并进行干燥处理。

（5）用金相显微镜观察试样浸蚀部位的形貌，放大倍数为150～500倍，按图3.18和表3-8的标准进行分析评定。

表 3-8　试样晶间腐蚀倾向的等级评定标准

等级	组织特征
一级	晶界没有腐蚀沟
二级	晶界有腐蚀沟，但没有一个晶粒被腐蚀沟包围
三级	晶界有腐蚀沟，个别晶粒被腐蚀沟包围
四级	晶界有腐蚀沟，大部分晶粒被腐蚀沟包围

（6）更换试样，重复步骤2～5。

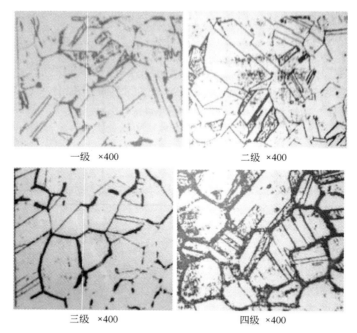

一级 ×400　　　二级 ×400

三级 ×400　　　四级 ×400

图 3.18　试样晶间腐蚀形貌对照图

五、实验注意事项

（1）试样准备过程中，使用砂轮机时要注意人和砂轮的位置，正确使用砂轮；使用水磨机时，注意砂纸的使用次序，每换一次砂纸务必旋转试样 90°。用力要均匀，以免被处理的面不平。切忌随意用砂纸打磨试样表面，以致无法观察到实验现象。

（2）腐蚀过程中，注意连接好电路，在满足电流量程情况下方可打开直流稳压电源进行电解实验。

（3）金相显微镜下观察实验形貌时，要注意显微镜的放大倍数，绘制金相图时要有耐心。

六、实验结果处理

（1）根据金相显微镜观察到的试样腐蚀形貌，绘制金相显微组织图。

（2）结合所绘金相图，根据图 3.18 和表 3-8 分别评定四种试样的晶间腐蚀倾向。

七、思考题

（1）根据实验结果，简述不锈钢的晶间腐蚀机理和防止方法。

（2）讨论草酸电解浸蚀试验与化学浸泡试验方法的关系，并分析各种不锈钢晶间腐蚀试验方法的优缺点和适用范围。

工程案例： 2010 年 9 月 12 日 11 时 10 分左右，山东某化工厂纤维素醚生产装置一车间南厂房在脱溶作业开始约 1h 后，脱溶釜罐体下部封头焊缝处突然开裂（开裂长度为 120cm，宽度为 1cm），造成物料（含有易燃溶剂异丙醇、甲苯、环氧丙烷等）泄漏。由于泄漏过程中产生静电，引起车间爆燃。事故造成 2 人重伤，2 人轻伤。

据调查分析，事故发生的直接原因是：脱溶釜罐体选用不锈钢材质，在长期高温环境、酸性条件和氯离子的作用下发生晶间腐蚀，造成罐体下部封头焊缝强度降低，发生焊缝开裂，物料喷出，产生静电而引起爆燃。

实验十　闭塞电池腐蚀实验

一、实验目的

（1）掌握闭塞电池腐蚀实验的原理，加深对孔蚀、缝隙腐蚀及应力腐蚀等局部腐蚀发展过程机理的理解。

（2）了解闭塞电池腐蚀实验的模拟技术及测试方法。

二、实验原理

当金属材料处于腐蚀介质中时，由于腐蚀介质或应力和腐蚀介质的联合作用，会在材料表面存在缺陷处形成微蚀孔或裂纹源。微蚀孔和裂纹源的通道非常窄小，孔隙内外溶液不容易对流和扩散，形成所谓的"闭塞区"。

在腐蚀过程中阳极反应与阴极反应共存，一方面金属原子变成离子进入溶液，阳极反应为 $Me \longrightarrow Me^{2+} + 2e^-$；另一方面，电子和溶液中的氧结合形成氢氧根离子，阴极反应式为 $1/2O_2 + H_2O + 2e^- \longrightarrow 2OH^-$。但在闭塞区中，其中的氧将迅速耗尽，且由于氧得不到补充，最后只能进行阳极反应。

由于孔内介质相对于孔外介质呈滞留状态，Me^{2+} 不易向外扩散，O_2 也不易扩散进去。于是孔内的金属离子将水解产生 H^+ 离子，使 pH 下降，反应式为 $Me^{2+} + 2H_2O \longrightarrow Me(OH)_2 + 2H^+$。由于孔内金属离子和 H^+ 增多，为了维持电中性，孔外的 Cl^- 等阴离子可移至孔内，形成腐蚀性极强的盐酸，使孔内金属的腐蚀以自催化方式加速进行。

在孔内阳极反应进行的同时，孔外氧的阴极还原反应速度也在增加，使得孔外表面得到保护。因而孔内、外构成一个活态-钝态的微电偶腐蚀电池，即闭塞腐蚀电池。

对闭塞区腐蚀行为的研究，常通过真实闭塞区测量（微电极、取液分析、冷冻法等）、实验模拟和数学模型等方法来进行。本实验通过自制的模拟闭塞腐蚀电池装置来研究碳钢在氯化钠溶液中的闭塞腐蚀行为。

三、实验材料和仪器

1）实验材料

市售的 Q235 钢，试样尺寸为 $\phi 6mm \times 12mm$。实验前，Q235 钢均需经过金相砂纸依次研磨、抛光、冲洗、除油、除锈、吹干等处理。另外，除试样上部连接导线处和下部插入闭塞电解池内约 27.5mm² 的暴露面外，其余均用 704 硅橡胶密封。

实验用石墨棒的尺寸为 $\phi 6mm \times 13mm$。

2）实验仪器

（1）模拟闭塞电池腐蚀实验装置 1 套，如图 3.19 所示。

（2）ZF-9 恒电位/恒电流仪 1 台。

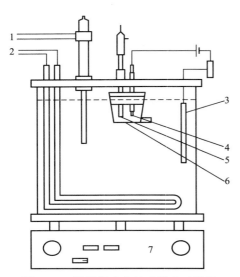

图 3.19 模拟闭塞电池腐蚀实验装置

1—触点温度计；2—加热器；3—辅助电极(石墨)；
4—内试件(Q235 钢)；5—内参比电极(SCE)；
6—闭塞电池；7—搅拌器

（3）PHS－3 型酸度计 1 台。

（4）231 型玻璃电极和 217 型甘汞电极各 1 支。

四、实验步骤

（1）利用分析纯 NaCl 和去离子水配制 0.01mol/L NaCl 溶液，并用 NaOH 溶液和稀盐酸调整溶液的 pH 为 12.00。

（2）将配好的 NaCl 溶液注入玻璃槽内，加热搅拌使温度恒定在 50℃。之后吸取 2mL 左右的主体溶液注入闭塞区内，用碎滤纸片堵住闭塞通道，装好闭塞电池。

（3）将 Q235 钢、石墨棒、甘汞电极分别与恒电位/恒电流仪的工作电极、辅助电极和参比电极连接。

（4）闭塞电池稳定 30min 后，利用恒电位仪测定试样的腐蚀电位。

（5）采用恒电流法对 Q235 钢施加电流密度为 1mA/cm^2 的阳极极化，极化 1h、2h、3h、4h、6h、8h、12h、16h 后，测定试样的腐蚀电位，并观察闭塞电池内外溶液状态的变化情况。

（6）小心取出闭塞电池中的溶液，采用 PHS－3 型酸度计迅速测量溶液的 pH，并利用 AgNO$_3$ 连续电位滴定法分析溶液的 Cl$^-$ 浓度。

（7）从闭塞电池中取出试样，观察试样的表面状况。

五、实验结果处理

（1）记录不同极化时间下闭塞电池内溶液 pH 的变化，并列表或作图。

（2）记录不同极化时间下闭塞电池内溶液 Cl$^-$ 浓度的变化，并列表或作图。

六、思考题

（1）实验刚开始时，闭塞电池内 pH 下降速度很快，而一定时间后几乎不再发生变化，为什么？

（2）结合闭塞电池腐蚀实验的结果，分析闭塞区在孔蚀、缝隙腐蚀及应力腐蚀等局部腐蚀发展过程中的作用。

实验十一　中性盐雾腐蚀实验

一、实验目的

（1）了解中性盐雾腐蚀实验的基本原理。

（2）了解盐雾腐蚀箱的结构与使用方法。

（3）掌握中性盐雾气氛中表征金属腐蚀的实验方法。

二、实验原理

盐雾实验是评价金属材料耐蚀性和涂镀层耐蚀性的加速实验方法。该方法已广泛用于确定各种保护层的厚度均匀性和孔隙度，作为评定批量产品或筛选涂层的试验方法。此外，盐雾实验也被认为是最有用的模拟海洋大气对不同金属（有保护涂层或无保护涂层）加速腐蚀的实验方法。盐雾实验，一般包括中性盐雾试验（NSS 试验），醋酸盐雾试验（ASS 试验）及铜加速的醋酸盐雾试验（CASS）等。其中，中性盐雾试验是最常用的加速腐蚀的实验方法。

实验时，将一定形状和大小的试样暴露于盐雾试验箱中，喷入经雾化的试验溶液，细雾在自重作用下均匀地沉降在试样表面。试样在盐雾箱内的位置，应使其主要暴露表面与垂直方向成 15～30°角。试样间的距离应使盐雾能自由沉降在所有试样上，且试样表面的盐水溶液不应滴落在任何其他试样上，试样间不构成任何空间屏蔽作用，互不接触且保持彼此间电绝缘，试样与支架也须保持电绝缘，且在结构上不产生任何缝隙。

经过一定周期的加速腐蚀后，取出试样，并测量试样质量和尺寸的变化，按失重法或增重法计算试样的腐蚀速率：

$$V_w^- = \frac{m_0 - m_1}{St}（失重法）\quad 或 \quad V_w^+ = \frac{m_2 - m_0}{St}（增重法） \quad\quad (3-57)$$

式中，V_w^- 或 V_w^+ 是金属的腐蚀速率（$g/m^2 \cdot h$）；S 是试样暴露于盐雾环境中的表面积（m^2）；t 是腐蚀试验时间（h）；m_0 是试样腐蚀前的质量（g）；m_1 和 m_2 分别是除去腐蚀产物后及带腐蚀产物试样的质量（g）。

中性盐雾试验是应用非常广泛的一种人工加速腐蚀实验方法，适用于很多金属和涂镀层的质量控制；有孔隙的镀层可做极短的盐雾喷雾，以免由于腐蚀而产生新的孔隙。根据美国材料试验协会标准，中性盐雾试验条件为：试液为 5％ NaCl 溶液，溶液 pH 为 6.5～7.2，雾化压缩空气的压力为 0.7～1.8kg/cm^2，喷雾箱温度为（35±1）℃，盐雾降落速度为 1.6～2.5$mL/(h \cdot dm^2)$。

三、实验材料和仪器

1）实验材料

Q235 碳钢试样，金相试样抛光机，精密 pH 试纸，分析天平（1/10000），盐酸，氯化钠，氢氧化钾，游标卡尺，电吹风等。

2）实验仪器

盐雾腐蚀试验箱 1 台。盐雾腐蚀试验箱主要由箱体、气源系统、盐水补给系统、喷雾装置及电控系统组成。其盐雾采用气流喷雾方式生成，在工作室内形成一个雾状均匀、降落自然的盐雾试验环境。盐雾腐蚀试验箱具有连续喷雾和定时间隙喷雾两种工作方式。试验箱工作室内配有不同直径的试棒及带角度的试验槽，可放置不同形状的试样。

四、实验步骤

（1）将称量好的氯化钠溶于蒸馏水中配制出质量分数为 5％的溶液，并用盐酸或氢氧化钠溶液调节 pH 为 6.5～7.2。

（2）采用乙醇或丙酮清洗试样表面，使试样表面无油污；对于不需喷雾的地方用油漆、石蜡、环氧树脂等加以保护。

（3）在精密分析天平上称重，用游标卡尺测量试样的长、宽、高。

（4）试样用尼龙丝挂在试验架上，放入箱内；注意试样不能相互接触，而且不得与其他任何金属或能引起干扰的物质接触，放的位置应使所有试样能喷上盐雾，试样表面的盐水不能滴在其他试样上。

（5）开始喷雾，其方式为连续方式，时间由试样的腐蚀程度而定。喷雾结束之后，关闭电源，取出试样。

（6）观察和记录试样腐蚀情况，清除腐蚀产物，干燥后再称重。

五、实验结果处理

（1）将实验数据填入表 3-9 中，并计算出 Q235 碳钢试样在中性盐雾条件下的腐蚀速率。

表 3-9　实验记录表

试样材料：_____；试样密度：_____；喷雾方式：_____；
喷雾温度：_____；放入箱的时间：_____；取出箱的时间：_____。

试样尺寸（长、宽、高）/mm		
表面积 S/mm²		
盐雾液的成分及 pH		
试样的质量	腐蚀前 m_0/g	
	除掉腐蚀产物后 m_1/g	
质量损失/g		
腐蚀速度/[g/(m²·h)]		

（2）比较腐蚀前后试样表面状态的变化。

六、思考题

（1）比较连续喷雾方式和间隔喷雾方式对试样腐蚀速率的影响。
（2）实验过程中试样放置应注意哪些问题？对实验结果有什么影响？
（3）简述不同材料或涂层中性盐雾实验结果的评价标准。

实验十二　金属高温氧化实验

一、实验目的

（1）了解金属高温氧化的基本概念，理解氧化膜的生长规律。

（2）掌握高温下金属氧化速率的测定方法，加深对高温下金属氧化动力学规律的认识。

二、实验原理

1）金属的高温氧化

金属的高温氧化是指金属在高温下与气相环境中的氧、硫、氮、碳等元素发生化学反应或电化学反应导致的金属变质或破坏过程。在大多数情况下，金属高温氧化生成的氧化物是固态，只有少数是气态或液态。

金属在氧气中的氧化反应，常可用 $M+O_2 \Longrightarrow MO_2$ 表示。从这个氧化反应吉布斯自由能的变化 ΔG，就可判断它是否可能发生。一般情况下，也可以从金属氧化物的标准生成吉布斯自由能变化进行推断。必须注意，应用热力学数据只能判断反应过程的可能性，但不能用来讨论反应进行的实际速率。

2）氧化膜的生长规律

金属与氧反应在金属表面形成一层连续致密的氧化膜，氧化膜将金属和氧隔开，氧化过程的继续进行取决于在金属/氧化物界面、氧化膜内及氧化物/气相界面的物质反应和传输。控制步骤不同时，金属的氧化将呈现不同的动力学规律。测定氧化过程的恒温动力学曲线（$\Delta W - t$ 曲线）是研究氧化动力学最基本的方法。它不仅可以提供许多关于氧化机理的信息，如氧化过程的速度控制性环节、氧化膜的保护性、反应的速度常数及过程的能量变化等，而且还可以作为工程设计的依据。典型的金属氧化动力学曲线有线性规律、抛物线规律、立方规律、对数及反对数规律，如图 3.20 所示。

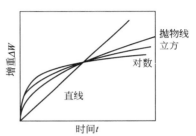

图 3.20 金属氧化的
$\Delta W - t$ 曲线

氧化膜的生长，可用单位面积上的质量变化 ΔW 表示，也可用膜厚 y 表示。在膜的密度均匀时，两种表示方法是等价的。金属氧化膜的生长规律，与金属种类、温度和氧化时间有关。同一种金属在不同温度下氧化可能遵从不同的规律；而在同一温度下，随着氧化时间的延长，氧化膜增厚的规律也可能从一种变到另一种。除直线规律外，氧化速率随试验时间的延长而下降，表明氧化膜形成后对金属起到了保护作用。

（1）直线规律。假设金属表面形成的氧化膜没有保护性，那么这种表面膜就不能减缓金属的氧化速率，因而氧化膜的生长速率为一个常数：

$$dy/dt=k \quad 或 \quad y=kt+A$$

式中，y 是氧化膜的厚度；t 是氧化时间。$A=0$，表示氧化开始是在光洁的金属表面进行，即 $y=kt$。这就是说，厚度与氧化时间成正比，k 为速率常数，与温度有关。

碱金属和碱土金属氧化膜的厚度随时间增长呈线性关系。例如，Mg 在氧气中的氧化；Mo 形成的膜具有挥发性，也服从线性规律。

（2）抛物线规律。如果金属表面上形成的膜具有保护性，即形成的氧化层是完整并紧密的，而不是疏松多孔的，那么膜的生长速率就由扩散速率所决定。显然，随着膜的加厚，膜的生长越来越慢，即膜的生长速率与膜的厚度成反比：

$$dy/dt = k/y \quad 或 \quad y^2 = kt + A$$

这是一个抛物线方程；k 为速率常数，与温度有关。多数金属(如 Fe、Ni、Cu、Ti)在中等温度范围内的氧化，都符合简单抛物线规律。

(3) 对数规律。有些金属，在某一条件下氧化时，氧化膜的生长速率比按抛物线规律进行得更加缓慢，它们的氧化服从对数关系。在最简单的情况下，可用数学式表示：

$$y = \ln(kt) \quad 或 \quad e^y = kt$$

例如，Fe 在较低温度下的氧化；Zn 在 225℃ 以下氧化；Al 在 375℃ 以下氧化；Cr 及 Cr 合金的高温氧化都服从这个规律。

(4) 立方规律。在特殊条件下，有些金属的氧化(如锆的氧化)遵循立方规律，可用下式表示：

$$y^3 = kt + A$$

式中，k 和 t 为常数。如铜在 100～300℃ 各气压下的氧化；锆在 600～900℃，0.1MPa 氧中恒温氧化均属立方规律。

3) 金属氧化的实验方法

为研究氧化动力学过程和氧化机理，评定合金抗氧化性能或发展抗氧化新材料，通常采用质量法、容量法、压力计法和电阻法等氧化试验方法。质量法是最简单、最直接测定氧化速率的方法。容量法是在恒定压力下测量因氧化而被消耗掉的氧的体积，灵敏度较高，但对于生成挥发性产物的体系，不宜采用此法。压力计法是在恒定体积下测量氧化过程中反应室内压力的下降，仅适用于单一组分气体的氧化。电阻法是利用金属丝的电阻变化来测量因氧化引起的金属横截面积的减小，这就要求材料电阻在高温氧化状态下不会由于热处理而变化，以区别氧化对横截面积的影响。

4) 质量法测金属氧化速率

对于质量法，根据试验体系的不同，可分别采用失重法或增重法。如果试验过程中产生大量氧化物并且很容易剥落，应采用失重法；如果氧化过程相当缓慢，氧化产物不多，且难以从金属表面除去，可采用增重法。

本实验采用增重法计算金属氧化速率，计算公式如下：

$$V_O = (m_1 - m_0)/St \tag{3-58}$$

式中，V_O 是单位面积、单位时间内试样质量的变化率($g/(m^2 \cdot h)$)；m_1 是试验后试样和坩埚的质量(g)；m_0 是试验前试样和坩埚的质量(g)；S 是试样的表面积(m^2)；t 是试验时间(h)。

氧化速率 V_O 是评定钢及合金抗氧化性的指标，也可换算成深度指标并加以评级。除计算氧化速率外，应记录试样表面氧化的程度、腐蚀产物的脱落情况、膜的特征等信息。

为了获得试样质量随时间变化的动力学曲线，可使用间断称量法或连续称量法。间断称量法，通常可在马弗炉或管式炉中进行。但此法只能用一个试样得到一个数据，或经过一次加热-冷却循环得到一个数据；而且操作繁杂、耗用试样多，冷却过程中氧化膜开裂对下一次循环过程有很大影响。而连续称量的氧化试验法，则可克服上述缺点。所谓连续称量是用专门设计的可连续称量或连续指示质量变化的装置，在整个试验过程中连续不断地记录试样质量随时间的变化。图 3.21 所示为一台高温氧化试验热天平，它可在一台可控制气氛的炉子中不必取出试样而进行连续称量试验。

三、实验材料和仪器

1）实验材料

Q235碳钢试样，无水乙醇、脱脂棉、水砂纸、不锈钢镊子等。

2）实验仪器

（1）分析天平（精度0.0001g）1台。

（2）加热炉1台。

（3）热电偶1付。

（4）游标卡尺1把。

（5）带铂丝的石英坩埚1个。

四、实验步骤

（1）用砂纸磨光碳钢试样表面，除去表面氧化膜层。用游标卡尺测量试样长度、宽度和厚度，至少测量3点，并取其平均值（测量精度0.02mm）。然后用无水乙醇除油并吹干。

（2）将处理好的试样放入准备好的石英坩埚内，并连带铂丝一起称量，即为起始质量 m_0。

（3）将炉温升至预定温度后（一般选择在该金属 $0.3\sim0.75T_m$ 温度以上，或者高于该金属的工作温度，本试验定为550℃），即进行装炉，炉温受冷坩埚影响而下降。当炉温再次达到预定温度后开始计算保温时间。

（4）开始计时后，每隔5min进行一次称重并记录，直至1h。

（5）实验结束后，将加热炉断电；等炉温稍降后取出坩埚和试样，观察试样表面的氧化情况和氧化膜特征。

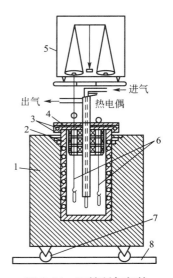

图3.21 可控制气氛的高温氧化试验热天平

1—立式炉；2—陶瓷套管；
3—轴承；4—炉盖；5—天平；
6—铂丝；7—滑轮；8—道轨

五、实验结果处理

（1）按表3-10记录并计算实验数据。

表3-10 高温氧化实验数据记录表

称量次数	时间 t/min	试验后试样和坩埚的质量 m_1/g	试验前试样和坩埚的质量 m_0/g	增重 (m_1-m_0)/g	氧化速度 V_O/[g/(m²·h)]
1	0				
2	5				
3	10				
4	15				
...	...				

（2）采用 V_O-t，V_O^2-t，$V_O-\lg t$ 等坐标系绘制变化曲线，绘出钢的高温氧化动力曲线并分析曲线规律。例如，V_O^2-t 双对数坐标上的图形曲线是直线，则该材料的高温氧化

符合抛物线规律，并求出速率常数 k（即直线斜率）。总结试样表面氧化的程度、腐蚀产物脱落情况和膜的特征。

（3）本实验仅为学习型实验。国家标准 GB 13303—1991《钢的抗氧化性能测定方法》规定了钢试样的规格和试验时间；进行科学研究时，应依据该标准进行。

（4）试验中途发生故障致使温度发生变化时，此次试验应作废。

（5）根据试验温度的不同，应分别采用高质量且具有足够容积的瓷坩埚、高铝坩埚、石英坩埚或铂金坩埚，以便试样完全装入而防止在试验过程中腐蚀产物落于坩埚外面。

（6）实验所用坩埚必须事先在高于试验温度50℃的温度下焙烧以去除其中的水分及杂质。先将坩埚洗净并用无水酒精除油，然后加热保温、冷却，称量数次，直至恒量为止（偏差不大于 0.0003g），放入干燥器内以备使用。

六、思考题

（1）所测金属的氧化膜属于哪一种膜的生长规律？有什么特点？
（2）分析增重法和失重法的特点和适用范围。
（3）本次实验的误差来源有哪些？

实验十三　低碳钢的应力腐蚀开裂实验

一、实验目的

（1）熟悉慢应变速率拉伸试验机的结构、试验原理和操作方法。
（2）掌握应力腐蚀开裂的概念、产生条件、机理和评价方法。
（3）测定低碳钢在硝酸铵溶液中的应力腐蚀开裂敏感性，并观察应力腐蚀开裂的断口形貌。

二、实验原理

应力腐蚀开裂是材料或零件在应力和腐蚀环境的共同作用下引起的脆性断裂现象。由于应力腐蚀破坏前没有明显的塑性变形，故常造成灾难性的事故。

从应力看，造成应力腐蚀破坏的是静应力，远低于材料的屈服强度，而且一般是拉伸应力。从环境介质看，每一种金属或合金，只有在特定的介质中才会发生应力腐蚀，如低碳钢在 NaOH、硝酸盐、碳酸盐、液体氨、H_2S 等溶液中；奥氏体不锈钢在氯化物溶液中；铜合金在氨、铵离子溶液中；铝合金在海水、NaCl 等溶液中才会发生应力腐蚀破坏。

应力腐蚀开裂的试验方法，可根据施加应力的方法不同，分为恒载荷试验和恒应变试验；根据试样的种类和形状，可分为光滑试样、缺口试样和预裂纹试样。在恒载荷试验和恒应变试验中，虽然可用应力腐蚀开裂的临界应力 σ_{SCC}、临界应力强度因子 K_{ISCC}、应力腐蚀裂纹扩展速率 da/dt、断裂时间 t 等指标来评价，但均存在周期过长、数据分散性大的缺点，使得很难进行实验室的教学实验。

慢应变速率拉伸试验（slow strain rate testing，SSRT），是在恒载荷拉伸试验方法的基础上发展而来的。由于试样承受的恒载荷被缓慢恒定的拉伸速率（塑性变形）所取代，加速了材料表面膜的破坏，使应力腐蚀过程得以充分发展，因而试验的周期较短，常用于应力腐蚀开裂的快速筛选试验。典型的拉伸应变速率为 $10^{-8} \sim 10^{-4} \mathrm{s}^{-1}$，试样可用光滑试样，也可用缺口和裂纹试样。

试验时，将试样放入不同温度、电极电位、溶液 pH 的化学介质中，在慢应变速率拉伸试验机上，以给定的应变速率进行动态拉伸试验，并同时连续记录载荷（应力）和时间（应变）的变化曲线，直到试样被缓慢拉断。试验完成后，可根据下述指标来评定材料在特定介质中应力腐蚀的敏感性。

（1）塑性损失：用惰性介质（如空气）和腐蚀介质中延伸率 δ、断面收缩率 ψ 的相对差值作为应力腐蚀敏感性的度量，即 $I_\delta = (\delta_a - \delta_c)/\delta_a$ 或 $I_\psi = (\psi_a - \psi_c)/\psi_a$，其中下标 a 表示惰性介质，c 表示腐蚀介质。$I_\delta$ 或 I_ψ 越大，应力腐蚀就越敏感。

（2）断裂应力：惰性介质中的断裂应力 σ_a 和腐蚀介质中断裂应力 σ_c 的相对差值愈大，应力腐蚀敏感性就愈大，可用 $I_\sigma = (\sigma_a - \sigma_c)/\sigma_a$ 来表示。

（3）断口形貌和二次裂纹：对大多数材料，在惰性介质中拉断后将获得韧窝断口，但在应力腐蚀介质中拉断后往往获得脆性断口。脆性断口比例愈高，则应力腐蚀愈敏感。如介质中拉断的试样主断面侧边存在二次裂纹，则表明此材料对应力腐蚀是敏感的。往往用二次裂纹的长度和数量作为衡量应力腐蚀敏感性的参量。

（4）吸收的能量：应力-应变曲线下的面积（W）代表试样断裂前所吸收的能量；惰性介质和腐蚀介质中吸收能量的差别愈大，则应力腐蚀敏感性也就愈大。可用 $I_W = (W_a - W_c)/W_a$ 表示，其中 W_a、W_c 分别为惰性介质和腐蚀介质中应力-应变曲线下的面积。

（5）断裂时间：应变速率相同时，在腐蚀介质和惰性介质中断裂时间 t_f 的差别越大，应力腐蚀敏感性就越大。可用 $I_t = (t_{fa} - t_{fc})/t_{fa}$ 表示，其中 t_{fa}、t_{fc} 分别为惰性介质和腐蚀介质中的断裂时间。

三、实验材料与仪器

1）实验材料

薄片状的 Q235 低碳钢试样，试样的形状和尺寸如图 3.22 所示。其中工作段的尺寸为 $20 \mathrm{mm} \times 4 \mathrm{mm} \times 2 \mathrm{mm}$，非工作段的表面利用氯丁橡胶或聚四氟乙烯、704 硅胶封闭。进行试验前，试样经用砂纸依次打磨、抛光、丙酮和蒸馏水清洗、吹干处理。试验介质选用浓度分别为 20% 和 40% 的 NH_4NO_3 溶液，实验温度为室温。

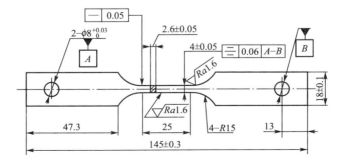

图 3.22　应力腐蚀开裂试样的形状和尺寸

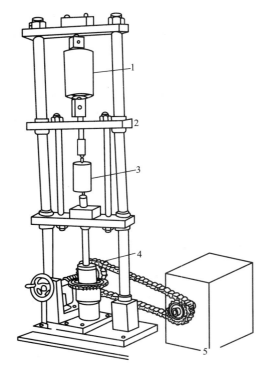

图 3.23 慢应变速率应力腐蚀试验机的示意图
1—测力传感器；2—移动式支架；3—腐蚀电
解池和试样；4—涡轮；5—恒速源

2）实验仪器

（1）计算机控制慢应变速率应力腐蚀试验机 1 台，如图 3.23 所示。

（2）游标卡尺 1 把。

（3）扫描电子显微镜 1 台。

（4）金相显微镜 1 台。

四、实验步骤

（1）利用游标卡尺测量试样工作段部位的宽度和厚度，测量三点，取其平均值并输入计算机。

（2）将试样装卡在应力腐蚀试验机上，然后倒入 20％的 NH_4NO_3 溶液，并在室温条件下稳定 30min。

（3）启动慢应变速率应力腐蚀试验机，以给定的应变速率进行动态拉伸试验，同时连续记录拉伸过程中的应力-应变曲线，直到试样被拉断。

（4）利用游标卡尺测量断后试样的标距长度和截面积，计算材料的延伸率 δ 和断面收缩率 ψ。

（5）利用扫描电子显微镜，观察拉伸断口的微观形貌，分析其断裂机理。

（6）改变 NH_4NO_3 溶液的浓度（40％），重复上述的步骤（2）～步骤（5）。

（7）将 NH_4NO_3 溶液变为惰性（大气）介质，重复上述的步骤（2）～步骤（5）。

五、实验结果处理

（1）利用惰性介质、20％NH_4NO_3 溶液、40％NH_4NO_3 溶液中的应力-应变曲线，记录各自条件下的断裂应力、断裂时间 t_f 和静力韧性（应力-应变曲线下的面积），并计算应力腐蚀开裂的敏感性系数 I_σ、I_w 和 I_t。

（2）利用惰性介质、20％NH_4NO_3 溶液、40％NH_4NO_3 溶液中的延伸率 δ 和断面收缩率 ψ，计算低碳钢在 NH_4NO_3 溶液中的塑性损失 I_δ 和 I_ψ。

六、思考题

（1）与恒载荷、恒应变试验相比，慢应变速率试验方法具有哪些优缺点？利用慢应变速率试验方法评价应力腐蚀开裂敏感性的指标有哪些？

（2）低碳钢产生应力腐蚀的敏感介质各有哪些？分析低碳钢在 NH_4NO_3 溶液中发生应力腐蚀开裂的裂纹扩展途径和断裂机理。

（3）在应力腐蚀开裂实验中，除可用光滑试样外，还可采用缺口和预制裂纹试样。试分析采用缺口和预制裂纹试样的优缺点。

（4）影响应力腐蚀开裂敏感性的因素有哪些？如何提高材料的抗应力腐蚀开裂的能力？

七、注意事项

（1）应变速率的选择　慢应变速率应力腐蚀试验机的应变速率范围常在 $10^{-8} \sim 10^{-4} \, \mathrm{s}^{-1}$ 之间；对本实验体系，可根据试验机的不同选择 $10^{-7} \sim 10^{-6} \, \mathrm{s}^{-1}$，以便增大应力腐蚀开裂的敏感性。

（2）试样的工作段应全部浸入到介质中，以避免气液交界处的界面腐蚀。

（3）试样在装卡和拉伸过程中，应保证试样承受的是纯拉伸应力，而不存在弯曲或扭转应力。

（4）在对断后试样进行断口形貌观察前，需要对试样进行清洗以除去腐蚀产物，但清洗过程不应损坏试样的断口形貌和表面状态。

实验十四　阳极极化曲线的测定实验

一、实验目的

（1）掌握用恒电位法和恒电流法测定阳极极化曲线的原理和方法，并进行比较。

（2）通过对阳极极化曲线的测定，判定实施阳极保护的可能性，初步选取阳极保护的技术参数。

（3）掌握恒电位仪的使用方法。

二、实验原理

阳极极化电位与其电流密度的关系曲线，称为阳极极化曲线。为了判定金属在电解质溶液中采用阳极保护的可能性，选择阳极保护的主要技术参数如致钝电流密度、维钝电流密度和钝化区电位范围等，需要测定金属的阳极极化曲线

阳极极化曲线，可以用恒电流法和恒电位法进行测量。恒电位法测量极化曲线，是以电极电位为主变量，即依靠适当的电路使电极电位维持在某一预定的数值，记下达到稳定状态的电流值；然后再调节电路使电极电位维持在另一值，再记下对应的电流值。在得到足够的数据以后，就可以绘制出电流密度（或电流密度的对数）与电位之间的关系曲线。恒电流法测定极化曲线，是以电流为主变量，并通过调节流过工作电极的电流来读取相应的极化电位值而绘制的。现以 18-8 不锈钢在 $5\% \mathrm{H_2SO_4}$ 中的阳极极化曲线为例（图 3.24），说明恒电位法和恒电流法测量阳极极化曲线时的区别。

在图 3.24 中，曲线 $ABCDEF$ 为恒电位法测得的阳极极化曲线。当电位从 A 逐渐向正向移动到某一定值 B 时，电流也增加到 B 点。电位超过 B 点后，电流反而急剧减小，这是由于金属表面生成了一层钝化膜，钝化开始发生。由于电位是人为维持恒定的，所以电流密度逐渐减到 C，BC 电位区间称为活化-钝化过渡区。继续提

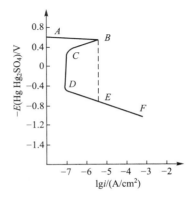

图 3.24　18-8 不锈钢在 25℃、$5\% \mathrm{H_2SO_4}$ 中的阳极极化曲线

高电位时，金属随之进入稳定的钝态，这时金属以与维钝电流密度相当的速度溶解着，在相当大的一段电位变化范围（从 C 到 D），电流密度维持不变。最后，当电位移到很正的数值时，金属进入过钝化区，此时电流密度又重新增大。

图 3.24 中，曲线 $ABEF$ 是用恒电流法测得的阳极极化曲线。用恒电流法进行测量时，由 A 点开始逐渐增加电流密度，当达到 B 点时，金属开始钝化；由于人为控制电流密度恒定，因此电极电位必然突跃增加到很正的数值（到达 E 点）。跃过钝化区后，进入过钝化区。当再增加电流密度时，所测得的曲线在过钝化区内（EF）。因此，用恒电流法测不出金属进入钝化区的真实情况，而是从活化区直接跃入过钝化区。

比较以上两种方法所测得的阳极极化曲线，显然两种方法测得的结果不是完全相同的。由此可见，当极化曲线上电极电位是电流密度的单值函数时，即在阳极极化过程中电极表面状态不发生很大变化时，恒电流法和恒电位法可以得到同样的结果。而当电极表面在电极过程中发生很大变化的情况下，电极电位是电流密度的多值函数，当用恒电流法不能测出电极极化过程的完整极化曲线时，只有用恒电位法才能测出完整的极化曲线。恒电位法常用来研究一些电极表面在电极过程中发生很大变化的电极反应。

本实验中，采用恒电位仪来达到控制电极电位恒定的目的，并测定各电位值所对应的电流值，计算出相应的电流密度值；进而将各点在半对数坐标纸上绘出曲线，即得恒电位阳极极化曲线。用恒电流仪逐点控制电流值恒定，测定相对应的阳极电位，同样可以绘成恒电流阳极极化曲线。

三、实验材料和仪器

1）实验材料

Q235 碳钢，试样尺寸为 $\phi 8mm \times 20mm$。实验前，试样需经过金相砂纸依次研磨、抛光、冲洗、除油、除锈、吹干等处理。另外，除试样上部连接导线处和下部插入电池解内约 $27.5mm^2$ 的暴露面外，其余均用 704 硅橡胶密封。

试液为饱和碳酸氢铵溶液，实验温度为室温。

2）实验仪器

（1）恒电位仪 1 台。

（2）饱和甘汞电极、鲁金毛细管和铂电极各 1 支。

（3）恒温水浴装置 1 套。

（4）毫安表 1 台。

（5）500mL 烧杯 1 只。

（6）铁架台 2 个；自由夹与十字夹各 3 个；洗耳球、滴管各 1 个；导线若干。

四、实验步骤

（1）在烧杯中倒入待测溶液，将鲁金毛细管活塞打开，用洗耳球吸入介质至活塞处，关闭活塞，活塞上端用滴管加入饱和氯化钾溶液，插入饱和甘汞电极，固定好辅助电极、参比电极和工作电极。

（2）将工作电极、辅助电极和参比电极分别与恒电位仪的相应输出接线端相连。首先利用恒电位仪测定工作电极的开路电位即自腐蚀电位，然后将极化电位调至 $-0.9V$（SCE，以下同)左右，进行阴极极化 2min。断开电源稳定 1min，再测定工作电极的自腐蚀电位，进而依此自腐蚀电位开始进行阳极极化曲线的测试。

（3）调节恒电位仪进行阳极极化，在电位低于－400mV 时步进速率可采用 20mV/min，－400～＋1000mV 可采用 50mV/min 的电位步进速率，大于＋1000mV 时电位步进速率可采用 20mV/min，采样时间均为 1min。每调一次电位，在达到规定采样时间后记下电流值，同时注意观察电极表面的现象。当极化电位达到＋1200mV 以上时即可停止极化测量，将电位调至开路电位值，断开极化电源。

（4）更换一个新处理的碳钢试样进行恒电流极化的测量。恒电流极化时，可采用如下的电流步进速率：0～500μA 范围时采用 25μA/min；500～3000μA 时可采用 500μA/min；3000～7000μA 时可采用 1000μA/min，采样时间为 1min。调定一个电流值，读取相应的电位值。当电位发生突跃时，可等电位值稳定后再记下电位值。

（5）实验结束后，取下试样，整理实验台。

五、实验结果处理

（1）记录实验条件并按表 3－11 和表 3－12 记录恒电位和恒电流极化过程中的电位和电流变化。

阳极极化曲线的实验条件

实验时间：_____；室温：_____（℃）；介质：_____；

试件材料：_____；试件暴露表面积：_____（cm²）；参比电极：_____；

参助电极：_____；自腐蚀电位 E_{corr}：_____。

表 3－11　恒电位极化下碳钢试样的电位-电流实验数据

E/mV_{SCE}	I/A	$i/(A/cm^2)$	$\lg i/(A/cm^2)$	备注

表 3－12　恒电流极化下碳钢试样的电流-电位实验数据

I/A	$i/(A/cm^2)$	$\lg i/(A/cm^2)$	E/mV_{SCE}	备注

（2）在同一张坐标纸上作出用恒电位法和用恒电流法测出的关系曲线，并指出实验材料在介质中所处的自腐蚀电位。

六、思考题

（1）分析所测得的阳极极化曲线上各段和各特征点的物理意义。

（2）阳极极化曲线对实施阳极保护有什么指导意义？

（3）比较恒电位法所测阳极极化曲线与恒电流法所测阳极极化曲线的测定结果。

实验十五　阴极极化曲线的测定实验

一、实验目的

（1）掌握利用恒电流法测定阴极极化曲线的基本原理和方法。
（2）运用极化曲线判定施行阴极保护的可能性。

二、实验原理

对于构成腐蚀体系的金属电极，在没有外加电流作用下所测得的电位是该金属电极在腐蚀介质中的自腐蚀电位。在外加电流的作用下，电极电位将偏离其自腐蚀电位。在电流通过时，电极电位偏离其静止电位（平衡电位或腐蚀电位）的现象，就叫做极化。在外加电流的作用下，阴极电位偏离其自腐蚀电位向负的方向移动，叫做阴极极化。电极上的电流密度越大，电极电位移动的绝对值也越大。

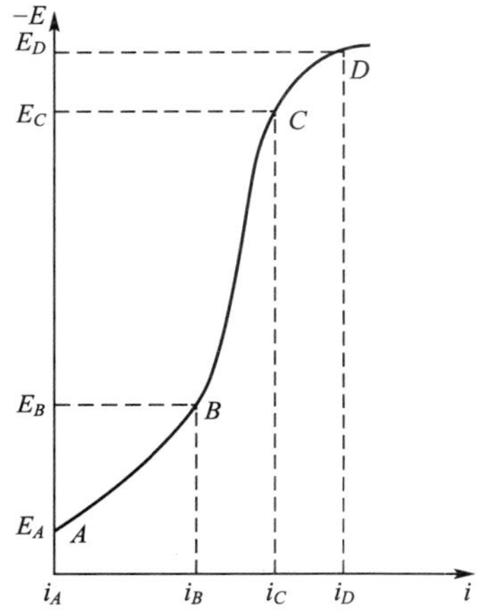

**图 3.25　碳钢在海水中的
阴极极化曲线示意图**

极化曲线的测量，通常采用恒电流法和恒电位法。在本实验中，将采用恒电流法来测量碳钢在 3% NaCl 溶液中的阴极极化曲线。恒电流法是以电流为主变量，即通过调节电路电阻使某一恒定电流通过电极，并在电位达到稳定后读取电位值，然后再改变电流使之恒定在另一新的数值，再记下新的电位；并依此类推，便可以得到一系列的电流和电位的对应值。把极化电流密度 i 对阴极电位 E 作图，即得到阴极极化曲线。

图 3.25 是碳钢在海水（或 3% NaCl 溶液）中的阴极极化曲线示意图。极化曲线 $ABCD$ 明显地分为四段，在 AB 段，阴极过程由氧的离子化反应和氧的扩散混合控制。随着阴极极化电流密度的继续增大，由于扩散过程的缓慢而引起的极化不断增加，使极化曲线开始很陡地上升，此时阴极过程由氧的扩散过程所控制（BC 段）。当外加阴极电流密度继续增大时，阴极电位负移达到氢的析出电位后，氢离子去极化过程就开始与氧去极化过程加合起来（CD 段），电极表面可观察到氢气泡。D 点以后，即使电流密度增加很多，电位负移也很少，此时阴极过程主要由氢去极化过程所控制，工作电极上大量析出氢气。

由腐蚀理论可知，对金属外加阴极极化后，金属本身的自腐蚀电流密度减小了，即金属得到了保护。当进一步阴极极化时，金属的阴极极化电位降至与其局部阳极的平衡电位相等。这时金属的电位称为最小保护电位，达到最小保护电位时金属所需的外加电流密度称为最小保护电流密度。

通过阴极极化曲线的测定，可以知道金属在该介质中的阴极极化性能，并提供保护电位和保护电流密度的参考数据。在图 3.25 中，实际上选用的最小保护电流密度在 $i_B \sim i_C$，最小保护电位在 $E_B \sim E_C$。

对于氧扩散过程控制的腐蚀体系，搅拌溶液使滞流层变薄，促进了氧的扩散，从而加速了金属的腐蚀。因此，在相同的极化电位下，极化电流密度相应增加。

三、实验材料和仪器

1）实验材料

Q235 碳钢，试样尺寸为 $\phi8mm\times20mm$。实验前，试样需经过金相砂纸依次研磨、抛光、冲洗、除油、除锈、吹干等处理。另外，除试样上部连接导线处和下部插入电解池内约 27.5mm^2 的暴露面外，其余均用 704 硅橡胶密封。

试液为 3%NaCl 或海水溶液，实验温度为室温。

2）实验仪器

（1）恒电位仪 1 台。

（2）饱和甘汞电极、鲁金毛细管和铂电极各 1 支。

（3）磁力搅拌器 1 台。

（4）万用表 1 台。

（5）1000mL 烧杯 2 只。

（6）铁架台 2 个；自由夹与十字夹各 3 个；洗耳球 1 个；导线若干。

四、实验步骤

（1）在电解池中加入 3%氯化钠溶液。参比电极选用饱和甘汞电极、铂电极作为辅助电极。固定好辅助电极和鲁金毛细管，在盐桥活塞打开的情况下用洗耳球将试液吸入毛细管内至活塞处，关住活塞，在活塞上部用滴管加入饱和氯化钾溶液后，插入饱和甘汞电极。

（2）将试样放入电解池溶液中，将工作电极、辅助电极和参比电极分别与恒电位仪的相应输出接线端相连。先不接通电源，经指导教师检查后方可进行测量。首先测定工作电极的自腐蚀电位，一般在 20min 内可以达到基本稳定。若较长时间以后还不稳定，可以适当通以阴极小电流（大约 $5\mu A/cm^2$）进行活化，然后切断电源，重新测定自腐蚀电位，使电位在几毫伏内波动，即可视为稳定，记录所测数据，然后即可进行阴极极化曲线的测量。

（3）进行不搅拌条件下的阴极极化测量。以 TD3691 型恒电位仪为例，将转换开关调至恒电流挡，通过电流调节使极化电流达到一定值（负电流值），在一定的时间间隔后（最好是等到电流稳定后读数）读取电位值。如此以一定的电流步进速率每隔几分钟调节一次电流，稳定后读下相应的电位值，记入表中。直到通入阴极电流很大，而阴极电位的变化不大时即可停止实验。在此过程中，要注意观察实验现象，记录下电极表面开始有氢气泡析出时的电位 E_c。

（4）在实验体系中，建议采用以下电流步进速率：0～400μA 范围时采用 40μA/2min 的电流步进速率；400～1000μA 范围时采用 100μA/2min 的电流步进速率；1000～3000μA 范围时采用 500μA/2min 的电流步进速率；3000～7000μA 范围时采用 1000μA/2min 的电流步进速率。采样时间与步进间隔时间一致。

（5）按步骤（2）～步骤（4），测定搅拌条件下的阴极极化曲线。搅拌器的转速，可通过控制开关进行选择。

（6）实验完毕后，切断电源，取出电极进行清洗处理，并整理实验台。

五、实验结果处理

（1）记录实验条件并按表 3-13 记录测试过程中的电位和电流变化。

表 3-13　恒电流极化下碳钢试样的电流-电位实验数据

实验时间：＿＿＿＿＿＿＿＿＿；室温：＿＿＿＿＿＿＿＿＿（℃）；介质：＿＿＿＿＿＿＿＿＿；

测试条件：＿＿＿＿＿＿＿＿＿；试件材料：＿＿＿＿＿＿＿＿＿；试样暴露表面积：＿＿＿＿＿＿＿＿＿（cm^2）；

参比电极：＿＿＿＿＿＿＿＿＿；辅助电极：＿＿＿＿＿＿＿＿＿；自然腐蚀电位：＿＿＿＿＿＿＿＿＿。

I/A	$i/(A/cm^2)$	$\lg i/(A/cm^2)$	E/mV_{SCE}	备注

（2）在同一张坐标纸上绘出无搅拌和有搅拌条件下的阴极极化曲线，根据极化曲线判别施行阴极保护的可能性，估计出保护电流密度和保护电位的大体范围，并说明曲线各段的意义。

六、思考题

（1）用恒电位法测定上述的阴极极化曲线，能否得到同样的结果？为什么？

（2）阴极保护中的两个保护参数，哪个起决定作用？为什么？

（3）如何合理选取阴极保护的保护电位？

（4）搅拌对阴极极化曲线有什么影响？为什么？

实验十六　临界点蚀电位的测定实验

一、实验目的

（1）掌握钝态金属在腐蚀体系中临界点蚀电位的测定方法。

（2）了解击穿电位和保护电位的概念、意义及其在评价金属耐点蚀行为中的作用。

（3）进一步了解恒电位技术在腐蚀研究中的重要作用。

二、实验原理

不锈钢、铝合金等在某些腐蚀介质中，由于形成钝化膜而使其腐蚀速率大大降低，从而使金属处于钝态。但是此种钝态与腐蚀介质的组分、温度和电化学条件有关。在腐蚀介质或电化学条件改变时，钝态将受到破坏，于是点蚀就产生了。因此，当将具有钝化性能的金属材料进行阳极极化并使之达到某一电位时，电流就会突然上升，并伴随钝态的破坏和点蚀的产生，如图 3.26 所示，此时的电位叫做临界点蚀电位或击穿电位 E_b。如进一步进行阳极极化，阳极电流将继续增大。当电流密度增加到 $500\sim1000\mu A/cm^2$ 后，如进行反方向极化，电流密度将相应下降，但回扫曲线并不与正向扫描曲线重合，直至回扫的电流密度降低到钝态电流密度值，此时对应的电位叫做保护电位 E_{pr}。这样整个阳极极化曲线形成一个"滞后环"，并以此划分为三个电位区间：①$E>E_b$，点蚀区 A，在此区间将形成新的点蚀孔，且已有的点蚀继续扩展；②$E_b>E>E_{pr}$，可能点蚀区 B，在此区间不会形成新的点蚀孔，但原有的点蚀继续扩展；③$E\leqslant E_{pr}$，无点蚀区 C，在此区间原有的点蚀孔全部钝化，也不会形成新的点蚀。

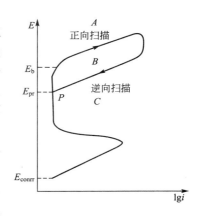

图 3.26 不锈钢在氯化物溶液中的阳极极化扫描曲线

由上可见，金属材料的点蚀倾向性可用 E_b 和 E_{pr} 来评价。一般情况下，临界点蚀电位越正，材料的耐点蚀性能越好，但临界点蚀电位会随溶液组分、金属材料成分和表面状态、实验条件(如温度、电位扫描速度等)等而改变。

在试样制备方面，为避免缝隙腐蚀的干扰(使测得的临界点蚀电位偏低)，常采用先对试样进行热硝酸钝化再涂覆试样或使用聚四氟乙烯压合装配支架等工艺来准备测试样品。

在点蚀电位测量方面，虽然既可采用控制电位法，也可采用控制电流法，但通常采用控制电位法。而在控制电位法中，因恒定电位技术中所需测试较多、耗时长等弊端，故在各国的国家标准中较多采用动电位法来测定临界点蚀电位和保护电位。

三、实验材料和仪器

1）实验材料

18-8 不锈钢，试样的制备过程是：首先将 18-8 不锈钢试样放入 60℃、30％的硝酸溶液中钝化 1h，取出冲洗干燥，然后采用涂覆或镶嵌的方法对试样进行封装。此后，对测试表面进行砂纸打磨，并用丙酮和无水乙醇擦洗除去表面油脂。

试液采用 3.5％NaCl 溶液，实验温度为(30±1)℃。

2）实验仪器

(1) 恒电位仪 1 台(HDV-7 或 ZF-9 型)。

(2) 微安表 1 台(C29 型)。

(3) 参比电极(饱和甘汞电极)和辅助电极(铂电极)各 1 支。

(4) 盐桥 1 个。

(5) 双刀双掷开关 1 个。

(6) 电解槽和恒温槽各 1 个。

临界点蚀电位的测试实验装置如图 3.27 所示。

四、实验步骤

(1) 将氯化钠溶液注入电解槽中，加热至实验温度并用恒温槽保温。然后向溶液中通入纯氮或纯氩 30min 以上，去除溶液中的溶解氧。

(2) 将试样浸入到氯化钠溶液中，并按图 3.27 的线路接好实验装置。静置 10min 后，用恒电位仪测定试样的自腐蚀电位 E_{corr}。

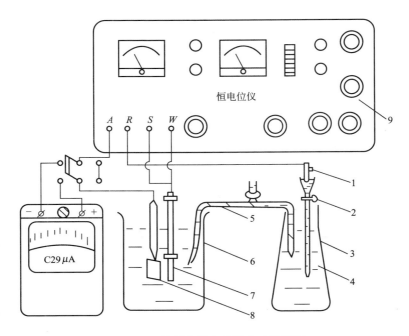

图 3.27　临界点蚀电位的实验装置图

1—饱和甘汞电极；2—盐桥；3—三角烧瓶；4—氯化钠溶液；5—液桥；
6—电解槽；7—试样；8—辅助电极；9—恒电位仪

（3）调节恒电位仪的给定电位为自腐蚀电位 E_{corr}，然后通过手动调节方法对试样进行阳极极化，由小到大逐渐加大电位值。起初每次增加的电位幅度小些（10～30mV），并注意电流表的指示值，在电位调节好后 1～2min 读取电流值。在点蚀电位以前，电流值增加量很小，此时用外接较灵敏的微安表测量电流。一旦接近或达到点蚀电位 E_b，电流值便迅速增加；如果微安表的量程已满，则拨动双刀双掷开关切换到恒电位仪的电流表。当电位接近至点蚀电位 E_b 时，电位值要细调以准确测量点蚀电位值。实验中，可以将电流密度为 $10\mu A/cm^2$ 或 $100\mu A/cm^2$ 的电位值作为临界点蚀电位 E_b，标记为 E'_{b10} 或 E'_{b100}。

（4）超过点蚀电位后，电位调节幅度可适当增大（每次可调节为 50～60mV），直至电流密度增大到 $500～1000\mu A/cm^2$ 为止。之后，即可进行反方向极化，回扫速度可由 30mV/min 减小到 10mV/min，直至回扫的电流密度又回到钝态的电流密度值，此时电位值记为 E_{pr}。

（5）当将恒电位仪与 ZF-4 电位扫描信号发生器、X-Y 记录仪或计算机联用时，可采用扫描速度为 20mV/min 的自动电位扫描测定试样的阳极极化曲线，并由曲线确定临界点蚀电位和保护电位。

（6）实验结束后，除去封状的涂覆物，用 10 倍以上的放大镜检查有无缝隙腐蚀发生。若有发生，则此次实验作废；另仔细封装试样后再做测试。

五、实验结果处理

（1）记录试样的自腐蚀电位。

（2）记录阳极极化过程中每一阳极电位下的对应电流值，并在半对数坐标纸上作 E-$\lg i$ 曲线。

（3）由 E-$\lg i$ 阳极极化曲线，求出临界点蚀电位 E_b 和保护电位 E_{pr}。

六、思考题

（1）根据测定的临界点蚀电位曲线的特点，讨论恒电位技术在点蚀电位测定中的重要作用。

（2）产生缝隙腐蚀的原因是什么？封装试样中应如何防止缝隙腐蚀的产生？

（3）测定临界点蚀电位的方法有哪些？比较这些方法的优缺点。

实验十七　腐蚀体系的电化学阻抗谱测试实验

一、实验目的

（1）了解交流阻抗的基本概念，并掌握测定交流阻抗的原理与方法。

（2）了解 Nyquist 图的意义及简单电极反应的等效电路。

（3）应用交流阻抗技术测定碳钢在海水中的交流阻抗，并计算相应的电化学参数。

二、实验原理

交流阻抗法又称复数阻抗法，它是以小幅度的正弦波电流（压）施加于工作电极上，测量相应的电压（流）变化，根据两者的幅值比和相位差求得阻抗。

1）电化学等效电路与阻抗谱图

对一个简单由电化学控制的腐蚀体系，其等效电路如图 3.28 所示。应用角频率为 ω 的小幅度正弦波交流电信号进行实验时，此等效电路的总阻抗为：

$$Z=R_s+\cfrac{1}{\cfrac{1}{R_p}+\mathrm{j}\omega C_d}=R_s+\frac{R_p}{1+\omega^2 C_d^2 R_p^2}-\mathrm{j}\,\frac{\omega C_d R_p^2}{1+\omega^2 C_d^2 R_p^2} \tag{3-59}$$

式中，$\mathrm{j}=\sqrt{-1}$。由式（3-59）可见，阻抗 Z 的实部 Z_{Re} 和虚部 Z_{Im} 分别为：

$$Z_{Re}=R_s+\frac{R_p}{1+\omega^2 C_d^2 R_p^2} \tag{3-60}$$

$$Z_{Im}=\frac{\omega C_d R_p^2}{1+\omega^2 C_d^2 R_p^2} \tag{3-61}$$

$$Z=Z_{Re}-\mathrm{j}Z_{Im} \tag{3-62}$$

由式（3-60）～式（3-62），经推导可得

$$\left[Z_{Re}-\left(R_s+\frac{R_p}{2}\right)\right]^2+Z_{Im}^2=\left(\frac{R_p}{2}\right)^2 \tag{3-63}$$

由上可见，式（3-63）是一个圆的方程式。若以横轴表示阻抗的实部 Z_{Re}，以纵轴表示阻抗的虚部 Z_{Im}，则此圆的圆心在横轴上，其坐标为 $\left(R_s+\dfrac{R_p}{2},\ 0\right)$；圆的半径为 $R_p/2$，

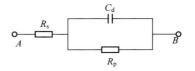

图 3.28　电化学控制体系的等效电路
R_s—溶液电阻；
C_d—电极/溶液相间的双层电容；
R_p—法拉第电阻或极化电阻

但由于 $Z_{Im}>0$，故式(3-63)实际上仅代表第一象限中的一个半圆，如图3.29所示。

由图3.29可见，当 $\omega\to0$ 时，$Z_{Re}=R_s+R_p$；当 $\omega\to\infty$ 时，$Z_{Re}=R_s$；在半圆的最高点，$Z_{Im}=Z_{Re}$，相应于这一点的角频率 ω 为 $\omega°$，从半圆确定了 R_p 和 $\omega°$ 后，即可根据式（3-64）求出 C_d。

$$C_d=\frac{1}{\omega\cdot R_p}\tag{3-64}$$

实际测量中，由于所选的频率不一定是正好出现在圆顶点的频率 ω_B，此时可用作图法求 C_d，如图3.30所示。在半圆顶部 B 点附近选取一个实验点 B'，而 $\omega_{B'}$ 为实验中真正做到的频率(不是内插的)；通过 B' 作垂线 $B'D'$ 垂直于 Z_{Re} 轴、交 Z_{Re} 轴于 D'(图3.30)，然后按 $C_d=\frac{1}{\omega_{B'}R_p}\times\sqrt{\frac{D'C}{AD'}}$ 计算 C_d。

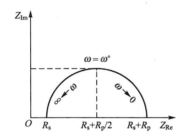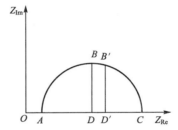

图3.29 复数平面图(Nyquist图)　　图3.30 作图法求 C_d 示意图

2) 李沙育(Lissajor)图

当控制一个电极电位为：

$$E=E_m\sin\omega t\tag{3-65}$$

时，若交流电压的幅值 E_m 较小(小于20mV)，则相应的电流响应为：

$$i=i_m\sin(\omega t+\theta)\tag{3-66}$$

在采样电阻 R 上当有极化电流 i 通过时，相应的电压降为：

$$U=iR=i_mR\sin(\omega t+\theta)=U_m\sin(\omega t+\theta)\tag{3-67}$$

式中，i_m 是交流电流的幅值；θ 是相位角；$U_m=i_mR$。

如果把 U、E 这两个相同频率的正弦波电压信号分别接到 $X-Y$ 函数记录仪或示波器的 X 轴和 Y 轴，则两个方向互相垂直的正弦波就合成一个椭圆，称为李沙育图，如图3.31所示。该椭圆的方程为：

$$\frac{E^2}{E_m^2}+\frac{U^2}{U_m^2}-\frac{2EU}{E_mU_m}\cos\theta=\sin^2\theta\tag{3-68}$$

由式(3-68)可见，当 $U=0$ 时，$\frac{E_U^2=0}{E_m^2}=\sin^2\theta$，故有

$$\sin\theta=\frac{E_{U=0}}{E_m}\tag{3-69}$$

$$\cos\theta=\sqrt{1-\sin^2\theta}=\sqrt{\frac{E_m^2-E_{U=0}^2}{E_m}}\tag{3-70}$$

由式(3-65)、式(3-67)和式(3-69)可见，复数阻抗的模值和相位角为：

$$|Z| = \frac{E_m}{i_m} = \frac{RE_m}{U_m} \tag{3-71}$$

$$\theta = \arcsin\left(\frac{E_{U=0}}{E_m}\right) \tag{3-72}$$

$|Z|$ 和 θ 这两个参数直接与被测体系的复数阻抗有关。由于 $Z = |Z|(\cos\theta - j\sin\theta) = Z_{Re} - jZ_{Im}$，故由式(3-69)～式(3-71)可得

$$Z_{Re} = |Z|\cos\theta = \frac{R}{U_m}\sqrt{E_m^2 - E_{U=0}^2} \tag{3-73}$$

$$Z_{Im} = |Z|\sin\theta = \frac{RE_{U=0}}{U_m} \tag{3-74}$$

从李沙育图(图3.31)上 A、B 和 C 各点的坐标，可以求得阻抗的实部和虚部。在实际测量时，并不是单独测量 E_m、U_m 和 $E_{U=0}$，而是测量 $\overline{AA'}$、$\overline{BB'}$ 和 $\overline{CC'}$ 的长度，即测量 $2E_m$、$2U_m$ 和 $2E_{U=0}$。

实验过程中，工作电极和参比电极采用同材质、同形状、同面积的碳钢试样，辅助电极采用铂黑电极。交流电流由交流信号发生器经限流电阻 R_w 和标准电阻 R 加到电解池中的工作电极和辅助电极上，并使工作电极的电位极化 5mV(峰-峰)左右(图3.32)。示波器的 X 轴输入端连接工作电极相对参比电极的电位信号；Y 轴输入端连接电流采样电阻 R 的两端。读取示波器上的 $2E_m$、$2U_m$ 和 $2E_{U=0}$ 值，按式(3-73)和式(3-74)计算该频率下

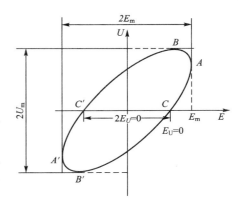

图3.31 李沙育图

的阻抗实部和虚部。改变信号发生器的频率(一般改变的幅度为3～6个数量级)，依频率递变顺序，连接复数阻抗平面内各阻抗点，从而得到复数阻抗图。由复数平面图求出腐蚀体系的阻抗参数 R_p、C_d 及 R_s，最后应用线性极化公式 $i_{corr} = B/R_p$ 计算出体系的腐蚀速率。

三、实验材料和仪器

1) 实验材料

Q235碳钢，试样尺寸为 $\phi8mm \times 20mm$。实验前，试样需经过金相砂纸依次研磨、抛光、冲洗、除油、除锈、吹干等处理。另外，除试样上部连接导线处和下部插入电解池内约 $27.5mm^2$ 的暴露面外，其余均用704硅橡胶密封。

试液为3‰NaCl或海水溶液，实验温度为室温。

2) 实验仪器

(1) 交流信号发生器1台。

(2) 双通道示波器1台。

(3) 高阻值电阻箱2个。

(4) 铂黑电极1支。

(5) 烧杯2个；导线若干。

交流阻抗的实验装置示意图如图3.32所示。

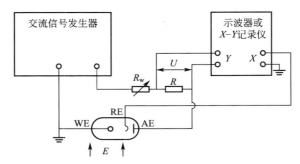

图 3.32　交流阻抗的实验装置示意图

四、实验步骤

(1) 将处理好的 2 支碳钢电极（工作电极和参比电极）和铂黑电极（辅助电极）放入电解池，加入 3%NaCl 或海水溶液，并按图 3.32 连接好线路图。

(2) 将交流信号发生器"波形选择"置"正弦波"，输出幅值置"50V"，频率置"500Hz(1ms)"；示波器"触发选择"置"触发电平"，"X"轴置"1ms"，"Y"轴灵敏度置"20mV"，"输入选择"置"AC"。限流电阻 R_w 置 200kΩ，标准电阻 R 置 600Ω。

(3) 用模拟电解池代替真实电解池，接好线路。经教师检查同意后，接通信号发生器、示波器电源，预热 30min 后，示波器上出现稳定的椭圆；改变信号频率、标准电阻，观察示波器上李沙育图形的变化，并熟悉读取 $2E_m$、$2U_m$ 和 $2E_{U=0}$ 的方法。

(4) 用真实电解池代替模拟电解池，改变信号频率和标准电阻，观察示波器上李沙育图形的变化，读取 $2E_m$、$2U_m$ 和 $2E_{U=0}$，从而测定出真实体系的复数阻抗图。

(5) 实验结束后，取出试样，关闭信号发生器和示波器的电源，并整理实验台。

五、实验结果处理

(1) 记录实验条件并按表 3-14，记录测试过程中的标准电阻、信号频率、$2E_m$、$2U_m$ 和 $2E_{U=0}$。

表 3-14　交流阻抗测试实验数据记录表

测量体系：＿＿＿＿＿＿＿＿＿＿＿＿；温度：＿＿＿＿＿＿＿＿＿＿＿＿。

R/Ω	f/Hz	$2E_m/mV$	$2E_{U=0}/mV$	$2U_m/mV$

(2) 由实验数据计算出不同频率下的 Z_{Re} 及 Z_{Im}，然后在复数平面图上绘出复数阻抗图（即 Nyquist 图）。

(3) 由 Nyquist 图计算出模拟电解池和碳钢在海水中的 R_s、R_p、C_d 和 i_{corr}。

六、思考题

(1) 在绘制 Nyquist 图时，为什么所加正弦波信号的幅度要小于 10mV？

(2) 在实际测量体系绘制 Nyquist 图时，为什么会出现圆心下沉现象？

(3) 交流阻抗测得的极化电阻值，为什么可用线性极化方程式来计算其腐蚀速率？

实验十八　氢在金属中的扩散实验

一、实验目的

（1）了解氢在金属中的危害。

（2）利用气体容量法测定阴极极化条件下氢在碳钢中的扩散速度。

（3）掌握气体容量法和恒电流实验的方法和技术。

二、实验原理

金属材料在腐蚀、阴极保护、电镀、酸洗等过程中，通常伴随氢的产生。原子态的氢一部分相互结合为氢分子，另一部分则可能从界面上扩散进入金属晶格内部。金属中的氢原子因浓度梯度的存在，会使氢原子扩散进金属晶格而到达金属的另一面，部分滞留在金属内部的氢可能在金属晶格的间隙或缺陷处变成氢分子，也可能与金属内部的某些非金属元素如碳、硫等生成气态的 CH_4、H_2S 等气体。气泡的形成会在金属内部产生很大的压力，进而使金属产生氢疱。另外，金属内部的氢也会与金属中的金属元素如稀土或碱金属元素形成氢化物，或与裂纹尖端的位错发生相互作用，从而使材料的塑性降低，产生脆性破坏。

氢在金属中的扩散速度，可通过气体容量法和电化学方法来测量。将碳钢试样放入到稀硫酸中进行腐蚀，并对试样施加阴极极化时，在试样表面发生如下反应：

$$H^+ + e^- \Longrightarrow H$$

反应产生的氢原子一部分结合成氢分子而向上逸出；另一部分则扩散穿过金属。在气体容量法中，通过水准管和量气管测量不同时刻下氢扩散进入试样的体积，从而绘出单位试样表面的渗氢量与时间的关系曲线（图3.33），进而通过计算曲线的斜率求出氢的扩散速度。其中，为了减少温度对氢气体积的影响，常将不同温度下测得的氢气体积 V_T 按 $V_{293} = 293 \times V_T / T$ 换算成20℃时的体积进行绘图。

在电化学方法中，氢的扩散速度是通过测量穿过金属的氢原子氧化为氢离子的阳极电流来实现的。电化学方法测量氢扩散速度的装置，如图3.34所示。

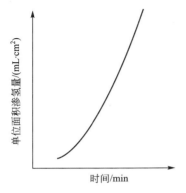

图3.33　试样表面的渗氢量与时间的关系曲线

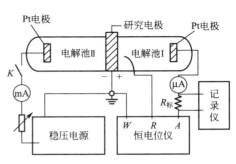

图3.34　电化学方法测量氢扩散速度的装置

在实验过程中，为了阻止氢原子在金属表面形成氢分子而逸出，常在腐蚀介质中加入 As_2O_3、$HgCl_2$ 等微量物质，以使得试样表面较易吸附氢原子，增大氢原子的浓度，利于氢原子向金属内部发生扩散。

三、实验材料和仪器

1）实验材料

Q235 碳钢，尺寸为 120mm×120mm×0.5mm，试样表面依次经过水砂纸打磨、除锈和除油处理。

试液采用浓度为 5mol/L 的稀硫酸溶液，并加入 50mg/L 的 As_2O_3。

2）实验仪器

（1）水准管和在三通活塞的量气管各 1 支。

（2）无底电解槽（Φ120mm×120mm）1 个。

（3）带导气管的有机玻璃板（Φ110mm×8mm）1 块。

（4）钢夹具 1 套、橡胶垫圈 2 片。

（5）恒电位仪 1 台、铂电极和饱和甘汞电极各 1 支。

（6）液桥、盐桥、温度计各 1 支。

气体容量法测定氢扩散速度的装置如图 3.35 所示。

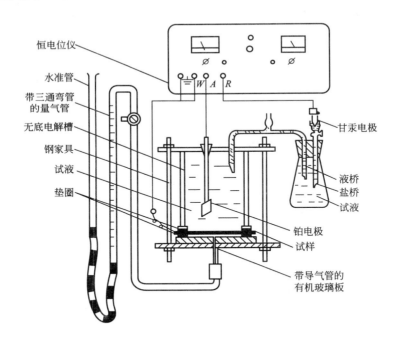

图 3.35　气体容量法测定氢扩散速度的装置

四、实验步骤

（1）将试样用橡皮垫与无底电解槽、带导气管的有机玻璃板连接，并用夹具夹紧，使之不漏气、不漏液。

（2）连接好线路，并检查量气系统的气密性，确保不漏气、不漏液。

（3）在电解槽中注入 800mL 稀硫酸溶液，置"工作选择"于"恒电流"，"电源开关"于"自然"，"电位测量选择"于"参比"，测量试样的腐蚀电位 E_{corr}。

（4）调整"电流量程"，置"电源开关"于"极化"，用"恒电流粗调"和"细调"调节极化电流，对试样施加电流密度为 $i=0.3mA/cm^2$ 的阴极极化电流。同时将水准管与量气管的液面对齐，记录起始读数。

（5）维持恒电流极化，每 15min 读取室温、量气管的液面高度和电位值，并观察实验过程中的现象。

（6）连续测量 90～120min，并在实验结束后观察试样表面的变化。

五、实验结果处理

记录实验过程中温度、电极电位和液面高度等数据，并画出单位试样面积的渗氢量与测试时间的曲线，进而求曲线的斜率以获得氢的扩散速度。

六、思考题

（1）氢在金属中的存在方式有哪些？分析产生氢脆的原因。

（2）根据法拉第定律，在电化学方法中如何测定和计算氢在金属中的扩散速度？

第4章
腐蚀工程基础实验

腐蚀工程是一门典型的应用学科，其主要目的是发展防腐蚀技术，进而有效地控制材料的腐蚀过程。腐蚀控制的实践表明，腐蚀在一定程度上是可以控制的；若充分利用现有的防腐蚀技术，并采用严格的防腐蚀设计，因腐蚀造成的经济损失中有30％～40％是可以避免的。

由于腐蚀破坏的形式很多，影响因素非常复杂，因而需要采取的防腐蚀技术也是多种多样的。在生产实践中，常用的防腐蚀技术如下：

（1）合理选材。根据腐蚀介质和使用条件的不同，选用合适的耐腐蚀金属材料或非金属材料。

（2）电化学保护。利用腐蚀电化学原理，将被保护的金属设备进行外加阴极极化以降低或防止金属设备的腐蚀。对于易产生钝化的体系，可采用外加阳极电流的办法使被保护金属设备处于钝化状态而免于腐蚀。

（3）介质处理和添加缓蚀剂。介质处理技术包括去除介质中的有害成分（如氧、Cl^- 等）、调节介质 pH 及改变介质的湿度等，或在介质中添加少量能阻止或减缓金属腐蚀的缓蚀剂，以达到保护金属的目的。

（4）表面改性与涂覆。对金属材料进行表面改性（磷化、氧化、化学转化）处理，或在金属表面喷、衬、渗、镀、涂上一层耐蚀性较好的金属或非金属物质，从而使金属表面与腐蚀介质机械隔离而降低材料的腐蚀。

（5）合理的防腐蚀设计及改进生产工艺流程，也可减轻或防止材料的腐蚀。

以上各种防腐蚀措施，都有其应用范围和条件。对某一种情况有效的措施，在另一种情况下可能是无效的。例如，阳极保护只适用于易产生钝化的材料/介质体系；如果不能使材料产生钝化，则阳极极化不仅不能减缓腐蚀，反而会加速材料的阳极溶解。另外，当采取单一防腐蚀措施效果不明显时，可选择两种或多种防腐蚀措施进行联合保护，如阴极保护＋涂料等，其防腐蚀效果则会显著改善。

4.1 电化学保护

电化学保护，是利用外加电流使金属的电位发生改变从而控制腐蚀的一种方法。按外加电流使金属产生阴极极化(极化到非腐蚀区)还是阳极极化(极化到钝化区),电化学保护可分为阴极保护和阳极保护两大类。

阴极保护,按阴极极化电流提供方式的不同,又可进一步细分为牺牲阳极阴极保护和外加电流阴极保护两种。阴极保护方法的选择,应根据供电条件、介质电阻率、所需保护电流的大小、运行过程的工艺条件变化、寿命要求和结构形状来确定。一般情况下,对无电源、介质电阻率小、条件变化不大、所需保护电流较小的小型系统,适合选用牺牲阳极阴极保护;而对有电源、介质电阻率大、条件变化大、所需保护电流大、使用寿命长的大型系统,适合选用外加电流阴极保护。

阳极保护成立的前提是金属材料在腐蚀介质中具有钝化行为;只有这样,当利用外加电源对它进行阳极极化时,才会使其电位进入钝化区并维持钝态,从而使材料的腐蚀速率变得极其微小,达到阳极保护的目的。阳极保护的实施过程,由金属致钝和金属维钝两步组成。阳极保护中的致钝方法,有整体致钝法、逐步致钝法、低温致钝法、化学致钝法、涂料致钝法和脉冲致钝法等。维钝方法有固定槽压法和恒电位法两种。

电化学保护是防止金属腐蚀的有效方法,具有良好的社会和经济效益,广泛用于对各种地下构筑物、水下构筑物、海洋工程、化工和石油化工设备等的防护。在本节实验中,将从外加电流阴极保护、牺牲阳极阴极保护和阳极保护三方面进行实验,以掌握实施电化学保护的原理,确定实施电化学保护的主要参数。

实验十九　外加电流的阴极保护实验

一、实验目的

(1)掌握外加电流法实行阴极保护的基本原理。
(2)绘制阴极极化曲线,并判断施行阴极保护的可能性。
(3)了解最小保护电流和保护电位的测定方法。

二、实验原理

当金属材料处于腐蚀性溶液中时,金属便失去电子成为离子而溶解于溶液中。例如,将铁或钢铁放入到稀盐酸溶液中,铁表面就会发生如下反应:

阳极反应:$Fe \longrightarrow Fe^{2+} + 2e^-$

阴极反应:$2H^+ + 2e^- \longrightarrow H_2$

因此,铁或钢铁材料发生了腐蚀。此时,如果通过外加电源给铁或钢铁材料施加阴极电流即提供电子(图4.1),铁的腐蚀反应将受到阻碍。当施加的阴极电流使阴极极化电位达到金属阳极反应的平衡电位时,金属就不腐蚀了,这就是外加电流法阴极保护的原理。

从极化曲线看,金属在没有进行阴极保护时,金属的阳极极化曲线 $E_a^0 S$ 和阴极极化曲线 $E_c^0 S$ 相交于 S 点(图4.2)。这时的金属腐蚀电流称为自腐蚀电流 i_{corr},金属的总电位称为自腐蚀电位 E_{corr}。当进行阴极保护时,由于阴极电流的施加使金属的总电位向负方向移动。如当外加电流为 i_1(相当于 OP 段)时,金属的总电位变为 E_1,而金属的腐蚀电流降低

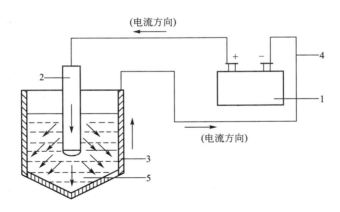

图 4.1　阴极保护示意图
1—直流电源；2—阳极；3—待保护设备；4—导线；5—腐蚀介质

为 i_a（相当于 E_1P 段）了。当外加电流继续增大，金属的总电位将向更负的方向移动。如外加的阴极电流增大至 $i_{保护}$（相当于 E_a^0R 段）时，金属的总电位到达金属阳极反应的平衡电位 E_a^0 时，阳极腐蚀电流变为零，金属的腐蚀就不再发生了。此时的阴极电流 $i_{保护}$，称为最小阴极保护电流。

在本实验中，利用恒电流技术通过测定金属的阴极极化曲线来确定最小保护电流密度和最小保护电位。当被保护金属通以外加阴极电流时阴极电位就向负方向移动，如外加阴极电流由 i_A 增加到 i_B 时电位由 E_A 负移至 E_B，但电位变化幅度不大（图 4.3）。当外加阴极电流继续增加至 i_C 时，阴极电位由 E_B 突变到 E_C，表明阴极上积累了大量电子，即阴极极化加强了，从而使阴极得到了保护。因此，最小的保护电流可选择在 i_B 与 i_C 之间的 i_N 点，而最小保护电位可选择在 E_B 与 E_C 之间的 E_N 点。如由 i_C 继续增加阴极电流，阴极电位虽继续向负方向移动，但变化率很小。当阴极电位达到 E_D 后，氢的去极化作用加剧，在阴极上析出大量氢气，若表面有涂层存在时，会使表面涂层产生阴极剥离破坏。所以采用阴极保护时，最大的阴极保护电位可在 E_C 和 E_D 之间进行选择。

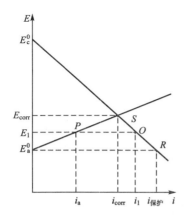

图 4.2　阴极保护的实施原理图

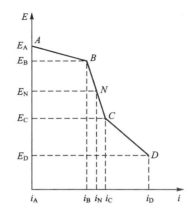

图 4.3　典型的阴极极化曲线

三、实验材料和仪器

1）实验材料

Q235 碳钢，试样制备过程包括除锈、除油、水砂纸依次打磨、封装等过程，并留出 1cm² 的工作面。

试液为 3.5％的氯化钠溶液。

2）实验仪器

（1）直流电源 1 台。

（2）电源开关、可调电阻、电压表和毫安表各 1 个。

（3）盐桥、Ag/AgCl 电极或饱和甘汞电极、不锈钢辅助电极各 1 个。

（4）烧杯 2 个。

阴极保护的实验装置，如图 4.4 所示。

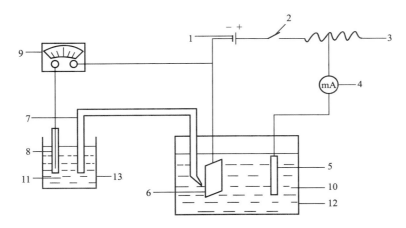

图 4.4　阴极保护实验装置

1—直流电源；2—电源开关；3—可调电阻器；4—毫安表；5—不锈钢辅助阳极；
6—待保护碳钢试样（阴极）；7—盐桥；8—Ag/AgCl 电极；9—电压表；
10—氯化钠溶液；11—饱和 KCl 溶液；12、13—烧杯

四、实验步骤

（1）按图 4.4 接好线路，并在烧杯中注入氯化钠溶液，将碳钢试样、辅助阳极和 Ag/AgCl 电极放入到电解液中。

（2）浸泡 30min 后，先不接通直流电源，用电压表测量碳钢试样的自腐蚀电位 E_{corr}。

（3）合上开关，接通直流电源，通过调节电阻器的电阻对碳钢试样施加一定的阴极极化电流，2～3min 后读取电压表的读数。然后调节电阻器的电阻，逐渐增大阴极极化电流的数值，并测出相应电流下的电位值，直至通入的阴极极化电流很大，试样上开始出现氢气气泡的大量逸出为止。实验过程中，开始阴极极化测量时电流增加的幅度不要太大，每次电位的变化在 10mV 左右；过了图 4.3 中的 B 点后，可适当增大阴极电流的增加幅度，以便快速地测定出完整的阴极极化曲线。

（4）对氯化钠溶液进行搅拌，重复步骤 2～步骤 3，测量搅拌条件下的阴极极化曲线。

（5）由阴极极化曲线确定最小保护电流和最小保护电位。然后，选定固定的阴极极化电位如−850mV（相对于 Ag/AgCl 电极），测定此电位下的阴极极化电流随时间的变化曲线。对比阴极极化曲线，判断实施阴极保护的可行性。

五、实验结果处理

（1）利用记录的阴极极化电流和电位数据，绘制出有无搅拌条件下碳钢试样的阴极极化曲线，并判断施行阴极保护的可行性。
（2）确定最小保护电流密度和最小保护电位。

六、思考题

（1）用恒电位法测定阴极极化曲线时，能否得到与恒电流法测量时一样的实验结果？为什么？
（2）阴极保护的基本参数是什么？如何确定？
（3）搅拌对阴极极化曲线有何影响？为什么？

实验二十 牺牲阳极的阴极保护实验

一、实验目的

（1）掌握牺牲阳极的阴极保护的基本原理。
（2）进一步了解电偶腐蚀的原理和测试方法。

二、实验原理

阴极保护是通过对被保护金属施加负电流，使金属的电极电位负移，从而抑制金属腐蚀发生的保护方法。按提供电流方式的不同，可分为外加电流法阴极保护和牺牲阳极法阴极保护两种。

牺牲阳极的阴极保护，其原理是：首先选择一种电极电位比被保护金属（如钢铁结构物）更负的活泼金属（如铝、锌或镁合金等），把它与共同置于电解质环境中的被保护金属从外部实现电连接。于是活泼金属在所构成的电化学电池中成为阳极而优先腐蚀溶解（故称为牺牲阳极），其释放出的电子（负电流）使被保护金属阴极极化，从而抑制金属结构物的腐蚀、实现结构物的保护。

由上可见，牺牲阳极的阴极保护与电偶腐蚀的原理相同。对电偶腐蚀，在活化极化控制体系中，电偶电流 I_g 可表示为电偶电位 E_g 处电偶对阳极金属上局部阳极电流 I_a 与局部阴极电流 I_c 之差：

$$i_g = i_a - i_{corr} \exp\left[-\frac{2.303(E_g - E_{corr})}{b_c}\right] \qquad (4-1)$$

式中，i_a 为电偶对中阳极金属的真实溶解电流；E_{corr} 和 i_{corr} 分别为电偶对阳极金属的自腐蚀电位和自腐蚀电流；b_c 为阳极金属的阴极塔菲尔常数。

对式(4-1)，如 $E_g \gg E_{corr}$，即形成电偶对后阳极极化很大；$i_g \approx i_a$，此时电偶电流等于电偶对中阳极金属的溶解电流；如 $E_g \approx E_{corr}$，即形成电偶对后阳极极化很小，则 $i_g = i_a - i_{corr}$，此时电偶电流等于电偶对中阳极金属溶解电流的增加量。

在扩散控制体系中，电偶对中阳极金属的溶解电流 i_a 与电偶电流 i_g 及电偶对中阳极金属面积 S_a、阴极金属面积 S_c 的关系为：

$$i_a = i_g \left(1 + \frac{S_a}{S_c}\right) \tag{4-2}$$

$$E_g = E_{corr} + b_a \log \frac{S_a}{S_c} \tag{4-3}$$

在本实验中，以 Q235 碳钢为被保护材料，铝合金为牺牲阳极，通过测量钢-铝对的电偶电流、电偶电位并对照 Q235 钢的阴极极化曲线等来判断牺牲阳极法阴极保护的可行性。

三、实验材料和仪器

1) 实验材料

Q235 碳钢，牺牲阳极选用铝合金或锌合金。在测试前，碳钢和铝合金试样均依次经过切割、除油、除锈、打磨、水砂纸研磨、封装等处理。碳钢与铝合金的工作面积比分别为 10∶1、1∶1 和 1∶10。

试液为 3.5%NaCl 溶液，实验温度为室温。

2) 实验仪器

(1) ZF3 恒电位仪和 ZF10 数据采集器各 1 台。

(2) Ag/AgCl 或饱和甘汞电极 1 支。

(3) 不锈钢辅助电极 1 个。

(4) 电解槽(1000mL)1 个。

阴极极化曲线的测试装置如图 4.5 所示；保护电流和保护电位的测量装置如图 4.6 所示。

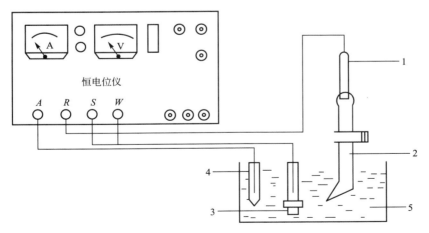

图 4.5 阴极极化曲线的测试装置
1—Ag/AgCl 电极；2—盐桥；3—碳钢试样；4—辅助电极；5—氯化钠溶液

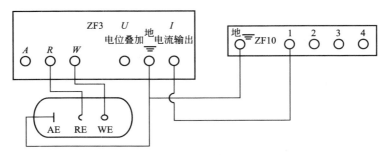

图 4.6　保护电流和保护电位的测量装置

四、实验步骤

（1）以 Ag/AgCl 为参比电极、Q235 碳钢为工作电极、不锈钢为辅助电极，按图 4.5 接好线路。浸泡 30min 后，记录碳钢试样的自腐蚀电位。之后，利用恒电流技术逐点测量不同阴极极化电流下的极化电位值，绘出 Q235 碳钢在 3.5%NaCl 溶液中的阴极极化曲线。

（2）以 Ag/AgCl 为参比电极、Q235 碳钢为工作电极、铝合金为辅助电极，按图 4.6 接通电路，测定碳钢和铝合金电极的自腐蚀电位；打开 ZF10 记录仪，记录碳钢与铝合金电偶对的偶合电位 E_g 和阳极输出电流 i_g 随时间的变化曲线。

（3）改变碳钢/铝合金的面积比，重复测量电偶对的偶合电位 E_g 和阳极输出电流 i_g。

（4）将阴极极化曲线与 E_g - t、i_g - t 曲线进行对比，判断用牺牲阳极实施阴极保护的可行性。

（5）用锌合金作为牺牲阳极材料，重复步骤（2）～步骤（4），进而判断锌合金牺牲阳极的有效性。

五、实验结果处理

（1）记录不同阴极极化电流下碳钢试样在 3.5%NaCl 溶液中的电位值，绘出其阴极极化曲线。

（2）记录不同工作面积比下阳极输出电流和偶合电位的变化规律。

（3）判断用铝合金作为牺牲阳极对碳钢试样在氯化钠溶液中实施阴极保护的可行性。

六、思考题

（1）阴阳极的面积比对阳极输出电流和偶合电位有什么影响？

（2）偶合电位 E_g 与两电极的自腐蚀电位有什么关系？阳极输出电流等于作为牺牲阳极金属的溶解电流吗？为什么？

（3）牺牲阳极的电极电位对阴极保护的效果有什么影响？

实验二十一　阳极保护实验

一、实验目的

（1）掌握阳极保护的基本原理。

（2）通过测定可钝化金属的阳极极化曲线，判断实施阳极保护的可行性。

（3）掌握阳极保护参数的概念和确定方法。

二、实验原理

阳极保护是通过对被保护结构物施加阳极电流（图4.7），在金属表面形成钝化膜而使金属处于钝态，从而对金属实现腐蚀控制的防腐蚀技术。因此，对具有活化-钝化转变行为的金属/介质体系，都可以通过阳极保护的方法使金属产生并保持钝性，达到降低其腐蚀速率的目的。

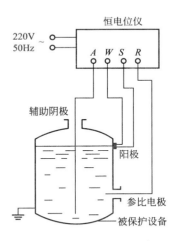

图4.7　阳极保护线路示意图

可钝化金属/介质体系的典型阳极极化曲线，如图4.8所示。由图4.8可见，按电位区间，阳极极化曲线可分为活化区、活化-钝化过渡区、稳定钝化区和过钝化区等四个阶段。在活化区，当阳极极化电位从 A 点正向增加到 B 点时，阳极电流也随之增加到 i_{cr}（称为临界钝化电流密度或致钝电流密度）。电位超过 B 点后，由于金属表面生成了耐腐蚀的钝化膜，因而电流开始逐渐降低到 C 点，于是 BC 段称为活化-钝化过渡区。C 点之后，金属进入稳定的钝化区，虽然电位继续增高，但电流却维持在一个基本不变的、很小的值 i_p（称为维钝电流密度）。当电位增大到 D 后，金属进入过钝化区，电流又随电位的增加而增大。

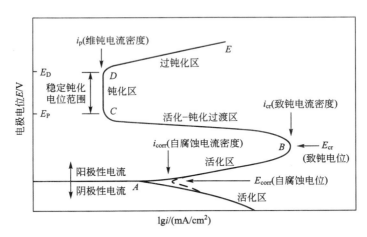

图4.8　可钝化金属的阳极极化曲线

由上可见，若把被保护金属作为阳极，通以致钝电流使之钝化，再用维钝电流去保护其表面的钝化膜，就可使金属的腐蚀速度大大降低。另外，由阳极极化曲线还可以看出实施阳极保护的关键参数，主要包括致钝电位 E_{cr}、致钝电流密度 i_{cr}、钝化电位区间（$E_P \sim E_D$）、维钝电流密度 i_p、起始钝化电位 E_P、过钝化电位 E_D 等。

在本实验中，首先通过恒电位方法逐点测量不同阳极极化电位下碳钢在稀硫酸溶液中的阳极极化电流，从而绘制出阳极极化曲线；然后确定出致钝电位 E_{cr}、致钝电流密度 i_{cr}、钝化电位区间（$E_P \sim E_D$）、维钝电流密度 i_p、起始钝化电位 E_P、过钝化电位 E_D 等参数，从而实现碳钢/稀硫酸体系的阳极保护。

三、实验材料和仪器

1）实验材料

Q235 碳钢，尺寸为 ϕ8mm×20mm。在测试前，碳钢试样均依次经过切割、打磨、水砂纸研磨、除油、除锈、封装等处理。

测试体系选用 0.5mol/L 的稀硫酸溶液，实验温度为室温。

2）实验仪器

（1）ZF3 恒电位仪 1 台；

（2）饱和甘汞电极、铂电极、盐桥各 1 支；

（3）电解槽（1000mL）1 个。

阳极极化曲线的测试装置如图 4.9 所示。

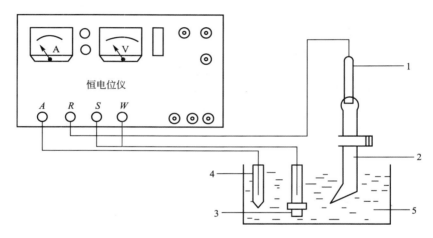

图 4.9　阳极极化曲线的测试装置
1—饱和甘汞电极；2—盐桥；3—碳钢试样；4—铂电极；5—稀硫酸溶液

四、实验步骤

（1）按图 4.9 接好线路，试样浸泡 30min 后，测量碳钢的自腐蚀电位。

（2）调节恒电位仪，对碳钢试样进行阳极极化，每次调节电位 20mV；稳定 2～3min 后，记录不同阳极极化电位下的极化电流，从而绘制出阳极极化曲线并观察试样表面的变化情况。

（3）由阳极极化曲线确定致钝电位 E_{cr}、致钝电流密度 i_{cr}、钝化电位区间（E_p～E_D）、维钝电流密度 i_p、起始钝化电位 E_p、过钝化电位 E_D 等参数。

（4）在钝化区间内选定固定的阳极极化电位如 300mV（相对于饱和甘汞电极），重复从腐蚀电位 E_{corr} 到此电位下的阳极极化过程；然后固定在此钝化电位，同时测定维钝电流与时间的变化关系。对比阳极极化曲线，判断碳钢在稀硫酸溶液中实施阳极保护的可行性。

五、实验结果处理

（1）记录不同阳极极化电位下的极化电流，绘制出碳钢在稀硫酸溶液中的阳极极化曲线。

（2）确定致钝电位 E_{cr}、致钝电流密度 i_{cr}、钝化电位区间（$E_p \sim E_D$）、维钝电流密度 i_p、起始钝化电位 E_p、过钝化电位 E_D 等参数。

（3）绘制出固定阳极极化电位下极化电流与时间的变化曲线，判断实施阳极保护的可行性。

六、思考题

（1）实施阳极保护的基本参数有哪些？并说明其物理意义。

（2）分析阳极极化曲线各区间和拐点的意义。

（3）分析阳极极化曲线对实施阳极保护的指导作用。

4.2　缓　蚀　剂

缓蚀剂，又称腐蚀抑制剂，是一种以适当的浓度和形式存在于环境（介质）中，即可减缓或防止腐蚀的化学物质或混合物。尽管有许多物质都能不同程度地防止或减缓金属在介质中的腐蚀，但真正有实用价值的缓蚀剂是那些加入量少、价格便宜、无毒，能大大降低金属腐蚀速率或防止锈蚀的物质。

缓蚀剂的种类繁多，作用机理复杂。按化学组成，缓蚀剂可分为无机缓蚀剂（如硝酸盐、钼酸盐等）和有机缓蚀剂（胺类、咪唑啉类等）；按对电极过程的影响，缓蚀剂可分为阳极型缓蚀剂、阴极型缓蚀剂和混合型缓蚀剂；按成膜特性，缓蚀剂可分为氧化膜型缓蚀剂、吸附膜型缓蚀剂、沉淀膜型缓蚀剂和反应转化膜型缓蚀剂。按物理性质，缓蚀剂可分为水溶性缓蚀剂、油溶性缓蚀剂、气相缓蚀剂。按用途，缓蚀剂可分为酸洗缓蚀剂、油气井缓蚀剂、冷却水缓蚀剂等。

缓蚀剂的使用具有高度的选择性，不同的腐蚀介质需要使用不同的缓蚀剂；同一种介质在实验条件（如温度、浓度、流速等）改变时，所使用的缓蚀剂类型和缓蚀效果也发生相应改变。

缓蚀剂效果的测试评定，主要是相对比较金属在介质中有无缓蚀剂时的腐蚀速率，从而确定其缓蚀效率。因此，缓蚀剂的测试研究方法就是金属腐蚀速率的研究方法，如质量损失法、电化学方法（极化曲线、线性极化、交流阻抗）等。

在本节实验中，选择了极化曲线法、线性极化法和循环伏安法来对缓蚀剂的作用效果进行评价。

实验二十二　缓蚀剂性能的极化曲线法评定实验

一、实验目的

（1）掌握用极化曲线塔菲尔区外推法测定金属的腐蚀速率，评定缓蚀剂的原理和方法。

（2）评定乌洛托品（六次甲基四胺）在盐酸溶液中对碳钢的缓蚀效率。

二、实验原理

1）缓蚀剂及其特点

缓蚀剂是一种以适当的浓度和形式存在于环境介质中时，可以防止或减缓腐蚀的化学物质或几种化学物质的混合物。其特点是在环境介质中加入很少量就能显著抑制金属腐蚀的环境介质添加剂。一般添加量在万分之几到百分之几之间。

缓蚀剂的正确应用具有如下特点：

（1）选配合适的缓蚀剂，只要很少的用量就可获得较高的缓蚀效率。

（2）缓蚀剂的使用无需特殊的附加设施，使用简便，见效快。

（3）不改变金属制品或设备构件的材料性质和表面状态。由于用量少，可使环境介质的性质也基本不变。

（4）缓蚀剂的保护效果与使用的金属材料、适用的环境介质种类及工况条件（温度、流速等）密切相关，在应用中具有严格的选择性。

缓蚀剂的用量，在保证对金属材料有足够缓蚀效果的前提下应尽可能地少。若用量过多有可能改变介质的性质，在经济上也不合算，甚至还可能降低缓蚀效果；若用量太少可能达不到缓蚀的目的。一般存在着某个"临界浓度"，此时缓蚀剂的加入量不大，但缓蚀作用很大。对特定体系，选用缓蚀剂种类及其最佳用量时，必须预先进行评定试验。

2）基本原理

利用电化学测试技术，可以测得以自腐蚀电位为起点的完整极化曲线，如图 4.10 所示。这样的极化曲线可以分为三个区：①线性区——AB 或 $A'B'$ 段；②弱极化区——BC 或 $B'C'$ 段；③塔菲尔区——直线 CD 或 $C'D'$ 段。把塔菲尔区的 CD 段（在 E-$\lg i$ 图上）外推与自腐蚀电位的水平线相交于 O 点，此点所对应的电流密度即为金属的自腐蚀电流密度 i_{corr}。根据法拉第定律，可以把 i_{corr} 换算为腐蚀的质量指标或深度指标。

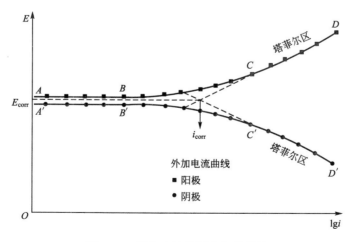

图 4.10　外加电流的活化极化曲线

对于阳极极化曲线不易测定的体系，常只由阴极极化曲线的塔菲尔直线外推与 E_{corr} 的水平线相交以求取 i_{corr}。这种利用极化曲线的塔菲尔区直线外推以求腐蚀速率的方法称为极化曲线法或塔菲尔直线外推法。它的局限性在于它只适用于活化极化控制的腐蚀体系，如析氢型的腐蚀。对于浓差极化较大的体系，电阻较大的溶液和在强烈极化时金属表面发生较大变化(如膜的生成或溶解)的情况就不适用。此外，在外推作图时也会引入较大的误差。

用极化曲线法评选缓蚀剂是基于缓蚀剂会阻滞腐蚀的电极过程、降低腐蚀速度，从而改变受阻滞电极过程的极化曲线走向，如图 4.11 所示。由图 4.11 可见，未加缓蚀剂时，阴阳极理想极化曲线相交于 S_0，腐蚀电流密度为 i_0。加入缓蚀剂后，阴阳极理想极化曲线相交于 S 点，腐蚀电流密度变为 i，而 i 比 i_0 要小得多。可见缓蚀剂明显地减缓了腐蚀。根据缓蚀剂对电极过程阻滞机理的不同，可以把缓蚀剂分为阴极型(图 4.11(a))、阳极型(图 4.11(b))和混合型(图 4.11(c))。

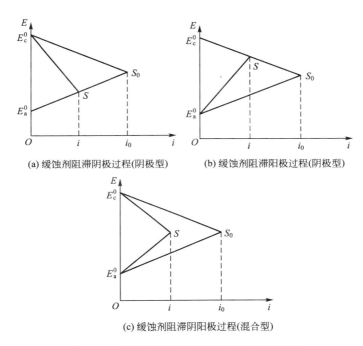

(a) 缓蚀剂阻滞阴极过程(阴极型)　　(b) 缓蚀剂阻滞阳极过程(阴极型)

(c) 缓蚀剂阻滞阴阳极过程(混合型)

图 4.11　不同类型缓蚀剂的阻滞过程示意图

缓蚀剂的缓蚀效率(即缓蚀率)η 定义为：

$$\eta = \frac{V_0 - V}{V_0} \times 100\% \tag{4-4}$$

式中，V 和 V_0 分别表示金属在有缓蚀剂和无缓蚀剂(空白)条件下的腐蚀速率。

由于腐蚀速率与自腐蚀电流密度间有 $V = \dfrac{A i_{corr}}{nF}$ 的关系，故缓蚀效率 η 还可表示为：

$$\eta = \frac{i_0 - i}{i_0} \times 100\% \tag{4-5}$$

式中，η 为缓蚀剂的缓蚀率；i_0 为未加缓蚀剂时金属在介质中的腐蚀电流密度；i 是加缓蚀剂后金属在介质中的腐蚀电流密度。

本实验用恒电位法测定碳钢在 1mol/L 盐酸溶液、1mol/L 盐酸溶液＋0.5％乌洛托品中的极化曲线，从而评定乌洛托品在盐酸溶液中对碳钢的缓蚀效率。

三、实验材料和仪器

1）实验材料

碳钢试样 2 个，盐酸溶液（1mol/L）1000mL，乌洛托品、试样夹具、试样预处理用品。

2）实验仪器

（1）恒电位仪 1 台。

（2）饱和甘汞电极和盐桥各 1 支。

（3）碳电极 2 支。

（4）玻璃电解池 1 个。

四、实验步骤

（1）准备好待测试样，打磨、测量尺寸、安装到带聚四氟乙烯垫片的夹具上，脱脂、冲洗并安装于电解池中。

（2）将 1mol/L 的盐酸溶液倒入烧杯中，并将待测试样连接到恒电位仪的工作电极，碳棒接辅助电极，饱和甘汞电极接参比电极，构成三电极测试系统。检查各接头是否正确，盐桥是否导通。

（3）按恒电位仪的操作规程进行操作：恒电位仪的"电流测量"置于最大量程，预热、调零。测定待测电极的自腐蚀电位，调节给定电位等于自腐蚀电位，再把"电流测量"置于适当的量程，进行极化测量，即从自腐蚀电位开始，由小到大增加极化电位。电位调节可由最初的 10mV 逐渐增大到 20mV、30mV。每隔 2min 左右调节一次电位，即每次调节电位后等到对应电流值相对稳定后再读取电流值。记录下一系列的电位和电流对应值。

（4）按步骤（1）～步骤（3）作如下测量：测定碳钢在 1mol/L 盐酸溶液中的阴极极化曲线，然后重新测量其自腐蚀电位，再测定其阳极极化曲线；更换试样，在上述介质中加入 0.5% 乌洛托品，并测定此体系中的自腐蚀电位及阴、阳极极化曲线。

五、实验结果处理

1）数据记录

试样材料_____；　　介质成分_____；

介质温度_____；　　试样暴露面积_____；

参比电极_____；　　参比电极电位_____；

辅助电极_____；　　试样自腐蚀电位_____。

2）结果处理

在半对数坐标纸上，分别绘出碳钢在两组溶液中的阴、阳极极化曲线，并求出自腐蚀电流密度（mA/cm²）及缓蚀剂的缓蚀率。

六、思考题

（1）为什么可以用自腐蚀电流密度 i_{corr} 代表金属的腐蚀速度？如何将 i_{corr} 换算为腐蚀的质量指标与深度指标？

（2）本实验的误差来源有哪些？

实验二十三　缓蚀剂性能的线性极化法评价实验

一、实验目的

（1）进一步掌握线性极化技术测定金属腐蚀速率的原理。

（2）通过线性极化技术测定硫脲对碳钢在稀硫酸溶液中的缓蚀效率。

二、实验原理

线性极化技术，也称极化电阻技术，是快速测定金属腐蚀速率的一种电化学方法，它适用于任何电解质溶液构成的腐蚀体系。由于实验过程中的极化电流很小，所以对试样表面的破坏较小，故可用一个试样做多次连续测定，并适用于现场监控。另外，相较于失重法，线性极化法具有灵敏、快速的特点。

在金属的自腐蚀电位附近，对金属电极施加一个很小的极化电位 ΔE（一般在自腐蚀电位 $E_{corr} \pm 10\text{mV}$ 之内）时，极化电位 ΔE 与极化电流密度 Δi 呈线性关系。对活化极化控制的腐蚀体系，Stern 和 Geary 根据化学反应动力学和混合电位理论，推导出如下的线性极化方程式，即 Stern-Geary 方程式：

$$R_p = \frac{\Delta E}{\Delta i} = \frac{b_a \times b_c}{2.303(b_a + b_c)} \times \frac{1}{i_{corr}} \qquad (4-6)$$

式中，ΔE 为极化电位（mV）；Δi 为极化电流密度（A/cm²）；R_p 为线性极化电阻（$\Omega \cdot \text{cm}^2$），其物理意义是极化曲线上腐蚀电位附近线性区的斜率；i_{corr} 为自腐蚀电流密度（A/cm²）；b_a 和 b_c 分别为常用对数下的阳极、阴极塔菲尔系数，对一定的腐蚀体系可认为是常数。

当局部阳极反应受活化控制，而局部阴极反应受氧化剂扩散控制（如氧的扩散控制）时，$b_c \rightarrow \infty$，式（4-6）简化为：

$$R_p = \frac{\Delta E}{\Delta i} = \frac{b_a}{2.303 \times i_{corr}} \qquad (4-7)$$

当局部阴极反应受活化控制，而局部阳极反应受钝化控制（如不锈钢在饱和氧的介质中）时，$b_a \rightarrow \infty$，式（4-6）简化为：

$$R_p = \frac{\Delta E}{\Delta i} = \frac{b_c}{2.303 \times i_{corr}} \qquad (4-8)$$

于是，对一定的腐蚀体系，b_a 和 b_c 为常数；如定义 $\dfrac{b_a \times b_c}{2.303(b_a + b_c)}$ 为常数 B，则式（4-6）为：

$$R_p = \frac{\Delta E}{\Delta i} = \frac{B}{i_{corr}} \qquad (4-9)$$

由式（4-6）～式（4-9）可以看出，极化电阻 R_p 与自腐蚀电流密度 i_{corr} 成反比。根据自腐蚀电流密度表示的缓蚀率 $Z = (i_0 - i)/i_0 \times 100\%$，并将式（4-9）代入得

$$Z=(1-R_{p0}/R_{p})\times100\%$$ (4-10)

式中，Z 为缓蚀剂的缓蚀率(%)；i_0 和 R_{p0} 分别为不加缓蚀剂时材料的自腐蚀电流密度和极化电阻；i 和 R_p 分别为添加缓蚀剂后材料的自腐蚀电流密度和极化电阻。

在本实验中，首先通过线性极化技术测定添加缓蚀剂前后碳钢材料的线性极化电阻，然后按式(4-10)计算缓蚀剂的缓蚀率。

三、实验材料和仪器

1) 实验材料

Q235 碳钢，尺寸为 $\phi8mm\times20mm$。在测试前，碳钢试样均依次经过切割、除油、除锈、打磨、水砂纸研磨、封装等处理。

测试体系选用 0.5mol/L 硫酸溶液和 0.5mol/L 硫酸溶液＋50mmol/L 硫脲，温度为室温。

2) 实验仪器

(1) ZF3 恒电位仪、ZF-4 信号发生器和 ZF-10 数据采集器各 1 台。

(2) 铂片辅助电极、铂丝参比电极各 1 个。

(3) 电解槽(1000mL)1 个。

线性极化法的测试原理如图 4.12 所示。

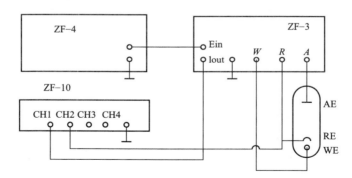

图 4.12 线性极化法的测试原理图

四、实验步骤

(1) 在电解槽中注入 0.5mol/L 硫酸溶液，安装好辅助电极、工作电极和参比电极。

(2) 按图 4.12 接好线路，试样浸泡 30min 后，用恒电位仪测定碳钢试样的自腐蚀电位 E_{corr}。

(3) 在恒电位仪处于"准备状态"下，调节直流电平(给定基准电位)为自腐蚀电位 E_{corr}。

(4) 打开 ZF-4 信号发生器，设定初始电平(E_{corr})扫描下限($E_{corr}-10mV$)和扫描上限电位($E_{corr}+10mV$)及扫描速率(10、20mV/min)和扫描波形(单次正向)。

(5) 将恒电位仪调节至"通"状态，进行动电位扫描，并用 ZF-10 数据采集器记录不同极化电位下的极化电流值。

(6) 将试液更换为 0.5mol/L 硫酸溶液＋50mmol/L 硫脲，重复步骤(2)～步骤(5)。

五、实验结果处理

（1）记录并绘制出线性极化电位与极化电流密度的关系曲线 $\Delta E - \Delta i$。
（2）由线性极化曲线的斜率，求碳钢材料在两种腐蚀介质的极化电阻 R_{p0} 和 R_p。
（3）按式（4 - 10）求硫脲对碳钢在 0.5mol/L 硫酸溶液中的缓蚀率。

六、思考题

（1）线性极化技术的原理是什么？在实际应用中有什么优点和局限性？
（2）试分析电位扫描速率对极化电阻测量结果的影响，并通过实验加以证明。
（3）试通过分析添加硫脲前后 $\Delta E - \Delta i$ 间的曲线变化，判断所用缓蚀剂的作用机理。

实验二十四　缓蚀剂性能的循环伏安法评价实验

一、实验目的

（1）理解和掌握循环伏安法的基本原理和测试方法。
（2）通过循环伏安图分析缓蚀剂的缓蚀性能和作用机理。

二、实验原理

　　循环伏安法（cyclic voltammetry，CV）属于线性电位扫描技术的一种，是重要的电化学动力学研究方法之一，常用于测定电极参数、判断电极过程的可逆性、控制步骤和反应机理等。该方法使用的仪器简单，操作方便，图谱解析直观，在电化学、无机化学、有机化学、生物化学、腐蚀科学等领域得到了广泛应用。

　　循环伏安法通常采用三电极系统，测量时将循环变化的电压施加于工作电极与参比电极之间，并同时记录工作电极上得到的电流与施加电压的关系曲线。循环伏安法的电压施加方式为三角波线性扫描，如图 4.13 所示。正向扫描时，电位从 + 0.8V_{SCE} 扫描到 − 0.2V_{SCE}；反向扫描时，从 −0.2V_{SCE} 再回扫到 +0.8V_{SCE}。扫描速率可从斜率反映出来，图 4.13 中为 50mV/s。在循环伏安法实验中，可进行一次或多次循环扫描，图 4.13 中的虚线是第二次扫描循环。另外，扫描的电压范围和扫描速率也可在一定范围内任意变换。

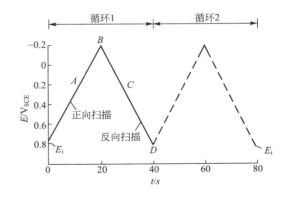

图 4.13　循环伏安法的电压施加方式

　　工作电极上响应电流随扫描电压的变化曲线，称为循环伏安图。图 4.14 是在 1.0mol/L KNO$_3$ 溶液、扫描速率为 50mV/s 的条件下，6×10^{-3}mol/L K$_3$Fe(CN)$_6$ 在 Pt 工作电极上的循环伏安图。对可逆电极过程，如一定条件下的 Fe(CN)$_6^{3-/4-}$ 氧化还原体

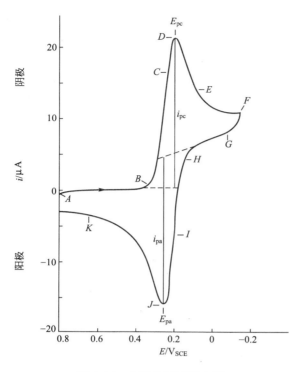

图 4.14　典型的循环伏安图

系，当电压正向扫描时，$Fe(CN)_6^{3-/4-}$ 在电极上还原，反应式为 $Fe(CN)_6^{3-} + e^- \longrightarrow Fe(CN)_6^{4-}$，得到一个还原电流峰。当电压反向扫描时，$Fe(CN)_6^{4-}$ 在电极上发生氧化，反应式为 $Fe(CN)_6^{4-} \longrightarrow Fe(CN)_6^{3-} + e^-$，得到一个氧化电流峰。所以，电压完成一次循环扫描后，将获得如图 4.14 所示的氧化还原曲线，进而以此提供电活性物质电极反应的可逆性、反应历程、活性物质的吸附等信息。

通过循环伏安图，可得到阴极峰电流 i_{pc}、阳极峰电流 i_{pa}、阴极峰电位 E_{pc}、阳极峰电位 E_{pa} 及峰电流比值 i_{pa}/i_{pc}、峰电位间距 $\Delta E(E_{pa} - E_{pc})$ 等重要参数。确定峰电流的方法是沿基线做切线外推至峰下，从峰顶做垂线至切线，垂线的高度就是峰电流的大小；垂线与横轴的交点处就是峰电位值。

对可逆电极过程有：

(1) $\Delta E = 59/n (mV)$；

(2) $i_p = 2.69 \times 10^5 A n^{3/2} D^{1/2} \nu^{1/2} C$

(3) $i_{pa}/i_{pc} = 1$；

(4) $i_p \propto \nu^{1/2}$；

(5) E_p 与 ν 无关。

式中，i_p 为峰电流(A)；A 为电极面积(cm^2)；n 为电子转移数；D 为扩散系数(cm^2/s)；ν 为扫描速率(mV/s)；C 为浓度(mol/L)。

对准可逆电极过程有：

(1) $|i_p|$ 随 $\nu^{1/2}$ 增加，但不成正比；

(2) $\Delta E > 59/n (mV)$，且随 ν 增加而增加；

(3) E_{pc} 随 ν 增加而负移。

对不可逆电极过程有：

(1) 无反向峰；

(2) $i_p \propto \nu^{1/2}$。

在本实验中，将利用循环伏安法对添加缓蚀剂的纯铁/硫酸体系进行研究，以分析缓蚀剂的缓蚀性能和缓蚀机理。

三、实验材料和仪器

1) 实验材料

工业纯铁；实验介质为含 0mmol/L、10mmol/L、30mmol/L、50mmol/L、70mmol/L

硫脲的 $0.5mol/LH_2SO_4$ 溶液，温度为室温。

2）实验仪器

（1）CH166C 电化学工作站 1 套。

（2）参比电极（铂丝）和辅助电极（铂片）各 1 支。

四、实验步骤

（1）将 $0.5mol/L\ H_2SO_4$ 溶液倒入电解池中，安装好电极系统，并与 CHI660C 电化学工作站的相应导线相连接。

（2）打开 CHI660C 的菜单，在"Control"中选择"Open Circuit Potenial"命令，测量体系的自腐蚀电位。

（3）在"Technique"中选择"Cyclic Voltammetry"方法，并在"Parameters"中设置 Init E、最高电位 High E、最低电位 Low E 和扫描速率等参数。最高电位可选择在初始电位（自腐蚀电位）上增加 $500\sim800mV$；最低电位可选择在初始电位（自腐蚀电位）上减少 $500\sim800mV$；扫描速率可在 $10mV/s$、$25mV/s$、$50mV/s$、$100mV/s$ 间进行选择。

（4）开始实验，测定循环伏安图。

（5）改变扫描速率，重复上述实验步骤，获得不同扫描速率下的循环伏安图。

（6）更换溶液种类，重复上述实验步骤，获得不同硫脲浓度下的循环伏安图。

（7）测试结束，整理实验仪器和工作台。

五、实验结果处理

（1）利用软件进行数据处理，得到不同扫描速率、硫脲浓度下的循环伏安图。

（2）计算每种条件下的 i_{pc}、i_{pa}、E_{pc}、E_{pa}、i_{pa}/i_{pc}、ΔE 等数据。

（3）绘制同一扫描速率下 i_{pc}、i_{pa} 与硫脲浓度的关系曲线图，判断缓蚀剂的缓蚀性能。

（4）绘制同一硫脲浓度下 i_{pc}、i_{pa} 与扫描速率 $v^{1/2}$ 的关系曲线图，并综合分析缓蚀剂的作用机理。

六、思考题

（1）试从测试过程出发分析从循环伏安图上可得到哪些与实验体系有关的信息？

（2）若加快扫描速率，循环伏安图会产生什么变化？并通过实验加以验证。

（3）如何从扫描速率与峰值电流和峰值电位的关系判别电极反应的吸附、扩散和耦合等的化学反应特征信息？

4.3　表面改性与涂覆

表面改性与涂覆是利用表面工程技术改善材料在腐蚀介质中耐蚀性能的方法，主要包括表面转化改性、薄膜和涂镀层三种。

表面转化改性方法是指利用现代技术改变材料表面、亚表面层的成分和结构，从而提高材料表面性能的方法，如表面形变强化、表面热流强化、化学转化（钝化、磷化、氧化等）、电化学转化（阳极氧化、微弧氧化等）、离子注入、表面合金化（渗锌、渗铝等）等。

薄膜方法是利用近代技术在材料表面沉积厚度为 $100nm \sim 1\mu m$ 或数微米薄膜的方法，如物理气相沉积和化学气相沉积等。

涂镀层方法是利用物理或化学技术在材料表面涂覆一层或多层表面层的方法，如各种电镀、化学镀、热喷涂（火焰喷涂、电弧喷涂、爆炸喷涂、等离子喷涂等）、热浸镀层、有机涂层等。

总的说来，表面改性与涂覆技术是从金属材料与腐蚀介质的界面入手，通过表面改性形成耐蚀性优于基体金属的表面层，或在金属表面喷、衬、渗、镀、涂上一层耐蚀性较好的金属或非金属物质，从而使金属表面与腐蚀介质机械隔离而降低材料腐蚀的方法。

在本节实验中，选择了化学氧化、磷化、阳极氧化、微弧氧化、表面合金化、电镀、化学镀、热浸镀、等离子喷涂、堆焊、有机涂层等典型的表面处理方法进行实验，以熟悉并掌握表面工程技术在防腐蚀应用中的原理和工艺实践。

实验二十五　　钢铁的化学氧化实验

一、实验目的

（1）了解钢铁化学氧化的原理及其应用领域。
（2）掌握钢铁化学氧化处理的溶液配制、处理条件及氧化膜特性。

二、实验原理

钢铁的化学氧化处理，俗称发蓝（发黑），是指使其表面转化成一层十分稳定的保护性氧化膜。该氧化膜一般呈黑色或蓝黑色（因钢材含碳量、氧化处理温度的不同，也会呈咖啡色、褐色和樱桃红色等），厚度为 $0.5 \sim 1.5\mu m$，其组成主要是磁性氧化铁（Fe_3O_4）。由于形成的膜层美观有光泽、工艺设备简单、价格低廉、生产效率高等优点，而且氧化处理过程中不析氢、膜层薄不改变表面精度和外径尺寸，因此钢铁的氧化处理广泛用于机械零件、电子设备、精密光学仪器、弹簧和兵器等的防护装饰方面。

钢铁的氧化处理，有化学法（又分为碱性和无碱性化学法）和电化学法两大类；但目前工业上普遍采用的是碱性化学氧化法。碱性氧化法是将钢铁试样置于含氧化剂（如硝酸钠和亚硝酸钠）的热强碱溶液中进行处理，金属铁与氧化剂和强碱作用生成亚铁酸钠和铁酸钠，亚铁酸钠和铁酸钠相互反应生成磁性氧化铁。具体反应式如下：

$$3Fe + NaNO_2 + 5NaOH =\!\!=\!\!= 3Na_2FeO_2 + H_2O + NH_3 \uparrow$$
$$6Na_2FeO_2 + NaNO_2 + 5H_2O =\!\!=\!\!= 3Na_2Fe_2O_4 + 7NaOH + NH_3 \uparrow$$
$$Na_2FeO_2 + Na_2Fe_2O_4 + 2H_2O =\!\!=\!\!= Fe_3O_4 + 4NaOH$$

或

$$5Fe + 2NaNO_3 + 9NaOH =\!\!=\!\!= 5Na_2FeO_2 + NaNO_2 + NH_3 \uparrow + 3H_2O$$
$$8Na_2FeO_2 + NaNO_3 + 6H_2O =\!\!=\!\!= 4Na_2Fe_2O_4 + 9NaOH + NH_3 \uparrow$$
$$Na_2FeO_2 + Na_2Fe_2O_4 + 2H_2O =\!\!=\!\!= Fe_3O_4 + 4NaOH$$

另外，部分的铁酸钠也可能发生水解而生成红色的氧化铁水合物（称为红色挂灰）。

$$Na_2Fe_2O_4 + (4+n)H_2O =\!\!=\!\!= 2Fe(OH)_3 \cdot nH_2O + 2NaOH$$

于是在氧化初期，在钢铁材料表面形成氧化铁的过饱和溶液，进一步在金属表面个别点上生成氧化膜的晶胞。这些晶胞逐渐增长，直到互相接触生成连续的薄膜。为得到适宜的生长速度和厚度，必须控制晶胞的形成数量，而这取决于碱的浓度和温度及氧化剂的浓度。因此，工业上常使用两种浓度不同的氧化溶液进行两次氧化（双槽法），或在新配的溶液中添加适量废钢料以增加槽液中铁离子浓度等方法，改善镀层的质量。

从工艺看，碱性氧化法又可细分为单槽法和双槽法及高温氧化工艺（处理温度高于100℃）和常温氧化工艺（室温）等。

由上可见，磁性氧化铁膜层较致密，且能牢固地与金属表面结合，其厚度为 $0.5 \sim 0.8 \mu m$，因而在干燥的空气中是稳定的。但其在水或湿大气中的保护作用较差，故钢试样在氧化处理后常需要进行封闭或浸油处理。

本实验将采用四种不同的碱性氧化溶液配方，通过高温氧化工艺制备磁性氧化铁薄膜，以比较各配方的特点和膜层的耐蚀性。

三、实验材料和仪器

1）实验材料

Q235 碳钢，尺寸为 30mm×20mm×2mm。在进行化学氧化前，碳钢试样均依次经过切割、除油、除锈、打磨、水砂纸研磨等处理。

实验采取的碱性氧化处理配方和工艺规范，见表 4-1。其中配方 1 为通用氧化液，操作方便，膜美观光亮，但膜层较薄；配方 2 氧化速度快，膜层致密，但光亮度稍差；配方 3 可获得保护性能好的、蓝黑色光亮的氧化膜；配方 4 可获得较厚的黑色氧化膜。

表 4-1　碱性氧化配方和工艺规范

	配方 1	配方 2	配方 3		配方 4	
			一次氧化	二次氧化	一次氧化	二次氧化
$NaOH/(g/L)$	500～650	600～700	550～650	700～800	550～650	700～800
$NaNO_2/(g/L)$	150～200	200～250	100～150	150～200	—	—
$NaNO_3/(g/L)$	—	—	—	—	100～150	150～200
$K_2Cr_2O_7/(g/L)$	—	25～32	—	—	—	—
温度/℃	135～145	130～135	130～135	140～152	130～135	140～150
时间/min	15～60	15	15	45～60	15～20	30～60

2）实验仪器

（1）磁力加热搅拌器 1 台。

（2）盐雾试验箱 1 台。

（3）温度计 1 支。

（4）计时器 1 个。

四、实验步骤

(1) 根据表 4-1 中配方的组成计算实验所需的药品用量，将 NaOH 加入适量蒸馏水中使之溶解，然后在搅拌条件下再加入所需的亚硝酸钠(或硝酸钠)和重铬酸钾；待全部溶解后，按配方加水定容。最后，加入少量已除锈的小铁钉或铁粉，以增加溶液中铁离子的浓度改善氧化膜的性能。

(2) 将配制好的氧化溶液放到恒温加热搅拌器上，加热至规定的温度；按配方规定的实验周期将碳钢试样放入溶液中进行氧化。

(3) 从氧化溶液中取出，清水冲洗后放入到 80～90℃的 5％肥皂溶液中封闭处理 1～2min；或 90～95℃的 5％ $K_2Cr_2O_7$ 溶液中封闭处理 10～15min。之后取出，用清水冲洗干净，并用电吹风吹干。

(4) 在氧化处理的试样表面滴一滴 3％硫酸铜溶液，观察并记录滴液开始变红的时间；或放到 35℃、盐雾沉降量 1～2mL/(h·80cm²)、试液为 5％NaCl 的盐雾试验箱中进行盐雾实验，观察并记录开始腐蚀的时间，以判断各配方下氧化膜的耐蚀性。

五、实验结果处理

(1) 观察并记录各配方下氧化膜的外观特征及开始腐蚀的时间。
(2) 比较各配方下化学氧化膜的耐蚀性。

六、思考题

(1) 在新配制的化学氧化溶液中常加入废钢料或低浓度的旧处理液，这是为什么？
(2) 封闭处理的作用是什么？若氧化后不进行封闭处理会产生什么后果？

实验二十六　　铝合金的化学氧化实验

一、实验目的

(1) 掌握铝合金化学氧化处理的原理和应用领域。
(2) 掌握各种铝合金化学氧化处理的操作方法、膜层组成及特点。

二、实验原理

铝及铝合金表面虽然会自然形成一层致密的氧化膜，但其厚度只有几到几十纳米，并且硬度也不高，其防腐蚀耐磨损的能力不足。为了获得较厚的膜层，可以将铝或铝合金放入含有缓蚀剂的弱酸或弱碱溶液中进行化学氧化处理。经氧化处理可生成厚度为 0.4～4μm 的氧化膜，从而提高铝合金的抗蚀、耐磨、绝缘、绝热、吸附等能力或光亮度及装饰功能。

铝合金的化学氧化方法有很多种，按其溶液性质可分为碱性溶液和酸性溶液两类。但所使用的溶液几乎都以碳酸钠为基本成分，再添加铬酸盐、硅酸盐等作为缓蚀剂。常用的铝合金化学氧化处理配方和工艺规范见表 4-2，其中 BV、MBV、EW、Pylumin 法为碱性溶液；而磷酸-铬酸法和 Albond CRN 法为酸性溶液。

表 4 - 2　铝合金化学氧化处理配方和工艺规范

方法	溶液组成	处理条件		特性
		温度/℃	时间/min	
BV 法	25g/L K_2CO_3，25g/L NaHCO_3，10g/L $K_2Cr_2O_7$	90～100	30	灰白色，深灰色
MBV 法	50g/L Na_2CO_3，15g/L Na_2CrO_4 或 15g/L $Na_2Cr_2O_7$	90～100	3～5	灰色多孔膜
EW 法	51.3g/L Na_2CO_3，15.4g/L Na_2CrO_4、0.07～1.1g/L Na_2SiO_3	90～95	5～10	无色透明膜、耐蚀性好
Pylumin 法	50g/L Na_2CO_3，17g/L Na_2CrO_4、5g/L 碳酸铬、5g/L NaOH	70	3～5	灰色、适合作涂漆底层
磷酸-铬酸法	12g/L CrO_3、35mL/L H_3PO_4、3g/L NaF	40	3～5	绿色膜层
Albond CRN 法	9g/L CrO_3、3.5g/L Na_2WO_4、4.5g/L NaF	20～30	2～3	黄色至黄褐色膜层

　　虽然铝在 pH4.45～8.38 条件下均能形成化学氧化膜，但对其在上述化学氧化处理液中的成膜机理尚未形成统一的认识，估计与铝在沸水介质中的成膜反应是一致的。铝在沸水中的成膜属于电化学的性质，即在局部电池的阳极和阴极上发生如下的反应：

阳极　　$Al \longrightarrow Al^{3+} + 3e^-$

阴极　　$3H_2O + 3e^- \longrightarrow 3OH^- + 3/2H_2 \uparrow$

　　由于阴极反应导致金属与溶液界面液相区的碱度提高，于是进一步发生以下反应，并生成 Al_2O_3 薄膜：

$$Al^{3+} + 3OH^- \longrightarrow AlOOH + H_2O$$

$$AlOOH \longrightarrow \gamma - Al_2O_3 \cdot H_2O$$

这一过程一直可以进行到膜层致密且足够厚度为止。

　　当化学氧化溶液存在缓蚀剂(如铬酸钠、碳酸钠、磷酸)时，还会发生如下的一些次生反应，因此会使膜层厚度有所增加，并使膜层含有 Cr_2O_3、$AlCrO_3$、$AlPO_4$ 等组分。

铬酸钠：$2Al + 2Na_2CrO_4 = Al_2O_3 \downarrow + 2Na_2O + Cr_2O_3$

$$Al + Na_2CrO_4 + H_2O = AlCrO_3 \downarrow + 2NaOH$$

碳酸钠：$2Al + 2Na_2CO_3 + 3H_2O = 2NaAlO_2 \downarrow + CO_2 \uparrow + 3H_2 \uparrow$

$$H_2O + 2NaAlO_2 = Al_2O_3 \downarrow + 2NaOH$$

　　为进一步提高铝合金的耐蚀性能，对经化学氧化处理的铝合金应立即清洗，并在 30～50g/L 的重铬酸钾溶液中进行填充处理(90～95℃、5～10min，适用于酸性化学氧化处理的氧化膜)或在 20g/L 的 CrO_3 溶液中进行钝化处理(室温、5～15s，适用于碱性化学氧化处理的氧化膜)。

　　由上可见，铝合金的化学氧化具有设备简单、操作方便、适用性强、不受零部件大小和形状限制的特点，因此适用于大型铝件或难以用阳极氧化法获得完整膜层的复杂铝件

(如管件、点焊件或铆接件等)的处理。

三、实验材料和仪器

1）实验材料

纯铝或 Al－Mg 合金，尺寸为 30mm×20mm×2mm。在进行化学氧化前，铝或铝合金试样均依次经过切割、除油、除锈、打磨、水砂纸研磨、清洗等处理。

实验所需的化学药品，有碳酸钠、铬酸钠、重铬酸钠、硅酸钠、氢氧化钠、碳酸钾、碳酸氢钠、碳酸铬、磷酸、铬酐、钨酸钠、氟化钠等。

2）实验仪器

（1）磁力加热搅拌器 1 台。

（2）扫描电子显微镜 1 台。

（3）X 射线衍射仪 1 台。

（4）温度计 1 支。

（5）烧杯 8 个。

（6）计时器 1 个。

四、实验步骤

（1）选取表 4－2 中的 3～4 种配方，计算实验所需的药品用量。将各药品先放入到烧杯中、分别用少量水溶解，然后再放在一起搅拌混合均匀，并加水定容。

（2）将待处理的铝片放入到 40～60g/L $Na_3PO_4 \cdot 12H_2O$＋8～12g/L NaOH＋Na_2SiO_3 溶液中进行除油（室温、3～5min），清水冲洗后再放入到 20～35g/L NaOH＋20～30g/L Na_2CO_3 溶液中进行浸蚀（40～55℃、0.5～3min），再清水冲洗后放入到 300～400g/L HNO_3 溶液中进行出光处理（室温、2min），再次清水冲洗后待用。

（3）将配制好的化学氧化溶液放到恒温加热搅拌器上，加热至规定的温度，再将铝片放入到上述化学氧化处理液中，按表 4－2 的规范进行化学氧化处理。

（4）从化学氧化溶液中取出、清水冲洗、干燥后，将酸性化学氧化处理的氧化膜放入 30～50g/L 的重铬酸钾溶液中进行填充处理（90～95℃、5～10min）或将碱性化学氧化处理的氧化膜放入 20g/L 的 CrO_3 溶液中进行钝化处理（室温、5～15s）。

（5）从填充或钝化溶液中取出后，用清水冲洗干净，并用电吹风吹干。观察氧化膜层的颜色和外观质量。

（6）利用扫描电子显微镜观察、测定各氧化膜的形貌特征、成分和结构组成，并用 X 射线衍射仪测定氧化膜层的物相组成。

五、实验结果处理

（1）用肉眼观察并比较各化学氧化膜层的颜色和外观特征。

（2）观察与测定各氧化膜层的形貌、成分和结构组成，分析各氧化膜的成膜机制。

六、思考题

（1）铝合金的化学氧化处理，可分为哪几个步骤？

（2）试根据化学氧化处理液的组成，分析铝合金化学氧化膜的反应机理。

(3) 缓蚀剂的存在对铝合金化学氧化膜层的组成有什么影响？

实验二十七　钢铁的磷化处理实验

一、实验目的

(1) 掌握钢铁磷化的成膜机理及其防护作用。
(2) 了解磷化处理的溶液配制方法及操作技术。
(3) 了解磷化处理的应用领域和实际意义。

二、实验原理

钢铁零件在含有锌、锰、钙或碱金属的磷酸盐溶液中进行化学处理，在其表面上形成一层不溶于水的磷酸盐膜的过程，称为磷化处理。所形成的磷化膜，可分为化学转化型和假化学转化型两种。

1) 化学转化型磷化膜

化学转化型磷酸盐处理溶液，常由碱金属的磷酸盐或焦磷酸盐、六偏磷酸盐、多聚磷酸盐组成。这些盐在工作温度和相当浓度下都不会水解，因而也不会存在游离的磷酸。因此，金属在这种溶液形成的转化膜，可以认为是基体金属的可控腐蚀并在其表面生成相应腐蚀产物的过程。反应过程如下：

$$4Fe + 4NaH_2PO_4 + 3O_2 \longrightarrow 2FePO_4 + Fe_2O_3 + 2Na_2HPO_4 + 3H_2O$$

于是，化学转化型磷化膜通常由 $FePO_4$ 和 Fe_2O_3 组成，且具有较高的孔隙率，非常适合作为漆膜的底层。

2) 假化学转化型磷化膜

假化学转化型磷酸盐处理溶液的基本组分是重金属磷酸二氢盐 $Me(H_2PO_4)_2$（Me^{2+} 可为 Zn^{2+}、Mn^{2+}、Fe^{2+} 等），此外还有游离的磷酸。在一定的温度下，溶液中各组分达成如下的平衡：

$$4Me^{2+} + 3H_2PO_4^- \longrightarrow MeHPO_4 + Me_3(PO_4)_2 + 5H^+$$

于是通过控制溶液中 Me^{2+}、$H_2PO_4^-$、HPO_4^{2-} 和 H^+ 的浓度，可在金属表面形成由 $Me_3(PO_4)_2$、$MeHPO_4$ 组成的磷化膜。

当然，当金属与上述重金属磷酸二氢盐（$Me(H_2PO_4)_2$）接触过程中，也会形成 Fe - Zn、Fe - Mn 等的混合磷酸盐膜。反应过程为：

$$Zn(H_2PO_4)_2 \longrightarrow ZnPO_4^- + H_2PO_4^- + 2H^+$$
$$Fe + 2ZnPO_4^- \longrightarrow FeZn_2(PO_4)_2 + 2e^-$$

钢铁磷化处理，按施工方法可分为浸渍法、喷淋法和浸喷组合法。其中浸渍法适用于高、中、低温磷化工艺，可处理任何形状的零件，并能得到比较均匀的磷化膜；喷淋法适用于中、低温磷化工艺，可处理大面积工件。

按工艺温度可分为高温（90~98℃）磷化、中温（50~70℃）磷化和常（低）温（10~35℃）磷化三种，见表 4 - 3。高温磷化处理的优点是磷化膜的耐蚀性能及结合力较好，但槽液加热时间长，溶液挥发量大，游离酸度不稳定，结晶粗细不均匀。中温磷化的游离酸度较稳定，容易掌握，磷化时间短，生产效率高，磷化膜的耐蚀性与高温磷化基本相同，缺点是溶液较复杂，调整较困难。常温磷化的优点是不需加热，药品消耗少，溶液稳定，但处理时间较长。

表 4-3 钢铁磷化处理的配方及工艺规范

配方及工艺条件	高　温		中　温		常　温	
	1	2	1	2	1	2
磷酸二氢锰/(g/L)	30～40	—	40	—	40～65	—
磷酸二氢锌/(g/L)	—	30～40	—	30～40	—	50～70
硝酸锌/(g/L)	—	55～65	120	80～100	50～100	80～100
硝酸锰/(g/L)	15～25		50			
亚硝酸钠/(g/L)	—	—	—	—	—	0.2～1
氧化钠/(g/L)	—	—	—	—	4～8	—
氟化钠/(g/L)	—	—	—	—	3～4.5	—
乙二胺四乙酸/(g/L)	—	—	1～2	—	—	—
游离酸度/点	3.5～5	6～9	3～7	5～7.5	3～4	4～6
总酸度/点	36～50	40～58	90～120	60～80	50～90	75～95
温度/℃	94～98	88～95	55～65	60～70	20～30	15～35
时间/min	15～20	8～15	20	10～15	30～45	20～40

因基体和磷化工艺的不同，磷化膜外观呈浅灰色至黑灰色，厚度通常在 $1～15\mu m$，但厚的磷化膜也可达 $50\mu m$。磷化膜在大气环境中较稳定，其耐蚀性为钢氧化膜的 2～10 倍。另外，磷化膜具有多孔性，因而可通过填充、浸油或涂漆处理进一步提高其耐蚀性；也可吸收油、脂皂等物质，起到润滑作用。此外，磷化膜是电的绝缘体，可作为绝缘膜使用。因此，经磷化处理的钢工件，主要用作涂料的底层、金属冷加工时的润滑层、金属表面保护层及用于电机硅钢片的绝缘处理、压铸模具的防粘处理等。

三、实验材料和仪器

1) 实验材料

Q235 碳钢，尺寸为 30mm×20mm×2mm。在进行磷化处理前，碳钢试样均依次经过切割、除油、除锈、打磨、水砂纸研磨等处理，清水冲洗后吹干待用。

实验采取的磷化处理配方，可从表 4-3 的高温、中温和常温处理配方中各选其一。所需的化学药品包括磷酸二氢锰、磷酸二氢锌、硝酸锌、硝酸锰、亚硝酸钠、氟化钠、乙二胺四乙酸、重铬酸钾、硫酸铜等。

2) 实验仪器

(1) 磁力加热搅拌器 1 台。

(2) 盐雾试验箱 1 台。

(3) 温度计 1 支。

（4）电吹风和计时器各 1 个。

四、实验步骤

（1）根据实验情况选取表 4-3 中合适的配方，计算出实验所需的药品用量。先把所需蒸馏水的 3/4 加入到烧杯中，再将所需的磷酸二氢锌（锰）、硝酸锰（锌）等在搅拌条件下缓慢加入，并搅拌均匀至完全溶解，最后加蒸馏水至所需体积。

（2）为增加磷化液中铁离子的浓度，在磷化液中加入少量的铁屑，直至磷化液的颜色变成稳定的棕绿色或棕黄色为止。并通过加入硝酸锌和氧化锌，调整磷化液的游离酸度。

（3）利用磁力加热搅拌器将磷化液加热至工作温度，再将处理好的碳钢试样放入溶液中进行磷化处理。在磷化过程中，应注意控制工作温度在规定的范围内。

（4）从磷化液中取出，清水冲洗后，放入到 30~50g/L 的重铬酸钾溶液中进行填充处理（90~95℃、20~25min）。

（5）从填充或钝化溶液取出后，用清水冲洗干净，并用电吹风吹干。观察氧化膜层的颜色和外观质量。

（6）在磷化膜表面滴一滴 3‰硫酸铜溶液，观察并记录滴液开始变红的时间；或放到 35℃、盐雾沉降量 1~2mL/(h·80cm²)、试液为 5‰NaCl 的盐雾试验箱中进行盐雾实验，观察并记录开始腐蚀的时间，以判断各配方下磷化膜的耐蚀性。

五、实验结果处理

（1）观察并记录各配方下磷化膜的外观特征及质量。
（2）记录磷化膜开始腐蚀的时间，并评价各磷化膜的耐蚀性。

六、思考题

（1）简述磷化膜的形成机理，并说明不同磷化膜的物相组成与磷化液组分的关系。
（2）影响磷化膜形成质量的因素有哪些？
（3）简述磷化膜的特点及应用领域。

实验二十八 铝合金的阳极氧化实验

一、实验目的

（1）掌握铝合金阳极氧化的原理和操作方法。
（2）掌握铝合金阳极氧化膜的特点和应用领域。
（3）掌握化学氧化与阳极氧化的异同。

二、实验原理

阳极氧化是指在适当的电解液中，以金属为阳极，在外加电流作用下使其表面生成氧化膜的方法。铝及铝合金的阳极氧化可在多种电解液如酸性液、碱性液、非水性溶液等溶液中进行，但以酸性电解液为主，如硫酸、铬酸、草酸、硼酸等。

铝及铝合金进行阳极氧化时，由于电解质是强酸性的，阳极电位较高，因此阳极反应首先是水的电解，产生初生态的 [O]，氧原子立即对铝发生氧化反应生成氧化膜，即薄而致密的氧化膜。阳极上发生的反应为：

$$H_2O - 2e^- \longrightarrow O + 2H^+$$

$$2Al + 3O \longrightarrow Al_2O_3$$

阴极只起导电作用并发生析氢反应：

$$2H^+ + 2e^- \longrightarrow H_2 \uparrow$$

同时，酸对铝和生成的氧化膜进行化学溶解，其反应如下：

$$2Al + 6H^+ \longrightarrow 2Al^{3+} + 3H_2 \uparrow$$

$$Al_2O_3 + 6H^+ \longrightarrow 2Al^{3+} + 3H_2O$$

因此，在阳极氧化过程中，氧化膜的生长和溶解会同时进行，只是在氧化的不同阶段两者的速度不同。当膜的生长速度和溶解速度相等时，氧化膜的厚度才达到定值。

实验表明，铝及铝合金的阳极氧化膜常呈现多孔结构，厚度约几十至几百微米，不仅具有良好的力学性能和耐蚀性能，而且具有良好的吸附性，很容易通过着色处理而获得不同的颜色。因而铝合金的阳极氧化处理常用作防护层、防护-装饰层、耐磨层、绝缘层、喷漆底层和电镀底层而在工业中得到广泛应用。

在本实验中，将利用硫酸、铬酸和草酸电解液对铝合金进行阳极氧化处理，进而对各氧化膜的特点和性能进行对比分析。

1）硫酸法阳极氧化

典型硫酸法阳极氧化的配方及工艺条件见表4-4。由表4-4可见，硫酸阳极氧化具有溶液成分简单、稳定，允许杂质含量范围大的特点。与铬酸法、草酸法相比，电源能耗少、操作方便、成本低。

表4-4 典型硫酸法阳极氧化的配方与工艺条件

工艺条件	配方1	配方2	配方3
$H_2SO_4/(g/L)$	160～200	160～200	100～110
温度/℃	13～26	0～7	13～26
阳极电流密度/(A/cm^2)	0.5～2.5	0.5～2.5	1～2
电压/V	12～22	12～22	16～24
时间/min	30～60	30～60	30～60
阴极材料	铝板	铝板	铝板
阴极与阳极面积比	1.5∶1	1.5∶1	1∶1
电源	直流电	直流电	交流电

硫酸法阳极氧化工艺，除不适于松孔度较大的铸件、点焊件或铆接件外，其他几乎所有的铝及铝合金都适用。经硫酸阳极氧化处理后的氧化膜，无色透明，厚度 5～20μm，有较高的硬度和良好的耐蚀耐磨性能，且具有强吸附能力、易于染成各种颜色。

2）铬酸法阳极氧化

典型铬酸法阳极氧化的配方及工艺条件见表4-5。经铬酸阳极氧化获得的氧化膜较薄，具有不透明的灰白色至深灰色的外观，厚度一般只有 $2\sim5\mu m$，因此铝制品仍能保持原来的精度和表面粗糙度，故该工艺适用于精密零件。但膜层的孔隙率低，染色困难；膜层质软，耐磨性较差。

表 4-5　典型铬酸法阳极氧化的配方与工艺条件

工艺条件	配方 1	配方 2	配方 3
$CrO_3/(g/L)$	30～40	50～55	95～100
温度/℃	38～42	37～41	35～39
阳极电流密度/(A/cm²)	0.2～0.6	0.3～0.7	0.3～2.5
电压/V	0～40	0～40	0～40
时间/min	60	60	35
阴极材料	铝板或石墨	铝板或石墨	铝板或石墨

与硫酸法阳极氧化相比，铬酸法阳极氧化的溶液成本很高且电能消耗也很大，因此在应用上受到一定的限制。

3）草酸法阳极氧化

典型草酸法阳极氧化的配方及工艺条件见表 4-6。经草酸阳极氧化获得的氧化膜较厚，厚度为 $8\sim20\mu m$，最厚可达 $60\mu m$，且富有弹性、孔隙率低，耐蚀性好，具有良好的电绝缘性能。但该方法的成本高，为硫酸阳极氧化的 3～5 倍。溶液有一定毒性且稳定性较差，因此在应用方面常用于有特殊要求的情况，如制作电气绝缘保护层、日用品的表面装饰等。

表 4-6　典型草酸法阳极氧化的配方与工艺条件

工艺条件	配方 1	配方 2	配方 3
草酸/(g/L)	27～33	50～100	50
温度/℃	15～21	35	35
阳极电流密度/(A/cm²)	1～2	2～3	1～2
电压/V	110～120	40～60	30～35
时间/min	120	30～60	30～60
电源	直流	交流	直流

由于铝合金阳极氧化膜呈蜂窝状的结构，有较强的吸附性，因此常需要在阳极氧化处理之后进行着色和封闭处理，以使氧化膜获得各种颜色并提高其耐蚀性。着色处理，可通过无机颜料、有机染料和电解着色等实现；封闭处理，常通过沸水、蒸汽、重铬酸盐和水解封闭等方法来实现。

三、实验材料和仪器

1）实验材料

纯铝或 Al-Mg 合金，尺寸为 30mm×20mm×2mm。在进行化学氧化前，铝或铝合金试样均依次经过切割、除油、除锈、打磨、水砂纸研磨、清洗等处理。

实验所需的化学药品有硫酸、铬酸、草酸、盐酸、重铬酸钾等。

2）实验仪器

（1）磁力加热搅拌器1台。

（2）稳压电源、毫安表、毫伏表各1台。

（3）可变电阻1个。

（4）铝板（或不锈钢）阴极1个。

（5）扫描电子显微镜1台。

（6）X射线衍射仪1台。

（7）温度计1支。

（8）烧杯4个。

（9）计时器1个。

（10）千分尺1个。

铝合金阳极氧化的实验装置如图4.15所示。

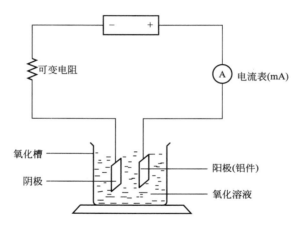

图4.15　铝合金阳极氧化的实验装置

四、实验步骤

（1）根据实验情况选取表4-4、表4-5和表4-6中合适的配方，计算出实验所需的药品用量。先把所需蒸馏水的3/4加入到烧杯中，再将所需的硫酸、铬酸或草酸在搅拌条件下缓慢加入，并搅拌均匀至完全溶解，最后加蒸馏水至所需体积。

（2）将待处理的铝片放入到$40\sim60g/L$ $Na_3PO_4 \cdot 12H_2O + 8\sim12g/L$ $NaOH + Na_2SiO_3$溶液中进行除油（室温、$3\sim5min$），清水冲洗后再放入到$20\sim35g/L$ $NaOH + 20\sim30g/L$ Na_2CO_3溶液中进行浸蚀（$40\sim55℃$、$0.5\sim3min$），再清水冲洗后放入到$300\sim400g/L$ HNO_3溶液中进行出光处理（室温、$2min$），再次清水冲洗后待用。

（3）按图4.15连接好阳极氧化装置，并利用恒温加热搅拌器加热至规定的温度；按表4-4、表4-5和表4-6中的工艺条件调节可变电阻至规定的电压和电流密度，对铝片进行阳极氧化处理。

（4）从阳极氧化溶液中取出、清水冲洗、干燥后，放入沸水中封闭处理$5\sim30min$。

（5）从沸水中取出，用清水冲洗干净，并用电吹风吹干，并通过千分尺测量氧化膜的厚度。利用扫描电子显微镜和 X 射线衍射仪观察、测定氧化膜的形貌、成分和物相组成。

（6）将滴液（25mL HCl＋3g$K_2Cr_2O_7$＋75mL H_2O）滴加在阳极氧化膜，启动计时器记录滴液变成绿色的时间。

五、实验结果处理

（1）用肉眼观察并比较各阳极氧化膜层的颜色和外观特征。

（2）观察与测定各氧化膜层的厚度、形貌、成分和结构组成，分析各氧化膜的成膜机制。

（3）记录实验滴液变成绿色的时间。

六、思考题

（1）分析比较铝合金的化学氧化与阳极氧化处理的异同点。

（2）比较硫酸法阳极氧化、铬酸法阳极氧化与草酸法阳极氧化膜层的各自特点与异同。

实验二十九 镁合金的微弧氧化实验

一、实验目的

（1）了解微弧氧化技术及其工艺特点。

（2）熟悉微弧氧化实验所用设备及操作方法。

（3）了解镁合金的微弧氧化机理。

（4）了解镁合金微弧氧化膜层的形貌特点和耐蚀性能，并分析其影响因素。

二、实验原理

1）微弧氧化原理

微弧氧化，也称等离子体氧化、阳极火花沉积或微弧放电氧化，是一种在有色金属表面原位生长陶瓷层的新技术。它突破了传统的阳极氧化技术，通过专用的微弧氧化电源在工件上施加电压，使铝、镁、钛及其合金材料的工件表面与电解质溶液相互作用，在工件表面形成微弧放电，在高温、电场等因素作用下金属表面形成陶瓷膜，达到工件表面强化、硬度大幅度提高、耐磨、耐蚀、耐压、绝缘及抗高温冲击特性得到改善的目的。因而微弧氧化技术，在军工、航空航天、机械制造业、纺织工业、民用品生产等许多领域有着广泛的应用前景。

由于借鉴了铝、钛合金的成功经验，镁合金表面的微弧氧化技术发展十分迅速，且在汽车、手机、摄像机等领域得到广泛应用。目前，普遍使用的镁合金微弧氧化工艺采用的是碱性电解液、脉冲交流电源和高电压大电流。

2）微弧氧化技术的工艺特点

微弧氧化技术的工艺优点在于：微弧氧化电解液大多采用碱性溶液，对环境污染小；

溶液温度对微弧氧化的影响较小；微弧氧化工艺的设备和流程简单。

另外，微弧氧化膜层为经高温熔化而形成的陶瓷膜，具有很高的耐蚀性能。且陶瓷膜为原位生长，与基体结合牢固、不容易脱落。膜层的导热系数小，具有良好的隔热性能。此外，通过改变电解液组成及工艺条件，可调整膜层的微观结构和特征，实现膜层的功能性设计。

3）微弧氧化膜层的影响因素

由于微弧氧化对工件的前处理要求不苛刻，因而工件的表面状态对工艺的影响不大，而工艺参数中电解液和电参数对工艺的影响则较大。

（1）电解液组成。电解液配方的选择，既要维持陶瓷氧化层的电绝缘特性、并使之有利于微弧的产生，又要使微弧氧化的产物尽可能地滞留在材料里。电解液配方不同，氧化现象如火花放电时火花形成和移动速度、保持连续火花的电位及形成固定火花的趋势不同；电压、电流行为不同，所得膜层的颜色、质地（如微孔尺寸和粗糙度）、厚度、化学组成及电化学性质等也不同。因此电解液成分的选择至关重要，现在广泛采用的是碱性电解液，其中研究最多的是碱性硅酸盐溶液，其他的还有铝酸盐、磷酸盐等电解液。

此外，电解液的浓度对氧化膜的成膜速率、表面颜色和粗糙度也有重要的影响。

（2）电流密度、氧化电压和氧化时间。微弧氧化过程中的电流密度越大，氧化膜的生长速度越快，膜厚增加，但易出现烧损现象。随着电流密度的增加，击穿电压升高，氧化膜表面粗糙度也增加，同时氧化膜表面的微孔数目减少，微裂纹扩展程度增加。

一般认为低氧化电压生成的膜孔径小、孔数多；高氧化电压生成的膜孔径大，孔数少，但成膜速度快。电压过低，成膜速度小，膜层薄，颜色浅，硬度低；电压过高，易出现膜层局部击穿，对膜耐蚀性不利。

随着氧化时间的增加，氧化膜厚度增加，但有极限。同时，氧化时间的增加使得膜表面微孔密度降低，但表面粗糙度变大。氧化时间足够长，当溶解与沉积达到动态平衡时，对膜表面有一定平整作用，膜的表面粗糙度反而会减小。

（3）脉冲频率和占空比。电源是微弧氧化工艺的关键设备，电源控制方式有恒流、恒压、恒功率等模式。目前绝大部分微弧氧化工艺都采用恒流控制模式，其次是恒压模式。另外，电源的可调整参数还包括脉冲频率、占空比和氧化时间等。

脉冲频率较高时，膜生长速率高，组织中非晶态相比例远远高于低频试样。在高频下，孔径小且分布均匀，整个表面比较平整、致密。而在低频下，微孔孔隙大而深，且试样极易被烧损。

恒电压方式下增大占空比，氧化膜的生长速率增大，氧化膜表面逐渐变粗糙；恒电流方式下，占空比对氧化膜的生长速率和表面质量的影响不显著。在高频下，占空比越大，陶瓷层表面粗糙度越大；占空比越小，陶瓷层表面粗糙度越小。

总之，影响微弧氧化膜生长和性能的因素很多，还有待于进行系统而深入的研究，以弄清楚各因素对微弧氧化膜层性能的影响规律。

三、实验材料和仪器

1）实验材料

ZK60 商用变形镁合金，试样尺寸为 25mm×25mm×5mm。

实验用化学试剂有铝酸钠（$NaAlO_2$）、氢氧化钠（$NaOH$）、十水四硼酸钠（NaB_4O_7 ·

$10H_2O$)、二水柠檬酸钠($C_6H_5Na_3O_7 \cdot 2H_2O$)、十二水磷酸钠($Na_3PO_4 \cdot 12H_2O$)和氯化钠($NaCl$)等，均为分析纯。

2) 实验仪器

本实验采用 WHD-20 型微弧氧化装置。该装置由变压器、高压脉冲电源、电解槽、搅拌系统及水冷系统组成。工艺参数为恒流模式，电源正向，电压幅度为 0～750V，负向电压调节范围为 0～250V；正向电流调节范围为 0～30A，负向电流调节范围为 0～30A。另外，脉冲频率、占空比和微弧氧化时间等均可单独调节。

四、实验步骤

1) 试样预处理

将切割好的试样在钻孔机上打孔，然后在水磨机上用 400♯、600♯、800♯、1000♯水磨砂纸逐级打磨至试样表面光滑且划痕方向一致，然后在 75℃下利用超声波清洗器清洗 5min，酒精清洗后冷风吹干待用。

2) 电解液配制

实验选用复合电解液体系，基础电解液为铝酸钠和磷酸钠，并添加一定的氢氧化钠、四硼酸钠和柠檬酸钠；用蒸馏水配制所需浓度的电解液，然后倒入电解槽中备用。

3) 微弧氧化处理

微弧氧化处理过程中，将试样与铝导线螺纹连接，连接处及导线浸入电解液的部分均用环氧树脂封装。试样悬于电解液中，试样底部与四周不能与电解槽接触；接通电源后，输入预定的电参数，开始实验。处理过程中，通过循环水冷却电解液，温度保持在 40℃以下。实验结束后，复制出实验过程中的电参数数据。关闭电源，取出试样，用蒸馏水冲洗干净后，冷风吹干，装入试样袋。

4) 实验方案

（1）电解液配方优化。设定初始电解液组分为铝酸钠、磷酸钠、氢氧化钠、硼酸钠和柠檬酸钠，其中铝酸钠和磷酸三钠为主成膜剂；氢氧化钠既可以调节溶液 pH，也可以促进成膜。四硼酸钠作为添加剂，对膜层的膜厚及耐磨性影响很大；柠檬酸钠的加入，可有效地抑制火花放电，使膜层变得均匀、致密，孔径较小。初步选定的电参数为：电流密度 15A/dm²、脉冲频率 500Hz、占空比 40%、时间 15min。

采用五因素四水平正交表进行正交实验（表 4-7），以膜层耐腐蚀性能为评价指标，对电解液的配方进行优化，并通过极差分析得出电解液中对腐蚀性能影响较大的因素。选定电解液的最佳成分范围为：铝酸钠 12.5～20g/L、磷酸钠 2.5～10g/L、氢氧化钠 3～6g/L、四硼酸钠 2～3.5g/L、柠檬酸钠 3～4.8g/L。

表 4-7 电解液配方的正交实验方案与膜层性能

试样序号	铝酸钠/(g/L)	磷酸钠/(g/L)	氢氧化钠/(g/L)	四硼酸钠/(g/L)	柠檬酸钠/(g/L)	腐蚀速率/$[g/(m^2 \cdot h)]$	膜层形貌特点
1	12.5	2.5	3.0	2.0	3.0		
2	12.5	5.0	4.0	2.5	3.6		
3	12.5	7.5	5.0	3.0	4.2		

（续）

试样序号	铝酸钠/(g/L)	磷酸钠/(g/L)	氢氧化钠/(g/L)	四硼酸钠/(g/L)	柠檬酸钠/(g/L)	腐蚀速率/(g/m²·h)	膜层形貌特点
4	12.5	10.0	6.0	3.0	4.8		
5	15.0	2.5	4.0	3.0	4.8		
6	15.0	5.0	3.0	3.5	4.2		
7	15.0	7.5	6.0	2.0	3.6		
8	15.0	10.0	4.0	2.5	3.0		
9	17.5	2.5	5.0	3.5	3.6		
10	17.5	5.0	6.0	3.0	2.0		
11	17.5	7.5	3.0	2.5	4.8		
12	17.5	10.0	4.0	2.0	4.2		
13	20.0	2.5	6.0	2.5	4.2		
14	20.0	5.0	5.0	2.0	3.6		
15	20.0	7.5	4.0	3.5	3.0		
16	20.0	10.0	3.0	3.0	3.6		

（2）电参数优化。在优化电解液配方后，采用四因素三水平进行正交实验设计（表4-8），以膜层的耐腐蚀性能为评价指标，对电参数进行优化，并通过极差分析得出电解液中对腐蚀性能影响较大的因素。选定电参数的最佳成分范围：电流密度 15～25A/dm²、脉冲频率450～550Hz、占空比35%～45%、微弧氧化时间10～20min。

表4-8　电参数的正交实验方案与膜层性能

试样序号	电流密度/(A/dm²)	脉冲频率/Hz	占空比/(%)	时间/min	腐蚀速率/[g/(m²·h)]	膜层形貌特点
1	15	450	35	10		
2	15	500	40	15		
3	15	550	45	20		
4	20	450	40	20		
5	20	500	45	10		
6	20	550	35	15		
7	25	450	45	15		
8	25	500	35	20		
9	25	550	40	10		

5）膜层性能测试

用扫描电镜观察试样的表面及截面形貌，并通过该设备自带的能谱仪对膜层的成分进行分析。

采用全浸实验测试微弧氧化膜层的耐腐蚀性能。将经微弧氧化处理后的试样全浸到浓度为 3.5% 的氯化钠介质中，浸泡一定时间后取出，再放入到一定浓度的铬酸溶液中去除试样表面的腐蚀产物，酸洗完成后取出试样并用蒸馏水清洗。进而用分析天平称量腐蚀后试样的质量，并按 $(m_0-m_1)/(S \times t)$ 计算试样的平均腐蚀速率($g/(m^2 \cdot h)$)，其中 S 是试样的表面积(m^2)，t 是腐蚀时间(h)，m_0 是试样的初始质量(g)，m_1 是清除腐蚀产物后试样的质量(g)。

五、实验注意事项

(1) 微弧氧化电源为高压危险仪器，学生应在教师的指导下操作，严禁私自使用。
(2) 在实验过程中，出现异常现象应先关闭设备电源，设备稳定后取出试样。
(3) 实验所需导线浸泡在电解液下的部位，要做绝缘处理。
(4) 实验结束后，关闭设备电源及房间水电。

六、实验结果处理

(1) 观察测定微弧氧化膜层的表面形貌和腐蚀速率，完成表 4-7 和表 4-8 的各项内容。
(2) 利用极差分析方法对表 4-7 和表 4-8 中的实验数据进行极差分析，求得电解液配方和电参数的最佳水平参数及对腐蚀速率影响最大的电解液组分和电参数。
(3) 结合微弧氧化膜层的形貌特点，综合分析电解液各组分和电参数对膜层腐蚀速率的影响规律。

七、思考题

(1) 简述微弧氧化的原理，并分析微弧氧化工艺的特点。
(2) 影响微弧氧化膜层形貌特征和腐蚀性能的主要因素有哪些？
(3) 查阅国内外文献资料，讨论电解液组成对微弧氧化膜层物相组成和性能的影响。

实验三十　钢铁表面镀锌实验

一、实验目的

(1) 了解锌镀层的性质及镀锌方法。
(2) 掌握碱性无氰镀锌溶液的配制及电镀操作方法。
(3) 熟悉镀锌层的钝化方法。

二、实验原理

锌的标准电极电位为 $-0.76V$，比铁的电位负，因此钢铁上的锌镀层属于阳极涂层，在一般腐蚀介质中会对钢铁基体起到电化学保护作用。因此，电镀锌是生产上应用最早、最广泛的电镀工艺之一，占电镀总产量的 60% 以上。由于电镀锌具有成本低、抗蚀性好、美观和耐贮存等优点，因此在机电、轻工、仪器仪表、农机、建筑五金和国防工业中得到广泛的应用。

获得锌镀层的方法很多，如电镀、热浸镀、化学镀、热喷涂、化学热处理等，其中以电镀方法应用最为普遍。而在电镀锌方面，按电解液的性质可分为碱性镀液、中性或弱酸性镀液和酸性镀液等三类；或是按是否含有氰化物分为氰化物镀液和无氰镀液。氰化物镀锌电解液为碱性，又可细分为高氰、中氰和微氰三种；无氰镀液有碱性锌酸盐镀液、铵盐镀液和硫酸盐镀液（酸性）及氯化钾镀液（微酸性）等。

碱性锌酸盐镀锌，是随着人们环保意识的增强而于 20 世纪 60 年代后期发展起来的镀锌方法。由于其具有镀液成分简单、使用方便、对设备腐蚀小、镀层结晶细致光亮、钝化膜不易变色、废水处理简单等优势而得到广泛应用。典型锌酸盐镀锌的配方与工艺条件见表 4-9。

表 4-9　典型锌酸盐镀锌的配方与工艺条件

溶液组成及工艺条件	配方 1	配方 2	配方 3
ZnO/(g/L)	8~12	10~15	10~12
NaOH/(g/L)	100~120	100~130	100~120
DE 添加剂/(mL/L)	4~6	—	4~5
$C_9H_6O_2$/(g/L)	0.4~0.6	—	—
混合光亮剂/(mL/L)	0.5~1	—	—
DPE-Ⅲ添加剂/(mL/L)	—	4~6	—
三乙醇胺/(mL/L)	—	12~30	—
KR-7 添加剂/(mL/L)	—	—	1~1.5
温度/℃	10~40	10~40	10~40
阴极电流密度/(A/dm²)	1~2.5	0.5~3	1~4

在上述镀液中氧化锌是镀液中的主盐，它与氢氧化钠作用生成 $[Zn(OH)_4]^{2-}$ 络合离子，从而提供阴极沉积所需要的锌离子。氢氧化钠是络合剂，作为强电解质，它还可以改善电解液的导电性。镀液中的其他组分为添加剂，起到细化晶粒、使镀层平滑光亮、降低内应力等作用。

在碱性锌酸盐镀锌过程中，氧化锌首先与氢氧化钠作用生成 $[Zn(OH)_4]^{2-}$ 络离子，然后 $[Zn(OH)_4]^{2-}$ 络离子通过扩散达到阴极表面附近转化为 $Zn(OH)_2$，接着是 $Zn(OH)_2$ 在电极上得到电子还原为金属锌。反应式为：

$$ZnO + 2NaOH + H_2O \longrightarrow [Zn(OH)_4]^{2-} + 2Na^+$$

$$[Zn(OH)_4]^{2-} \longrightarrow Zn(OH)_2 + 2OH^-$$

$$Zn(OH)_2 + 2e^- \longrightarrow Zn + 2OH^-$$

镀锌过程中，锌阳极首先发生电化学溶解形成 Zn^{2+}，接着与 OH^- 络合形成 $[Zn(OH)_4]^{2-}$，其反应式为：

$$Zn \longrightarrow Zn^{2+} + 2e^-$$

$$Zn^{2+} + 4OH^- \longrightarrow [Zn(OH)_4]^{2-}$$

另外，在镀锌过程中还会发生如下阴极和阳极的副反应：

阴极：$2H_2O - 2e^- \longrightarrow H_2 \uparrow + 2OH^-$

阳极：$4OH^- + 4e^- \longrightarrow O_2 \uparrow + 2H_2O$

为提高镀锌层的耐蚀性、增加其装饰性，电镀后还需对镀锌层进行除氢（190～220℃、2～3h）、出光（30～50mL/LHNO$_3$，室温浸泡 3～10s）和钝化处理。

在钝化处理方面，过去多采用高浓度铬酸钝化；但随着人们环保意识的增强，现在大都采用低浓度铬酸钝化工艺。目前常用的镀锌层钝化工艺，有彩虹色钝化、白钝化、金黄色钝化、军绿色钝化和黑色钝化等。典型低铬彩虹色钝化的配方和工艺条件见表 4 - 10，军绿色钝化和黑色钝化的配方和工艺条件见表 4 - 11。

表 4 - 10 典型低铬彩虹色钝化的配方和工艺条件

溶液组成和工艺条件	配方 1	配方 2	配方 3	配方 4
CrO$_3$/(g/L)	5	6	3～5	5
HNO$_3$/(g/L)	3	5	—	3
H$_2$SO$_4$/(g/L)	0.1～0.15	0.6	—	—
ZnSO$_4$·7H$_2$O/(g/L)	—	—	1～2	—
Na$_2$SO$_4$/(g/L)	—	—	—	0.6～1
CH$_3$COOH/(mL/L)	—	—	—	5
pH	1.2～1.6	1～1.6	1～1.6	0.8～1.3
温度/℃	室温	室温	室温	室温
时间/s	8～12	10～45	10～30	15～30
操作方式	手工	手工或自动线	手工或自动线	手工或自动线

表 4 - 11 军绿色钝化和黑色钝化的配方和工艺条件

溶液组成和工艺条件	军绿色钝化	黑色钝化	
		银盐黑色钝化	铜盐黑色钝化
CrO$_3$/(g/L)	30～35	6～10	15～30
HNO$_3$/(mL/L)（d=1.41）	5～8	—	—
H$_2$SO$_4$/(mL/L)（d=1.84）	5～8	0.5～1	—
H$_3$PO$_4$/(mL/L)（d=1.72）	10～15	—	—
HCl/(mL/L)（d=1.19）	5～8	—	—
CH$_3$COOH/(mL/L)（d=1.049）	—	40～50	70～120
AgNO$_3$/(g/L)	—	0.3～0.5	—
CuSO$_4$·5H$_2$O/(g/L)	—	—	30～50
CH$_3$COONa·2H$_2$O/(g/L)	—	—	20～30

（续）

溶液组成和工艺条件	军绿色钝化	黑色钝化	
		银盐黑色钝化	铜盐黑色钝化
pH	—	1～1.8	2～3
温度/℃	20～35	室温	室温
时间/s	钝化液中，30～90 空气中，30～50	120～180	120～180

三、实验材料和仪器

1）实验材料

Q235 钢为待镀试件，尺寸为 30mm×20mm×2mm；阳极材料选用纯锌片，尺寸为 30mm×20mm×2mm。在进行镀锌前，碳钢和锌片均依次经过切割、除油、除锈、打磨、水砂纸研磨、清洗、吹干等处理。

实验所需的化学药品，有 ZnO、NaOH、CrO_3、HNO_3、H_2SO_4、$ZnSO_4 \cdot 7H_2O$、Na_2SO_4、CH_3COOH、H_3PO_4、HCl、$AgNO_3$、$CuSO_4 \cdot 5H_2O$、$CH_3COONa \cdot 2H_2O$、DE 添加剂、$C_9H_6O_2$、混合光亮剂、DPE-Ⅲ添加剂、三乙醇胺、KR-7 添加剂等。

2）实验仪器

(1) 稳压电源、毫安表、毫伏表各 1 台。

(2) 千分尺 1 个。

(3) 分析天平 1 台。

(4) 温度计和计时器各 1 个。

(5) 烧杯 4 个。

(6) 盐雾试验箱 1 台。

电镀锌的实验装置如图 4.16 所示。

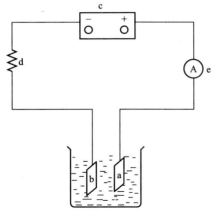

图 4.16 电镀锌的实验装置图
a—阳极（锌片）；b—阴极（碳钢试样）；
c—电源；d—变阻器；e—电流表

四、实验步骤

(1) 按表 4-9 中的配方，计算所需的化学药品用量。先用计量水的 2/3 溶解 NaOH，再用少量 NaOH 溶液将 ZnO 调成糊状（将 NaOH 溶液加热至 70～80℃，然后将糊状 ZnO 缓慢加入到 NaOH 溶液中，直至 ZnO 全部溶解为无色透明）。将计量的添加剂缓慢加入上述溶液中，并加水定容。

(2) 用千分尺和分析天平准确测定阴阳极的面积和质量，并根据拟获得的镀锌层厚度、阴极电流密度计算电镀时间和阴极电流。然后按图 4.16 接好线路，通电后开始电镀。

(3) 镀锌结束后，切断电源，取出阴极。用清水冲洗干净、电吹风吹干后，观察镀层的外观形貌；并用千分尺和分析天平准确测量镀层的厚度和质量增加量。

(4) 选取表 4-10 和表 4-11 中的典型钝化工艺对镀锌层进行钝化处理，观察镀锌层的颜色变化。

（5）将钝化后的镀锌试样放入到 35℃、盐雾沉降量 $1\sim2mL/(h\cdot80cm^2)$、试液为 5％ NaCl 的盐雾试验箱中进行盐雾实验，观察并记录镀锌层开始腐蚀的时间，判断镀锌层的耐蚀性。

五、实验结果处理

（1）观察电镀、钝化前后镀锌层的颜色和外观特征。
（2）计算电镀前后镀锌层的质量变化，并计算镀锌层的厚度。
（3）记录镀锌层开始腐蚀的时间，判断镀锌层的耐蚀性。

六、思考题

（1）镀锌的方法有哪些？碱性无氰镀锌有什么优点？
（2）碱性锌酸盐镀锌溶液由哪几部分组成？各自的作用是什么？
（3）镀锌层的钝化处理有哪些方法？各自钝化方法下膜层的耐蚀性如何？

实验三十一　化学镀镍实验

一、实验目的

（1）掌握化学镀镍的基本原理、工艺及应用范围。
（2）利用化学镀镍技术在钢铁表面制备镍磷合金层。
（3）掌握化学镀 Ni-P 层的结构与性能。

二、实验原理

在直流电的作用下，电解液中的金属离子还原，并沉积到零件表面形成具有一定性能的金属镀层的过程，称为电镀；而化学镀是一种不使用外电源，只是依靠金属的催化作用，通过可控制的氧化还原反应，使镀液中的金属离子沉积在镀件表面的方法，因而化学镀也被称为自催化镀或无电镀。

与电镀相比，化学镀有以下特点：

（1）镀覆过程不需外电源，前期处理工艺较简单，在金属和非金属材料上都能进行镀覆。

（2）由于不存在电流分布的问题，均镀能力好。对于形状复杂有内孔内腔的镀件，镀层均匀，具有仿型镀特点。

（3）由于其自催化的特点，可使镀件表面形成任意厚度的镀层。

（4）镀层的空隙率低、致密性好、硬度高、耐蚀和耐磨性好。

（5）镀液通过维护调整能反复使用，但使用周期是有限的。

（6）其不足之处是化学镀液中同时存在氧化剂（金属离子）与还原剂，处于热力学不稳定状态，镀液的稳定性差，沉积速度慢，工作温度高。

由于化学镀既可以作为单独的加工工艺来改善材料的表面性能，也可以用来获得非金属材料电镀前的导电层，因而化学镀在电子、石油化工、航空航天、汽车制造、机械等领域有着广泛的应用。目前，工业上应用最多的是化学镀镍和化学镀铜。

化学镀镍自 1946 年发明以来，经过几十年的发展已经形成了比较完善的化学镀工艺。按使用的还原剂，可分为次磷酸盐体系、硼氢化物体系、氨基硼烷体系、肼体系、甲醛体系等。其中以次磷酸盐为还原剂的化学镀镍约占化学镀镍量的 99% 以上。

化学镀镍溶液，一般包含镍盐、还原剂、络合剂(配合剂)、缓冲剂、pH 调节剂、稳定剂、润滑剂和光亮剂等。其中镍盐是镀层的金属供体，常采用硫酸镍或氯化镍。最常用的还原剂是次亚磷酸盐，所得镀层是 Ni-P 合金。次亚磷酸钠的用量与镍盐浓度的最佳摩尔比为 0.3～0.45。络合剂的作用是避免化学镀槽液自然分解并控制镍只能在催化表面上进行沉积反应及反应速率。常用的络合剂有乳酸、苹果酸、琥珀酸等。缓冲剂是为了防止 pH 的明显变化。常用的缓冲剂有醋酸钠、硼酸等。稳定剂的作用是为了控制镍离子的还原和使还原反应只在镀件表面上进行，并使镀液不会自发反应。常用的稳定剂有硫化合物(硫化硫酸盐、硫脲)等。加速剂的作用是提高沉积速度。常用的加速剂有乳酸、醋酸、琥珀酸及它们的盐类和氟化物。为了提高表面的装饰性，还需要添加苯二磺酸钠、硫脲、镉盐等光亮剂和润滑剂。

另外，镀液的 pH 和温度也是化学镀镍的重要工艺参数。按 pH，镀液可分为酸性镀液和碱性镀液，见表 4-12 和表 4-13。按温度，镀液可分为高温镀液(表 4-12 和表 4-13)和中、低温镀液(表 4-14)。其中，中、低温镀液比较适合塑料等工件的化学镀镍。

表 4-12　酸性化学镀镍配方和工艺规范

成分和操作条件	配方 1	配方 2	配方 3	配方 4	配方 5
$NiSO_4 \cdot 7H_2O/(g/L)$	30	25	20	23	21
$NaH_2PO_2 \cdot H_2O/(g/L)$	36	30	24	18	24
$NaC_2H_3O_3 \cdot 3H_2O/(g/L)$	—	20	—	—	—
$Na_3C_6H_5O_7 \cdot 2H_2O/(g/L)$	14	—	—	—	—
$Na_3C_2H_3O_3/(g/L)$	—	30	16	—	—
$C_4H_6O_5/(g/L)$	15	—	18	—	—
$C_4H_6O_4/(g/L)$	5	—	—	12	—
$C_3H_6O_3(88\%)/(mL/L)$	15	—	—	20	30
$C_2H_6O_2/(mL/L)$	5	—	—	—	2
铅离子/(mg/L)	—	2	1	1	1
$CS(HH_2)_2/(g/L)$	—	3	—	—	—
其他/(mL/L)	MoO_3，5	—	—	—	—
pH	4.8	5.0	5.2	5.2	4.5
温度/℃	90	90	95	90	95
沉积速度/(μm/h)	10	20	17	15	17
磷含量/(%)	10～11	6～8	8～9	7～8	8～9

表 4-13   碱性化学镀镍配方和工艺规范

成分和操作条件	配方 1	配方 2	配方 3	配方 4
$NiSO_4 \cdot 7H_2O/(g/L)$	—	—	—	42
$NiCl_2 \cdot 6H_2O/(g/L)$	45	30	24	
$NaH_2PO_2 \cdot H_2O/(g/L)$	11	10	20	27
$NH_4Cl/(g/L)$	50	50	—	32
$Na_3BO_3 \cdot 10H_2O/(g/L)$			38	
$Na_3C_6H_5O_7 \cdot 2H_2O/(g/L)$	100	—	60	60
$(NH_4)_3C_6H_5O_7/(g/L)$	—	65	—	
pH	8.5~10.0	8~10	8~9	7.5~8.0
温度/℃	90~95	90~95	0~13	85
沉积速度/$(\mu m/h)$	10	8	17	18~20

表 4-14   中、低温化学镀镍工艺

成分和操作条件	配方 1	配方 2	配方 3	配方 4	配方 5
$NiSO_4 \cdot 7H_2O/(g/L)$	—	25	—	25~30	30
$NiCl_2 \cdot 6H_2O/(g/L)$	25~30	—	40~60	—	—
$NaH_2PO_2 \cdot H_2O/(g/L)$	20	25	30~60	25~30	22
$NH_4Cl/(g/L)$	45~50	—	—	—	—
$Na_3C_6H_5O_7 \cdot 2H_2O/(g/L)$	—	—	60~90	—	—
$Na_4P_2O_7 \cdot 10H_2O/(g/L)$	60~70	50	—	30	—
$NaC_2H_3O_2 \cdot 3H_2O/(g/L)$	—	30~50	—	碳酸钠	酒石酸
氨水(30%)/(g/L)	—	—	—	40~50	钾钠 65
琥珀酸乙辛磺酸钠 (1%)/(滴/L)	7~8	—	—	—	—
$KC_2H_3O_3 \cdot 3H_2O/(g/L)$	—	—	10~30	—	—
pH	9~10	10~11	5~6	9.5~10	8.5~10
温度/℃	70~72	65~70	60~65	45~50	60~65
沉积速度/$(\mu m/h)$	20	15		10~15	15~20

化学镀镍的基本原理是以次磷酸盐为还原剂,将镍盐还原成镍,且沉积的镍膜具有自催化性,从而使得沉积反应能自动进行下去。但关于化学镀镍的具体反应机理尚无统一认识,如原子氢态理论、氢化物理论和电化学理论等。其中为大多数人接受的是原子氢态理论:

(1)在加热过程中,次磷酸盐在水溶液中脱氢,形成亚磷酸根,同时分解析出初生态

原子氢［H］。

$$H_2PO_2^- + H_2O \longrightarrow HPO_3^{2-} + H^+ + 2[H]$$

（2）原子氢吸附催化金属表面使之活化，使溶液中的镍阳离子还原而沉积在金属表面。

$$Ni^{2+} + 2[H] \longrightarrow Ni + 2H^+$$

（3）同时原子态氢又与 $H_2PO_2^-$ 作用使磷析出，还有部分原子态氢复合生成氢气逸出。

$$H_2PO_2^- + [H] \longrightarrow H_2O + OH^- + P$$

$$2[H] \longrightarrow H_2 \uparrow$$

（4）镍原子和磷原子共同沉积而形成 Ni-P 镀层。因此，化学镀镍过程的总反应为：

$$Ni^{2+} + H_2PO_2^- + H_2O \longrightarrow HPO_3^{2-} + 3H^+ + Ni$$

化学镀镍层的后处理，包括去氢、钝化和热处理。去氢处理（150～200℃、1～3h）的目的是消除镀层中的氢和内应力，降低镀层的脆性，提高镀层与基体的结合力。钝化处理（如重铬酸盐处理），可进一步提高镀层的耐蚀性。化学镀镍层常呈非晶态，适宜温度的热处理可使镀层发生晶化，并析出 Ni_3P、Ni_2P 和 Ni_5P_2 等过渡相，提高镀层的硬度和耐磨性。

三、实验材料和仪器

1）实验材料

Q235 钢为待镀试样，尺寸为 30mm×20mm×2mm。在进行化学镀前，所有试片均依次经过切割、除油、除锈、打磨、水砂纸研磨、清洗、吹干等处理。

实验所需的化学药品，有 $NiSO_4 \cdot 7H_2O$、$NaH_2PO_2 \cdot H_2O$、$NaC_2H_3O_2 \cdot 3H_2O$、$Na_3C_6H_5O_7 \cdot 2H_2O$、$Na_3C_2H_3O_3$、$C_4H_6O_5$、$C_4H_6O_4$、$C_3H_6O_3$、$C_2H_6O_2$、$NiCl_2 \cdot 6H_2O$、$NH_4Cl$、$Na_3BO_3 \cdot 10H_2O$、$(NH_4)_3C_6H_5O_7$、$Na_4P_2O_7 \cdot 10H_2O$、氨水、琥珀酸乙辛磺酸钠、$Na_3C_6H_5O_7 \cdot 2H_2O$ 等。

2）实验仪器

（1）恒温磁力加热搅拌器 1 台。

（2）千分尺 1 个。

（3）分析天平 1 台。

（4）温度计和计时器各 1 个。

（5）烧杯 4 个。

（6）盐雾试验箱 1 台。

（7）金相显微镜 1 台。

（8）X 射线衍射仪 1 台。

（9）扫描电子显微镜 1 台。

四、实验步骤

（1）选取表 4-12、表 4-13 和表 4-14 中的合适配方，计算所需的化学药品用量。用 30％的蒸馏水溶解镍盐，并用适量蒸馏水分别溶解药品。在磁力搅拌下，将络合剂（乳酸、苹果酸、琥珀酸等）和缓冲剂（醋酸钠、硼酸等）溶液相互混合，然后将镍盐溶液加入并充分搅拌。在搅拌状态下，加入除还原剂外的其他溶液；接着在剧烈搅拌下，将次亚磷酸钠（还原剂）加入溶液中。用蒸馏水稀释至规定体积，再用酸或氨水调节至要求的 pH。

（2）将镀液放入恒温水浴中，加热镀液至规定温度。把碳钢试件放入镀液中，施镀一定时间（30min、60min、90min）后取出镀件，用冷水清洗 2min 并吹干。

（3）利用千分尺和分析天平测量施镀前后试样的厚度和质量变化，从而计算镀层的厚度；或将施镀后试样的剖面做成金相试样，用金相显微镜测量镀层的厚度。

（4）利用扫描电子显微镜观察和测量镀层的表面形貌和成分；并用 X 射线衍射分析镀层的物相组成。

（5）对化学镀镍层进行不同温度（如 200℃、400℃、600℃）的热处理，然后分别观察和测定镀层的形貌、成分和结构。

（6）将化学镀镍层放入到 35℃、盐雾沉降量 1～2mL/(h·80cm²)、试液为 5％NaCl 的盐雾试验箱中进行盐雾实验，观察并记录化学镀镍层开始腐蚀的时间，比较化学镀层的耐蚀性。

五、实验结果处理

（1）测量电镀前后化学镀镍层的质量和厚度变化，并计算化学镀镍层的厚度。

（2）测量化学镀镍层的形貌、成分和结构，并分析热处理温度对镀层形貌、成分和结构的影响。

（3）比较不同镀液下化学镀镍层的耐蚀性。

六、思考题

（1）化学镀为什么不需外加电流就能施镀？

（2）影响化学镀的因素有哪些？采用何种方法加以调整？

（3）根据试验结果分析热处理对试样组织和性能的影响。

实验三十二 热浸镀锌实验

一、实验目的

（1）掌握热浸镀的工作原理和操作方法。

（2）利用热浸镀技术在钢铁表面制备锌镀层。

二、实验原理

将被镀金属材料浸于熔点较低的其他液态金属或合金中进行镀层的方法，称为热浸镀。被镀的金属材料，一般为钢、铸铁及不锈钢等。用于镀层的低熔点金属有锌、铝、铅、锡及其合金。

由于锌的电化学特性，对钢基体有牺牲阳极的保护作用，因而热浸镀锌层具有良好的耐大气腐蚀性能，而且价格低廉，因此广泛用做钢材的保护镀层。

在钢材热镀锌时，锌液与钢材表面相接触，会发生锌液对钢材的浸润、铁的溶解、铁原子与锌原子间的化学反应及相互扩散等物理化学过程，从而形成由基体依次向外表面的 Γ 相(Fe_3Zn_{10})、δ_1 相($FeZn_7$)、ζ 相($FeZn_{13}$)和 η 相(纯锌)等合金层，如图 4.17 所示。当

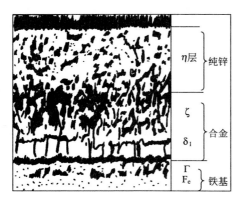

图 4.17　钢基体上热浸镀锌层的显微结构

然，不同的锌液成分、镀锌温度、时间会对合金层的组成有很大的影响，进而影响镀层的结合力、硬度和耐蚀性等。

从工艺方法看，热镀锌可分为还原法和熔剂法两大类。氢气还原法多用于钢带的连续镀锌，其主要特点是在进入镀锌锅浸镀前需要经过 H_2 还原炉进行还原以除去钢表面的氧化膜，然后再进行浸镀。而熔剂法主要用于钢丝、钢管和钢结构件的浸镀，其特点是在浸入镀锅之前，先在净化的钢表面上涂一层熔剂，以保护钢表面不被氧化。常用热浸镀用熔剂的配方及工艺条件见表 4 - 15。按熔剂的处理方式，熔剂法又细分为干法和湿法。湿法是将酸洗净的钢材浸涂水熔剂后，不经烘干直接浸入熔融金属中热镀，但需在液体的金属表面覆盖一层熔融的熔剂；而干法是在浸涂水熔剂后经烘干除去水分，然后再浸镀。由于干法工艺简单、镀层质量好，目前钢结构件热镀锌均采用干法，湿法趋于淘汰。

表 4 - 15　常用热浸镀用熔剂的配方及工艺条件

镀层金属	湿　法	干　法
锌	(1) NH_4Cl (2) $ZnCl_2 \cdot 3NH_4Cl$ 复盐 350~450℃熔融状态	(1) 10% $ZnCl_2 \cdot 3NH_4Cl$ 溶液 (2) 600g/L $ZnCl_2$ +80g/L NH_4Cl 70~80℃浸 1~2min
铝	(1) 40%NaCl＋40%KCl＋12%Na_3AlF_6＋8%AlF_3 (2) 35%NaCl＋35%KCl＋20%$ZnCl_2$＋10% Na_3AlF_6 660~700℃熔融状态	(1) K_2ZrO_6 饱和溶液 (2) 5%$Na_2B_4O_7$＋1%NH_4Cl 80~90℃浸 2~3min
铅	90%$ZnCl_2$＋10%$SnCl_2$ 330~350℃熔融状态	90%$ZnCl_2$＋10%NH_4Cl 饱和溶液 70~80℃浸 1~2min
锡	95%$ZnCl_2$＋5%NH_4Cl 230~250℃熔融状态	90%$ZnCl_2$＋10%NH_4Cl 饱和溶液 80~100℃浸 1~3min

之后，将经熔剂处理后的钢材浸入到熔融的镀层金属中进行热浸镀。经过被镀金属与镀层金属的反应与扩散，便在钢材表面形成合金层。随后，将钢材从熔融金属中取出，经水冷后便形成光亮的热浸镀锌层。

三、实验材料和仪器

1) 实验材料

Q235 钢为待镀试样，尺寸为 30mm×20mm×2mm。在进行热浸镀前，所有试片均依次经过切割、除油、除锈、打磨、水砂纸研磨、清洗、吹干等处理。

实验所需的材料和化学药品，还有纯度为 99.99% 的锌锭及 NH_4Cl、$ZnCl_2$ 等。

2）实验仪器

（1）立式电阻炉 1 台（3kW）。

（2）电热干燥箱 1 台。

（3）研磨抛光机 1 台。

（4）金相显微镜 1 台。

（5）盐雾试验箱 1 台。

（6）千分尺 1 个。

（7）分析天平 1 台。

（8）石墨坩埚 1 个。

（9）X 射线衍射仪 1 台。

（10）扫描电子显微镜 1 台。

四、实验步骤

（1）将经过碱洗、酸洗、吹干处理后的碳钢试样放入到 70～80℃ 的 600g/L $ZnCl_2$ ＋80g/L NH_4Cl 溶液中浸泡 1～2min，然后再放入到 180～200℃ 的电热干燥箱中烘10～20min。

（2）将锌锭放入到石墨坩埚中，并利用电阻炉进行加热至 450～470℃，使锌锭熔化。然后将浸有熔剂的碳钢试样放入石墨坩埚中浸镀 1～10min。

（3）将浸镀试样取出，并用冷水冷却至室温。利用千分尺和分析天平测量试样浸镀前后的尺寸和质量变化，计算镀锌层的厚度。

（4）对浸镀试样进行封装、研磨、抛光和浸蚀，利用金相显微镜和扫描电子显微镜观察与测定试样的剖面形貌、显微组织和成分变化。

（5）利用 X 射线衍射仪测定锌镀层的物相组成。

（6）将热浸锌镀层放入到 35℃、盐雾沉降量 1～2mL/（h・80cm²）、试液为 5% NaCl的盐雾试验箱中进行盐雾实验，观察并记录锌镀层表面开始腐蚀的时间，并比较不同温度、浸镀时间下锌镀层的耐蚀性。

五、实验结果处理

（1）测量浸镀前后试样的质量和尺寸变化，并计算锌镀层的厚度。

（2）测定热浸锌镀层的形貌、成分和结构，并分析浸镀温度、时间对镀层形貌、成分和结构的影响。

（3）比较不同工艺下锌镀层的耐蚀性。

六、思考题

（1）试从 Fe‐Zn 合金相图出发，分析热浸锌镀层的组织变化规律。

（2）在实施热浸镀之前，为什么要对试样进行浸涂熔剂处理？

（3）根据试验结果分析影响热浸锌镀层组织和性能的因素，并考虑如何加以调整。

实验三十三　机械能助渗铝实验

一、实验目的

(1) 掌握机械能助渗的工作原理和操作方法。

(2) 利用机械助渗技术在钢铁表面制备出渗铝层。

二、实验原理

化学热处理是将工件置于适当的活性介质中加热，使活性原子或离子通过吸附、扩散渗入工件表面，以改变其表面化学成分和组织，从而获得所需要性能的表面处理工艺。由于表面化学热处理具有结合强度高、渗层深度可控、成本低、对工件尺寸和形状限制小等优点，而在机械、石油化工、交通运输、冶金等行业得到广泛的应用，是仅次于涂装和电镀技术的、应用最为广泛的表面改性技术。

按渗入元素的种类，化学热处理可分为渗非金属(C、N、B、S 等)和渗金属(Al、Cr、Si、V 等)两大类；按渗入介质的物理状态，可分为固体渗、液体渗、气体渗和等离子渗等四类。

钢铁表面渗铝是指通过粉末法、气体法或料浆法等方法，使铝扩散到钢铁表面、以提高其热稳定性、耐磨性和耐蚀性的化学热处理技术。其中的固体粉末渗铝法由于具有原料利用率高、成本低、渗层深度可控、设备简单、操作方便等优点，而在工业生产中得到普遍应用。

固体粉末渗铝方法，是将渗铝工件包埋在由铝粉(提供铝原子的原料)＋氧化铝(起稀释填充、防黏结作用)＋氯化铵(活化催渗作用)组成的粉末渗铝剂中，然后加热到 $850 \sim 950\,^{\circ}\mathrm{C}$ 并保温 $4 \sim 5\mathrm{h}$，从而可获得厚度为 $50 \sim 400\,\mu\mathrm{m}$ 的渗铝层。

渗铝的过程和机理如下：

(1) 催渗剂氯化铵在高温下发生分解，并产生活性铝原子。化学反应过程为：

活化剂分解　$NH_4Cl \longrightarrow NH_3 + HCl$

铝粉表面反应　$6HCl + 2Al \longrightarrow 2AlCl_3 + 3H_2 \uparrow$

工件表面产生活性原子　$AlCl_3 + Fe \longrightarrow FeCl_3 + [Al]$

(2) 生成的活性铝原子被工件表面吸附。

(3) 活性铝原子向工件内部扩散，形成铝在铁中的 α 固溶体及 Fe_3Al、$FeAl$、$FeAl_2$、Fe_2Al_5 或 $FeAl_3$ 等的 Fe-Al 金属间化合物。

机械能助渗技术，是 20 世纪 90 年代我国在固体粉末渗方法的基础上发展起来的一项表面处理新技术。其基本原理是利用运动的粉末粒子冲击被加热的工件表面，粒子的运动(机械能)激活表面点阵原子形成空位，降低了扩散激活能，将纯热扩散的点阵扩散变为点阵缺陷扩散，从而可大幅度降低扩散温度，明显缩短扩散时间。因而机械能助渗方法使得渗金属过程更容易进行，并具有节能的效果，且在渗 Zn、Al、Cu、Si、Mn 等中得到广泛应用。例如，传统的渗铝工艺需要在 $1000\,^{\circ}\mathrm{C}$ 保温 $10\mathrm{h}$，而采用机械能渗铝技术后渗铝温度可降低到 $560 \sim 650\,^{\circ}\mathrm{C}$、保温时间减少到 $4\mathrm{h}$ 左右。

三、实验材料和仪器

1）实验材料

Q235 钢为待渗试样，尺寸为 30mm×20mm×2mm。在进行渗铝前，所有试片均依次经过切割、除油、除锈、打磨、水砂纸研磨、清洗、吹干等处理。

实验所需的化学药品，有分析纯的铝粉、氧化铝、氯化铵、氯化钠等。渗铝的渗剂由铝粉、氧化铝和氯化铵组成，其配比为 $Al：Al_2O_3：NH_4Cl＝49：49：2$。

2）实验仪器

（1）机械能助渗装置 1 台(5kW)。

（2）研磨抛光机 1 台。

（3）金相显微镜 1 台。

（4）分析天平 1 台。

（5）显微硬度计 1 台。

（6）扫描电子显微镜 1 台。

（7）X 射线衍射仪 1 台。

（8）高温加热炉 1 台。

（9）石英坩埚 1 个。

（10）电化学工作站 1 台。

机械能助渗的实验装置如图 4.18 所示。

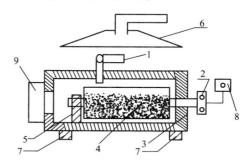

图 4.18 机械能助渗的实验装置图
1—热电偶；2—电动机；3—箱式炉；
4—滚筒；5—支架；6—排风装置；
7—底座；8—调速器；9—炉门

四、实验步骤

（1）将经过碱洗、酸洗、吹干处理后的碳钢试样放入到搅拌均匀、装有渗剂的滚筒中；然后启动电炉加热至 400～700℃，并开启电动机使滚筒以 1～10r/min 速度转动。

（2）在 400～700℃、转动速度 1～10r/min 的条件下，保温 1～5h 后，关闭电炉和电动机使试样降温。

（3）试样冷却至室温后，将滚筒打开，取出试样。

（4）对渗铝试样进行封装、研磨、抛光和浸蚀，利用金相显微镜、扫描电子显微镜和显微硬度计观察与测定试样的剖面形貌、显微组织、成分和硬度变化。

（5）利用 X 射线衍射仪测定渗铝层的物相组成。

（6）将渗铝前后的碳钢试样分别放入到 600～1000℃的高温加热炉中进行 1～4h 的高温氧化实验，并利用分析天平称量氧化前后的质量变化，从而评价渗铝钢的抗氧化性能。

（7）以铂丝为辅助电极、饱和甘汞电极为参比电极、渗铝钢为工作电极，利用PARSTAT2273 电化学工作站测定渗铝前后的碳钢试样在室温、3.5％NaCl 溶液中的电化学阻抗谱，进而评价渗铝钢的耐蚀性。

五、实验结果处理

（1）观察并测定渗铝层的剖面形貌、厚度、显微组织、成分、结构和硬度变化。

（2）测定不同渗铝温度、渗铝时间、转动速度等条件下渗铝钢的抗氧化性能。

（3）测定不同渗铝温度、渗铝时间、转动速度等条件下渗铝钢的耐蚀性能，进而优化机械能渗铝的工艺。

六、思考题

（1）试从 Fe‑Al 合金相图出发，分析渗铝层的组织变化规律。
（2）渗剂由哪几部分组成？分析各自的作用。
（3）根据试验结果分析影响渗铝层组织和性能的因素，并考虑如何加以调整。
（4）试通过实验课后查找文献资料，分析机械能在渗铝过程中的作用。

实验三十四　等离子喷涂纳米陶瓷涂层实验

一、实验目的

（1）了解等离子喷涂的基本原理及工艺特点。
（2）熟悉形成等离子喷涂层的过程，掌握等离子喷涂的操作流程。
（3）掌握等离子喷涂纳米涂层厚度、结构和耐蚀性能的测定与评价方法。

二、实验原理

1）等离子喷涂原理

等离子喷涂是将粉末送入惰性气体电离产生的高温等离子弧中（温度达 10000℃以上）熔化后，高速喷射到预先处理好的零件表面上形成涂层的工艺方法。它具有生产效率高、制备的涂层质量好、喷涂的材料范围广等优点。因此近几十年来，其技术进步和生产应用发展很快，已成为热喷涂技术的最重要组成部分。

等离子喷涂的原理如图 4.19 所示。左侧是等离子发生器又称为等离子喷枪，在阴极与接电源正极的喷嘴（阳极）之间形成了等离子弧。工作气体（氢、氮、氩、氦气）通过阴极和喷嘴之间的电弧被加热，使之全部或部分电离，并从喷嘴喷出形成等离子射流。等离子喷涂正是利用具有高温和高速的等离子流为热源，将送粉气体送入的喷涂粉末加热到熔融和软化状态，并在高速等离子射流的引导下，高速冲击到工件表面，再经淬冷凝固后，与工件表面结合形成涂层。由于等离子喷射的微粒子速度和加热温度都比火焰喷涂高，因而其涂层的孔隙率低、与基体结合强度高。另外，等离子喷涂传送给基体材料的热量少，可防止基体氧化和过热。

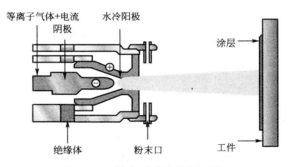

图 4.19　等离子喷涂的原理图

根据送粉方式的不同，可分为内送粉和外送粉。内送粉所需的功率较小，但粉末容易附着与堆积在喷嘴端部；外送粉则等离子弧易产生湍流，不易控制。

根据粉末或线材是否引出喷嘴，可分为转移弧和非转移弧。采用转移弧时，所形成的涂层与基体形成完全的冶金结合，但基体受热影响大，易产生变形。采用非转移弧时，基体受热影响小，不易产生变形，所喷涂层与基体之间形成机械结合。由于等离子喷涂能产生特别高的温度，所以能喷涂任何一种可熔材料。

2）等离子喷涂设备

等离子喷涂设备，常由喷枪、电源柜（整流柜）、控制柜（控制水、电、气等参数）、送粉器、热交换器（循环水冷却）及其附属设备（抽风柜、喷砂机、零件卡具、计算机程控系统）组成。另外，真空等离子喷涂还需要真空室等。

等离子喷涂设备的种类很多，按工作电离介质分为惰性气体（氮气、氩气、氦气）、空气和水等稳定介质；按喷涂环境，可分为大气气氛、保护气氛、低真空和水下等；按设备操作方式，有手动操作、半自动操作、计算机程序化操作等；按设备固定方式，分为固定式及可移动式；按粉末喷射速度，可分为常规等离子喷涂和超音速等离子喷涂等；按功率，可分为 20kW、40kW、60kW、80kW、120kW 和 200kW 等。

3）等离子喷涂工艺特点

与其他热喷涂技术相比，等离子喷涂技术具有以下特点：

（1）零件不发生变形，从而基体金属的热处理性质不改变。因为在喷涂过程中零件不带电，基体金属不会熔化，所以即使很高的等离子焰流温度，如果工艺使用合适，零件温度不超过 200℃，就不会发生零件的变形。

（2）多种涂层。在较高的等离子焰流温度下，热量比较集中，各种喷涂材料均能够加热直至熔融状态，陶瓷等难熔材料非常适用于等离子喷涂。

（3）工艺非常稳定，涂层质量高。在等离子喷涂过程中，熔融状态颗粒的飞行速度远比氧-乙炔焰粉末喷涂时（20～45m/s）高，可达 180～480m/s，因此可以得到致密的涂层。

（4）涂层经过喷涂后比较平整、光滑，而且涂层厚度可以精确控制。所以，可直接采用精加工工序对涂层进行切削加工。

4）等离子喷涂层结构

等离子喷涂层的形成过程，首先是喷涂材料经过加热熔化（软化）和加速，接着是撞击基体，进而冷却凝固形成涂层。熔融的颗粒与喷涂工作气体及周围空气在喷涂过程中发生化学反应，进而喷涂后使喷涂材料出现其氧化物，一部分孔隙或空洞由于颗粒的陆续堆叠与部分颗粒的反弹散失，不可避免地存在于颗粒与颗粒之间。所以变形颗粒、气孔与氧化物夹杂组成了喷涂层，如图 4.20 所示。另外，由于在喷涂过程中，通常一个粉末粒子被加热加速喷射到基体上，其凝固时间大约是另一个粉粒到达同一点时间的 10^{-6} 倍，这样可以认为每个粉粒的碰撞、结晶和冷却是相互独立的，因而各粉粒形成饼状薄片，相互叠压形成层状涂层。

随着热喷涂技术的不断发展，高速、高温热

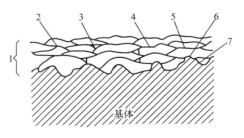

图 4.20　等离子喷涂涂层的结构示意图

1—涂层；2—氧化物夹杂；3—孔隙或空洞；
4—颗粒间的粘结；5—变形颗粒；
6—基体；7—涂层与基体接合面

源及自熔合金的出现，人们发现在涂层与基材之间有微扩散现象，即在微区有显微冶金结合，并发现洁净的活化基材表面对涂层的结合强度有重要影响。目前，比较一致的看法是以机械结合为主，除此之外还有化学冶金结合。

（1）机械结合。

因为基材表面凹凸不平，当基材表面被熔化（软化）的喷涂粒子以一定的温度和速度撞击并经过净化和粗化处理后，基材表面纵横交错的沟槽填满了变形的粒子。再经过冷凝收缩的颗粒与基材表面的凹凸处机械咬合在一起，形成了机械结合，这就是人们所说的"抛锚效应"。

（2）金属键结合。

粉末粒子的原子与基材原子在表面原子达到晶格常数范围的情况下，会产生金属键的结合力。金属键的产生必须具备两个条件：一是表面非常干净；二是原子之间的距离要保持在晶格常数以内。

（3）微扩散结合。

微小的扩散，会在喷涂粒子与基材接触时产生的冲撞变形、高温等条件下发生。例如，在钢材表面进行镍铝复合粉末喷涂时，人们发现在界面处存在着一层既不同于基材也不同于喷涂材料的 Ni-Al-Fe 结合层，厚度可达几个微米。

（4）显微冶金结合。

在对放热型复合粉末进行喷涂时，可能由于较高的接触面温度使局部基材发生熔化而产生微连接。目前，除了打底层使用的放热型粉末之外，还出现了一种喷涂粉末，可以自粘结一次性结合，而且能够使颗粒之间及基材与颗粒之间形成显微的冶金结合。

5）Al_2O_3 - TiO_2 纳米涂层

由于等离子喷涂 Al_2O_3 - 13％TiO_2 纳米涂层具有完全熔化区和部分熔化区的双重组织结构，因而比常规微米涂层具有更好的耐磨性、耐腐蚀性、结合强度和韧性。于是利用纳米 Al_2O_3 - 13％TiO_2 团聚粉末制备纳米涂层，具有极广泛的应用前景，引起了国内外热喷涂工作者的广泛关注。

三、实验材料和仪器

1）实验材料

基体材料为 H13 模具钢，使用线切割机加工成 $30mm \times 20mm \times 10mm$ 的试样，并对待喷涂表面进行磨削加工处理。涂层材料为常规 Al_2O_3 - 13％（质量分数）TiO_2 粉末（简称AT13，粒度 $15 \sim 45\mu m$）和纳米团聚 Al_2O_3 - 13％ TiO_2 粉末（简称 n - AT13，团聚体尺寸分布范围 $10 \sim 50\mu m$，其原始纳米粒子为 $30 \sim 80nm$）。

涂层耐蚀性的试液为 3.5％NaCl 溶液，实验温度为室温。

2）实验仪器

（1）3710 等离子喷涂系统 1 套，该系统由 SG - 100 等离子喷枪、3710 型控制柜、1264 型送粉器、AMS3265 型制冷热交换器、PS - 100 型等离子喷涂电源等组成。喷涂机械 X、Y 轴的移动距离由控制台来调节，试样工作台（工装设备）为圆盘旋转型装置。送粉方式采用枪外送粉。室内涂层粉末使用除尘器清除。

（2）电化学工作站 1 台。

（3）金相显微镜、扫描电子显微镜和 X 射线衍射仪各 1 台。

（4）千分尺1把。

四、实验步骤

1）基体预处理

首先利用超声波清洗仪和丙酮溶液对试样进行清洗，清洗条件为40～60℃、10min。然后，采用30目的石英砂对试样进行喷砂处理，喷砂压力为0.4MPa。基体在喷砂处理后，半小时之内要进行喷涂，以免裸露基体的氧化。

2）粉末准备

在等离子喷涂试样之前，等离子喷涂粉末先要放到送粉器中加热30min左右，温度控制在50～70℃，以干燥粉末，从而减少在喷涂时因为水蒸气而带来的影响。

3）喷涂操作

（1）操作台设定。

① 首先确保配电柜上相应开关闭合供电。开启操作台急停按钮给操作台供电。

② 禁止一个人操作设备。设置路径时需一人调试行走路径，一人观察。人在喷涂房时禁止开启除尘。每次进入需按除尘停止按钮。

③ 将喷砂加工后的工件放置或夹持在变位机工作台上。

④ 根据需要设定变位机的倾斜度、旋转方向和速度。

⑤ 通过触摸屏设定喷枪行走途径、行走速度和次数。设定时，需解除对X、Y轴的锁定。

⑥ 空走验证路径的正确。

⑦ 人员离开喷涂房后关闭房门，开启除尘，待通过等离子喷涂控制柜调整火焰和送粉后运行操作台，进行喷涂。

⑧ 喷涂完成后关闭操作台，断电。

（2）3710控制柜的设定。

① 确保打开空气压缩机，给冷水机、3710电源、HPS100合闸供电。

② 打开3710控制器排气球阀（绿色管，黄色阀柄），"排气"灯亮。5～8min后，"排气完成灯"亮。

③ 打开气瓶，调节压力到200psi[①]左右（氢气可以小点，100psi左右）。检查管路是否漏气。

④ 开启控制柜上急停按钮。按3710控制器或ESTOP上的RESET钮，RESET灯亮。按下主控按钮的绿色钮，HPS100的主接触器吸合，风扇运转。

⑤ 按下冷水机按钮，冷水机运行（水压在100～150psi，水流量在6～9gpm[②]）正常后按钮灯亮，HF2200高频发生器风扇运转。检查喷枪、水管是否漏水（尤其在拆枪之后）。

⑥ 通过PC100确认起弧电流在200A左右，设定辅气加入时的电流在400A左右，设定极限电流在参数值+50A左右。

⑦ 按下主气按钮，调节主气到工艺值（必须大于40psi），检查有无气体从喷枪喷出。

⑧ 按下载气按钮，调节载气到工艺值（必须大于25psi）。

---

① 1psi≈$6.895×10^3$Pa，后同。

② 1gpm≈$0.227m^3/h$，后同。

⑨ 按下直流电源输出按钮，注意空载电压在 115V 左右（必须大于 90V）。

⑩ 按下起弧按钮并保持几秒钟，正常起弧。

⑪ 调节电流到 400A，按下辅气按钮，同时缓慢地调节到电流、电压工艺值。

⑫ 按下送粉按钮，注意送粉器转速是否在工艺值。待喷枪口有稳定粉末送出后，起动行走机构运行。根据需要，决定是否打开冷却气体阀。

（3）结束喷涂。

① 再按一下 3710 控制柜上的送粉按钮，停止送粉。

② 待喷枪没有粉出来后，同时缓慢地调节电流到 400A、辅气为 0，再继续调电流到 200A 左右。

③ 再按一下直流电源输出按钮，喷枪灭弧。

④ 待 10s 左右，调节主气、载气到 0，再分别按一下主气、载气按钮。

⑤ 待 1min 左右，再按一下冷水机按钮，停冷水机。

⑥ 按下主控按钮的红色钮，HPS100 主接触器分开。

（4）收工。

① 倒出粉罐中的剩余粉末。

② 关闭气瓶，排放管路中的剩余气体，关除尘器。

③ 切断冷水机、HPS100、3710 控制器、行走机构、空压机电源。

④ 关闭压缩空气。

4）喷涂工艺参数优化

等离子喷涂实验时，可选定喷涂距离、主气流量、送粉量、电源功率等四个工艺参数进行正交试验，正交试验表见表 4－16。辅气流量随喷涂功率、主气流量的改变而改变，其他工艺参数选定为喷枪移动速度 200mm/s，步距 3mm，喷涂行程次数 10 次，主气和载气采用氩气，辅气为氢气。

表 4－16　等离子喷涂涂层的正交试验设计与涂层厚度、耐蚀性

试验号	喷涂距离/mm	主气流量/psi	送粉量/(g/min)	电源功率/kW	涂层厚度/mm	自腐蚀电位/V_{SCE}	腐蚀电流密度/($\mu A/cm^2$)
1	90	50	30	28			
2	100	50	20	25			
3	110	50	25	30			
4	90	55	25	25			
5	100	55	30	30			
6	110	55	20	28			
7	90	60	20	30			
8	100	60	25	28			
9	110	60	30	25			

5）涂层厚度、组织和物相分析

（1）采用千分尺测定 9 种实验条件下等离子喷涂涂层的厚度，并填入表 4－16。

（2）利用金相显微镜和扫描电子显微镜观察 9 种实验条件下涂层的表面和剖面形貌。

（3）利用 X 射线衍射仪分析 9 种实验条件下等离子涂层的物相组成。

6）涂层耐蚀性测试

把涂层试样的非喷涂面用环氧树脂封住，以饱和甘汞电极为参比电极、铂丝为辅助电极，采用 CHI660C 电化学测试系统测试涂层试样在 3.5% NaCl 腐蚀溶液中的极化曲线和电化阻抗谱，并将涂层的自腐蚀电位和腐蚀电流密度填入表 4 - 16。

7）常规与纳米团聚 Al_2O_3 - 13% TiO_2 粉末涂层的比较

分别采用常规 Al_2O_3 - 13% TiO_2 粉末和纳米团聚 Al_2O_3 - 13% TiO_2 粉末，重复步骤 1～步骤 6 的实验内容，比较两种粉末涂层性能的差别。

五、实验注意事项

（1）实验进行过程中，工作人员应佩戴口罩，防止吸入粉末等灰尘。

（2）避免高温下使用设备，否则会烧损机器。

（3）在实验过程中，出现异常现象应先关闭设备电源，在设备稳定后取出试样。

（4）实验结束后，关闭设备电源及气瓶。

六、实验结果处理

（1）观察测定等离子涂层的表面和剖面形貌，确定涂层的物相组成。

（2）分别以涂层厚度、腐蚀电位和腐蚀电流密度为评价指标，利用极差分析方法对表 4 - 16 的实验数据进行极差分析，求得喷涂距离、主气流量、送粉量、电源功率的最佳水平参数及对涂层厚度、腐蚀电位和腐蚀电流密度的最大影响因素。

（3）对比分析常规 Al_2O_3～13% TiO_2 粉末涂层与纳米团聚 Al_2O_3 - 13% TiO_2 粉末涂层厚度、组织和耐蚀性能的差异，并讨论其形成原因。

七、思考题

（1）与火焰喷涂相比，等离子喷涂有何特点？

（2）影响等离子喷涂的主要参数有哪些？

（3）等离子喷涂工艺参数对涂层的厚度、组织和耐腐蚀性能有何影响？

实验三十五　不锈钢堆焊实验

一、实验目的

（1）掌握堆焊技术的原理和工艺特点。

（2）掌握并分析影响堆焊件耐蚀性能的因素。

（3）了解不锈钢堆焊技术的应用。

二、实验原理

1）堆焊原理

堆焊是指将具有一定使用性能的材料借助一定的热源手段熔覆在基材表面，使母材具有特殊使用性能或使零件恢复原有形状尺寸的工艺方法。因此，堆焊既可用于修复材料的缺陷，也可用于强化材料或零件的表面，使材料具有新的性能如高的耐磨性、良好的耐蚀性等。

材料表面堆焊作为焊接技术的一个分支，是提高产品和设备性能、延长使用寿命的有效技术手段。随着科学技术的进步，各种产品、机械装备正向大型化、高效率、高参数的方向发展，对产品的可靠性和使用性能要求越来越高。堆焊的应用范围很广，遍及各种机械使用与制造部门，广泛用于汽车、拖拉机、冶金机械、矿山、煤矿机械、动力机械、石油、化工设备、建筑、运输设备及工具和模具制造和修理中（图4.21）。用它制造某些零件时，不仅可发挥零件的综合性技术性能和材料的工作潜力，还能节约大量的贵重金属。

图4.21 堆焊过程的实例图

从本质看，堆焊与一般焊接方法中的热过程、冶金过程及金属的凝固结晶与相变过程没有什么区别。但因为堆焊主要以获得特定性能的表层、发挥表面层金属性能为目的，所以堆焊工艺应该注意以下特点：

（1）根据技术要求合理地选择堆焊合金类型。被堆焊的金属种类繁多，所以堆焊前应首先分析零件的工作状况、确定零件的材质；然后再根据具体的情况选择堆焊合金系统。只有这样，才能得到符合技术要求的表面堆焊层。

（2）以降低稀释率为原则，选定堆焊方法。由于零件的基体大多是低碳钢或低合金钢，而表面堆焊层所含的合金元素较多。因此，为得到良好的堆焊层，就必须减小母材向焊缝金属的熔入量（即稀释率）。

（3）堆焊层与基体金属间应有相近的性能。通常，由于堆焊层与基体的化学成分差别很大，为防止堆焊层与基体间在堆焊、焊后热处理及使用过程中产生较大的热应力与组织应力，要求堆焊层与基体的热膨胀系数和相变温度最好接近，否则容易造成堆焊层开裂及剥离。

（4）提高生产率。由于堆焊零件的数量繁多、堆焊金属量大，所以应该研发和应用生产率较高的堆焊工艺。

总之，堆焊作为材料表面改性的一种经济而快速的工艺方法，越来越广泛地应用于各个工业部门零件的制造修复中。为了最有效地发挥堆焊层的作用，希望采用的堆焊方法有较小的母材稀释、较高的熔敷速度和优良的堆焊层性能，即优质、高效、低稀释率的堆焊技术。只有全面考虑上述特点，才能在工程实践中正确选择堆焊合金系统与堆焊工艺，获得符合技术要求、经济性好的表面堆焊层。

2）堆焊应用

堆焊工艺是焊接领域中的一个重要分支，它在矿山、电站、冶金、车辆、农机等工业部门的零件修复和制造中都有广泛的应用。其主要用途有以下两个方面：

（1）零件修复。由于零件常因为腐蚀、磨损而失效，如石油钻头、挖掘机齿等，可以选择合适的堆焊材料对其进行修复，使其恢复尺寸和进一步提高其性能。而且用堆焊技术进行修复比制造新零件的费用低很多，使用寿命也较长，因此堆焊技术在零件修复中得到广泛应用。

（2）零件制造。堆焊工艺可以采用不同的基体，在这些基体上使用不同的堆焊材料使表面达到所需要的性能，如耐磨性、耐蚀性、耐热性等。利用这一工艺，不仅能保证零件的使用寿命而且还避免了贵金属的消耗，使设备的成本降低。

3）堆焊金属的使用性能

不同的工作条件要求堆焊金属要有不同的使用性能，其主要的使用性能包括耐磨性、耐蚀性、耐高温性和耐气蚀性等。

（1）耐磨性。磨损是材料在使用过程中表面被液体、气体或固体的机械或化学作用引起的破坏现象。磨损是一个很复杂的微观破坏过程，它是金属材料本身与它相互作用的材料及工作环境综合作用的结果。按失效机理，磨损可分为粘着磨损、磨料磨损、腐蚀磨损、疲劳磨损和微动磨损等五种类型。常用的堆焊材料，有高合金钢、合金铸铁、硬质合金等堆焊材料。

（2）耐蚀性。金属与环境介质发生化学或电化学作用引起的破坏和失效现象，称为金属的腐蚀。腐蚀按机理，可分为化学腐蚀和电化学腐蚀两种。化学腐蚀是金属直接与介质发生作用而形成的，电化学腐蚀是金属与电解液溶池接触产生原电池作用而形成的。提高金属的耐蚀性是这一类堆焊的主要任务。常用的堆焊材料如铜基、镍基、钴基合金和镍铬奥氏体不锈钢等。

（3）耐高温性。金属在高温下工作，因氧化而形成破坏；高温下长期工作因蠕变而形成破坏，组织因回火或相变而软化，反复加热和冷却引起疲劳裂纹等，这些都是因高温而引起的材料失效。因此为了提高材料的高温使用性能，应相应提高材料的抗氧化性、蠕变强度、热强度、热硬性、热疲劳等性能。常用的高温堆焊材料如镍基、钴基合金和高铬合金铸铁等。

（4）耐气蚀性。气蚀发生在零件与液体接触并有相对运动的条件下，在表面上不断发生气泡，在气泡随后破灭过程中液体对金属表面产生强烈的冲击力，如此反复作用，使金属表面产生疲劳而脱落，形成许多小坑（麻点）。小坑会成为液体介质的腐蚀源，特别是在其表面的保护膜遭到破坏后，情况更为严重，最后使表面成为泡沫海绵状。水轮机转轮叶片、船舶螺旋桨、水泵等都有可能发生气蚀。

4）堆焊方法及其选择

堆焊工艺，可选择熔焊、钎焊，也可以选择喷涂等焊接方法，其中熔焊方法所占的比例最大。随着生产的发展，常规的焊接方法往往不能满足堆焊工艺的要求，因此又出现了许多新的堆焊工艺方法，如等离子弧堆焊、激光堆焊等。

在选择应用堆焊方法时，应考虑几个问题：①堆焊层的性能和质量要求；②堆焊件的结构特点；③经济性。常见堆焊工艺的主要特点，见表4-17。

表4-17 常见堆焊工艺的主要特点

堆焊方法		稀释率/（%）	熔敷速度/（kg/h）	最小堆焊厚度/mm	熔敷效率/（%）
氧-乙炔焰堆焊	手工送丝	1～10	0.5～1.8	0.8	100
	自动送丝	1～10	0.5～6.8	0.8	100
	手工送丝	1～10	0.5～1.8	0.2	85～95
焊条电弧焊堆焊		10～20	0.5～5.4	3.2	65
钨极氩弧焊堆焊		10～20	0.5～4.5	2.4	98～100
埋弧堆焊	单丝	30～60	4.5～11.3	3.2	95
	多丝	15～25	11.3～27.2	4.8	95
	串联电弧	10～25	11.3～15.9	4.8	95
	单带极	10～20	12～36	3.0	95
	多带极	8～15	22～68	4.0	95
等离子弧堆焊	自动送丝	5～15	0.5～6.8	0.25	85～95
	手工送丝	5～15	0.5～3.6	2.4	98～100
	自动送丝	5～15	0.5～3.6	2.4	98～100
	双热丝	5～15	13～27	2.4	98～100

注：稀释率为单层堆焊结果。

三、实验材料和仪器

1）实验材料

实验采用焊条直径为4mm的A102、A132和A302不锈钢焊条在Q235钢上进行直接堆焊，其母材和焊条的化学成分见表4-18。堆焊前，焊条在烘干炉中250℃烘干，随焊随取。

腐蚀实验采用5% H_2SO_4 和5%HCl溶液，实验温度为室温。

表4-18 母材及焊条的化学成分

牌号	C	Mn	Si	Cr	S	Ni	P	Mo	Nb
Q235	0.14～0.22	0.30～0.65	≤0.30	—	≤0.50	—	≤0.045	—	—
A102	0.053	1.78	0.50	18.96	0.015	10.21	0.017	≤0.50	
A132	0.052	1.82	0.52	19.20	0.011	10.33	0.026	—	8C-1.0
A302	0.11	2.00	0.66	23.00	0.018	13.24	0.028	≤0.50	—

2) 实验仪器

实验采用 ZXG1－250 弧焊整流器，以同一规范双道堆焊而成。堆焊的工艺参数，见表 4－19。

表 4－19　堆焊的工艺参数

实验序号	焊条直径/mm	堆焊电流/A	堆焊电压/V	焊接速度/(mm/s)	焊后状态
1	4.0	120	25	10	空冷
2	4.0	130	25	10	空冷
3	4.0	140	25	10	空冷

四、实验步骤

1) 材料预处理

采用砂轮切割，将 Q235 钢板下料成 200mm×200mm，共 3 件，去毛刺后校平。焊前应严格清理焊件表面的铁锈及油污。将 A102 焊条放入 250℃烘干炉中保温 1h，随焊随取。

2) 焊接实验

采用焊条电弧堆焊方法，按照表 4－19 的堆焊工艺参数在 Q235 低碳钢母材上进行堆焊，堆焊层厚度控制在(3±1)mm。焊接过程中，要求采用连续焊以保证电弧稳定燃烧，使得堆焊层金属具有优良的性能。严格清理熔渣，避免产生夹杂。

3) 焊后取样

堆焊结束后，在堆焊试板上取样，堆焊层金属上表面成分试样要求在堆焊层最宽处切取，测试面积为 1cm^2。

4) 组织观察

对堆焊试样进行金相研磨、抛光和浸蚀，并利用金相显微镜观察堆焊试样的金相组织。

5) 腐蚀试验

将非堆焊面用环氧树脂封装，再对试样进行研磨、抛光处理。之后，用分析天平和游标卡尺测量试样的质量和面积。

将试样放入 5％ H_2SO_4 和 5％HCl 溶液中进行浸泡实验，48h 后取出、清洗、吹干后称重，进而用腐蚀前后的质量差计算堆焊试样的腐蚀速率(g/(m^2·h))。

实验结束后，利用扫描电子显微镜观察腐蚀后试样的表面形貌，分析其腐蚀特征和类型。更换焊条的种类和焊接电流，重复实验步骤(2)～步骤(5)，分析焊条种类和堆焊电流对耐蚀性的影响。

五、实验注意事项

(1) 焊接过程中应佩戴护目镜，要在教师的指导下操作，严禁私自使用。

(2) 在配置腐蚀溶液过程中，应佩戴手套，并将酸加入到水中，防止操作不当引起安全隐患。

(3) 实验结束后，关闭设备电源。

（4）清除焊缝焊渣时，要戴上眼镜，注意头部应避开敲击焊渣飞溅方向，以免刺伤眼睛，不能对着在场人员敲打焊渣。

六、实验结果处理

（1）观察堆焊试样的金相组织，并分析焊条种类和堆焊电流对试样组织结构的影响。

（2）观察测定堆焊试样的腐蚀速率和腐蚀形貌，并分析焊条种类和堆焊电流对腐蚀速率和腐蚀类型的影响。

（3）结合金相组织和腐蚀形貌特征，讨论影响不锈钢堆焊试样耐蚀性的因素和机理。

七、思考题

（1）简述堆焊的目的和特点，并指出选择堆焊方法和堆焊材料的具体原则。

（2）影响堆焊件耐蚀性能的主要因素有哪些？

实验三十六　涂料涂层的性能评价实验

一、实验目的

（1）了解涂料黏度和比重的意义及测试方法。

（2）了解涂料细度的意义，并掌握涂膜制备方法。

（3）了解涂层硬度和冲击强度的意义，并掌握其测定方法。

（4）了解涂层附着力的意义，并掌握其测定方法。

二、实验原理

涂料是一种涂覆于物体表面能形成连续致密、牢固附着于物体表面的固态干膜涂层的流体性（如液体、粉末）材料。或者说，涂料是形成涂层的原材料，而涂层是通过涂装工艺把涂料完整地覆盖于物体表面所形成的具有保护性、装饰性和特定功能（如防腐蚀、绝缘、标志等）的薄膜覆盖层。

涂料和涂层的性能，包括涂料的颜色与外观、密度、黏度、细度、遮盖力、干燥时间等，及涂层的厚度、密度、孔隙率、硬度、附着力、冲击强度、耐蚀性、耐磨性等。

1）涂料的黏度

在涂料生产中，可通过对黏度的测量来表示涂料及树脂聚合度和分子量大小。涂料的分子量太低会影响涂料的物理机械性能，但是分子量过高也会造成涂刷性和流平性差，不能使涂料充分发挥其保护和装饰作用。因此涂料生产中对涂料和树脂的熬炼必须严格控制，用规定的黏度范围来保证涂料中树脂的聚合度符合产品质量的要求，同时涂料施工中也要经常测定其黏度。

所谓黏度，就是液体分子间相互作用而产生阻碍其相互运动能力的度量，即液体流动的阻力，或称摩擦力。黏度的表示方法有：

（1）绝对黏度。通常以每单位面积上所受的力-剪切应力计算。对图 4.22 中液体在圆管中运动的情况，如某层液体质点的流速为 V，在极小垂直距离 dx 处的相邻层液体质点的流速为 $V+dV$，根据牛顿黏性定律，剪切应力可由式（4-11）决定：

$$\tau = \eta\left(\frac{dV}{dx}\right) \qquad (4-11)$$

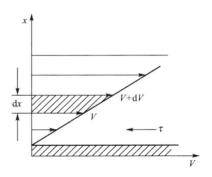

图 4.22　液体在圆管中的运动示意图

式中，τ 是二液层间的摩擦力，其方向与流动方向相反；η 为黏度或黏度系数，表示单位速度梯度下作用在单位面积流质层上的切应力、又称内摩擦因数；dV/dx 是与两层液体质点的流动方向垂直的速度梯度，或称剪切速率。从式（4-11）可知，黏度的定义为剪切应力与剪切速率之比：

$$\eta = \tau/(dV/dx) = \tau/r \qquad (4-12)$$

黏度的常用单位称为泊（g/cm·s），符号为 P[①]（或 dyn·s/cm²）或厘泊（1/100 泊），符号为 cP。

（2）黏度的其他表示方法。除绝对黏度外，涂料的黏度也可用运动黏度、相对黏度和条件黏度表示。其中运动黏度为绝对黏度与液体密度之比；相对黏度为液体的绝对黏度与同条件下标准液体的绝对黏度之比；而条件黏度是在一定温度下一定体积的液体从规定直径的孔流出所需的时间，以 s 为单位。

2）涂料的密度

涂料的密度是指涂料产品单位体积的质量，一般采用金属制的密度杯来测定涂料的密度。通过对涂料密度的测定，可以较快地核对连续几批产品混合后的均匀程度，了解产品装桶时的质量，并可以计算单位面积上涂料的耗用量等。

3）涂料的细度

在涂料组成中，除成膜物质及溶剂以外，还包括颜填料等添加物质。为便于施工和达到相关应用要求，细度是涂料性能的重要评价指标。涂料的细度，表示涂料中所含颜料在涂料中分散的程度，可通过刮板细度计进行测量。

4）涂层的制备

涂层的制备，是进行各种涂层检验的首要步骤。要正确评定涂层的性能（物理、机械、电气、耐化学、耐腐蚀等），首先必须制备均匀的、一定厚度的涂层试板。

由于涂料品种及实验表面的类型繁多，并没有统一的制备涂层方法，如有刷涂、喷涂、浸涂等。其实质都是为了将涂料均匀涂布于各种材料表面上，制成涂膜以检验涂膜的性能。本实验采用国家标准 GB 1727—1992 标准制备涂层，它适用于测定涂层一般性能的样板制备。

5）涂层的力学性能

涂料涂覆施工固化后，涂膜或者涂层的力学性能及附着力指标是涂层起到保护作用的基础。涂层的力学性能，包括硬度、冲击强度、附着力等指标。

硬度是表示涂层机械硬度的重要性能之一，其物理意义可以理解为涂层表面对作用其

---

① 　1P＝10^{-1}Pa·s。

上另一个硬度较大的物体所表现的阻力。目前涂层硬度的测试，有三种方法即摆杆硬度测定法、克利曼硬度测定法和铅笔硬度测定法。在本实验中，将采用摆杆硬度测定法对涂层的硬度进行测定；该方法的优点是灵敏度比较高，对涂层是非破坏性的测定。

冲击强度是测试涂层受高速度负荷作用下的变形程度，使用的仪器是冲击实验器。在实验中，以一千克的重锤落在涂层上，用以不引起涂层破坏的最大高度来表示，单位是kg·cm。

附着力是涂层的最主要的性能之一。所谓附着力，是指涂层与被涂物因表面物理和化学力的作用结合在一起的坚牢程度。根据吸着学说，这种附着强度的产生是由于涂层中聚合物的极性基团（如羟基或羧基）与被涂物表面极性基团相互结合所致，因此影响附着力大小的因素很多，如表面污染、有水等。目前测附着力的方法，可分为切痕法、剥离法和划圈法三类。在本实验中，将采用较为普遍使用的划圈法进行测定，此方法已列入漆层检验标准（GB 1720—1979），按螺纹线划痕范围中的涂层完整程度评定，以级表示。

三、实验材料和仪器

1）实验材料

某商用的环氧涂料；其他实验材料还有玻璃板、马口铁板、丙酮、稀释剂等。

2）实验仪器

（1）QDJ-1型涂料黏度计1台（图4.23(a)）。

（2）QBB型涂料密度杯1套（图4.23(b)）。

（3）精密天平（0.1%）1台。

（4）水银温度计（0～50℃）1支。

（5）刮板细度计1台（图4.24(a)）。

（6）QTG型涂膜涂布器1套（图4.24(b)）。

（7）QBY型摆杆硬度测定计1台。

（8）冲击实验器1台。

（9）涂层附着力测定仪1台。

（10）玻璃棒、四倍放大镜、镊子、秒表等。

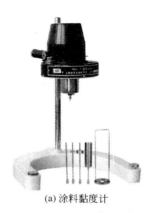
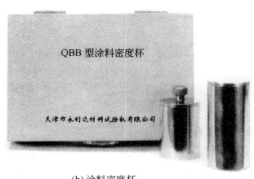

(a)涂料黏度计　　　　　　　　　　(b)涂料密度杯

图4.23　QDJ-1型涂料黏度计和QBB型涂料密度杯实物图

(a) 刮板细度计

(b) 涂膜涂布器

图 4.24   刮板细度计和 QTG 型涂膜涂布器的实物图

四、实验步骤

1) 涂料黏度

(1) 清洁黏度杯，并准备试样。

(2) 放置黏度杯并调整使其处于水平状态。

(3) 在黏度计漏嘴下放一烧杯，用手指堵住流出口后将样品倒满黏度杯，用试棒将多余的样品刮入黏度杯边缘之凹槽中，然后移动手指，同时启动秒表。当样品流丝中断并呈现第一滴时，停止秒表。此时秒表所指示时间即为该样品的全部流出时间。

(4) 同一样品实验三次，求其算数平均值。

(5) 黏度计用完后，要擦拭干净放置原处。

2) 涂料密度

(1) 实验前，应将密度杯清洁干净。

(2) 将密度杯放入天平并调平。

(3) 装入待测样品至接近杯口处加盖，待试样的多余部分由盖中心的小孔溢出时将其擦净。

(4) 将装入样品的密度杯再次放入天平并调平，读数并记录，同时记录温度值。

(5) 按 $\rho = 0.027n + 0.01(T-20)$ 计算涂料的密度 ρ，其中 n 是砝码数，T 是测定温度(℃)。

(6) 实验三次，求其算数平均值。

3) 涂料细度

(1) 擦净仪器，用玻璃棒搅匀待测的涂料，然后蘸起涂料使其自由滴落，数滴数。以七滴为合适的黏度值，在刮板细度计的沟槽最深部分滴入几滴涂料，以能充满沟槽且略有多余为宜。

(2) 双手持刮刀，拇指食指及中指将刮刀横置刮板之上端，使刮刀边棱垂直接触刮板表面，在 2~3s 内使刮刀以均匀速度刮过整个表面到沟槽深度为零的一端，施加足够的压力于刮刀上以使沟槽被涂料填满，过剩涂料刮出。

(3) 在不超过 5s 内从侧面观察使视线与沟槽的长边成直角，且与刮板表面成 20°~30°

角。对光观察沟槽中颗粒均匀显露处，在沟槽横向 3mm 宽的条带内包含 5～10 个颗粒位置，确定此条带上限的位置，即为涂料的细度值(图 4.25)。对 0～100μm 的刮板细度计，读数的精度为 5μm；对 0～50μm 的刮板细度计，读数的精度为 2μm。

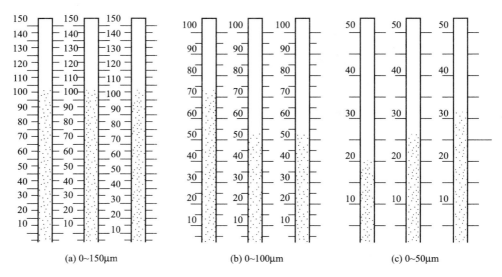

(a) 0～150μm   (b) 0～100μm   (c) 0～50μm

图 4.25　涂料细度的测定结果

4）涂层制备

(1) 底板表面处理，对马口铁板或钢板均先用 200♯ 水砂纸沿纵向往复打磨除锈，由溶剂(二甲苯)洗净，擦净，晾干备用。对玻璃板，用热肥皂水洗涤，清水洗净，擦干涂料前需用脱脂棉沾溶剂擦净，晾干备用。

(2) 涂膜涂布器制备漆层

① 选择相应的涂布器(环氧选第四刀，清漆选第二刀)。

② 把事先处理好的试片固定在台架上。

③ 将涂料搅拌均匀，然后取适量涂料倾倒在试样片上方。

④ 选择好的涂膜涂布器匀速地自左向右移动，黏度不同，速度不同，制膜厚度也不同。

⑤ 多余的涂料用刮刀刮入托盘内。

⑥ 将涂布器浸泡在适当溶液中，用软刷将涂料刷掉，擦干后放回原处。

⑦ 制备成的涂层在进行性能检验之前干燥 48h 以上。制备过程中，不允许手指直接接触样板表面。

(3) 涂刷法制备涂层，将涂料搅匀并稀释至适当黏度(或产品标准规定的黏度)，用漆刷沾涂料在底板上快速均匀地沿纵横方向刷涂，形成一层均匀的涂层，不允许空白或溢流。涂刷好的样板平放于恒温恒湿处干燥((25±1)℃，相对湿度 65%±5%)。自干漆干燥 48h，挥发性漆干燥 24h。

5）涂层硬度

(1) 摆杆硬度计的校正，首先测定其玻璃值，摆杆从 5° 摆动衰减至 2° 的时间(s)，仪器的玻璃值应为(440±6)s，如玻璃值不在此规定范围，应调节重锤的位置，使其符合规定。该时间为 t_1。

（2）清洁玻璃板。

（3）将制好的涂层放置于仪器的工作台上（图 4.26），把摆杆的支点钢球放置在涂层表面上，并使摆杆尖端接近刻度尺的零点。将摆杆引到 5.5°，然后放开，当最大振幅摆到 5°时，启动秒表，并在最大振幅摆到 2°时，停止秒表，记录时间 t。

（4）按 (t/t_1) 计算涂层的硬度。

6）涂层冲击强度

（1）检查冲杆中心是否与垫块凹孔中心一致（图 4.27），并作适当调整。

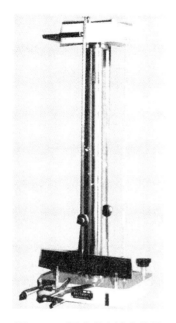

图 4.26 摆式硬度计实物图　　　图 4.27 冲击实验器实物图

（2）放置试样。

（3）借用控制器螺钉固定好高度（按照产品规定），按压控制螺钉使重锤自由地落在冲杆上，冲杆将冲力传给枕垫块上的样块。

（4）将重锤提升起，重锤上的挂钩自动被控制器挂住，取出样板，用四倍放大镜观察；当涂层没有裂纹、皱皮、剥落现象时，可增大重锤下落高度，继续进行涂层冲击强度的测定直至涂层破坏或涂层能经受起 50cm 高度之重锤冲击为止，每次增加 5～10cm。需要注意的是，每次实验都应在样板上新的部位进行。

7）涂层附着力

（1）检查钢针是否锐利，针尖距工作台面约 3mm（图 4.28）。

（2）将针尖的偏心位置即回转半径调至标准回转半径，调整的方法是松开卡针盘后面的螺栓和回转半径调整螺栓，适当移动卡针盘后，依次紧固上述螺栓，

图 4.28 附着力测定仪实物图

划痕与标准圆划线图比较，直至与标准回转半径 5.25mm 的圆滚线相同调整完毕。

（3）将样板正放在试验台上（涂层朝上），用压板压紧。

（4）酌加砝码，使针尖接触到涂膜，按顺时针方向均匀摇动手轮，转速以 80～100r/min 为宜，圆滚线标准图长为 (7.5±0.5)cm。

（5）向前移动升降棒，使卡针盘提起，松开固定样板的有关螺栓，取出样板，用漆刷除去划痕上的漆屑，以 4 倍放大镜检查划痕并评级。

实验过程中，需要注意的是一根钢针一般只使用 5 次；试验时针必须刺到涂料膜底，以所画的图形露出板面为准。

五、实验注意事项

（1）实验仪器必须在指定频率和电压允许范围内测定，否则会影响测量精度。

（2）装卸转子时应小心操作，装拆时应将连接螺杆微微抬起进行操作，不要用力过大，不要使转子横向受力，以免转子弯曲。

（3）连接螺杆和转子连接端面及螺纹处应保持清洁，否则将影响转子的正确连接及转动时的稳定性。

（4）仪器升降时应用手托住仪器，防止仪器自重坠落。装上转子后不得在无液体的情况下"旋转"，以免损坏轴尖。

（5）细度在 30μm 及 30μm 以下时，应选用 0～50μm 细度计；细度在 31～70μm 时，应选用 0～100μm 细度计；细度在 70μm 以上时，应选用 0～150μm 细度计。

（6）刮板及刮刀在使用前及使用后，必须用溶剂仔细洗净擦干，在擦洗时应用细软揩布。

（7）冲击强度测试过程中，注意在拉起冲锤时手的位置，避免将手划伤，应锁紧冲锤后再读出读数。多次实验过程注意更换冲击位置，操作过程中只能一人操作，防止冲锤误伤他人。

（8）附着力测定时，注意手指不要被针头划伤，保证唱片机针头刺穿涂层，但是不能使二者接触过紧，影响实验效果甚至无法实验。

六、实验结果处理

1）实验预习报告

在实验前，要对实验进行认真预习，并写好预习报告。在预习报告中要写出实验目的、要求，需要用到的仪器、物品及简要的实验步骤，形成一个操作提纲。对实验中可能出现的现象及安全注意事项，要做到心中有数。

2）实验记录

（1）试样的黏度及密度分别测三次，并求其平均值。

（2）读出刮板细度计上涂料的细度，平行实验三次，取算数平均值。

（3）记录涂层的硬度及冲击强度。

（4）按图 4.29 评定涂层附着力等级，以样板上划痕的上侧为检查目标，依次标出 1、2、3、4、5、6、7，按顺序检查各部位涂层完整程度，如某一部位有 70% 以上的完好，则认为该部位是完好的，否则应认为损坏。例如，凡第一部位内涂层完好者，则此涂层附着力最好，为一级；第二部位完好者，则为二级，余者类推，七级的附着力最差，涂层几乎全部脱落。

（5）实验记录必须有指导教师签字，否则无效。

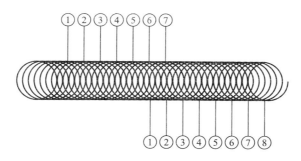

图 4.29 附着力的分级圆滚部

3）撰写实验报告

在实验报告中，应包括对实验数据处理、试验中操作的成败、现象等进行分析总结，回答思考问题，提出实验结论及自己的看法等。

七、思考题

（1）影响黏度的因素有哪些？

（2）涂层的硬度与冲击强度间有什么关系？涂料各组成部分对二者有什么影响？

（3）如何提高涂层的附着力？

4.4 腐蚀监测

意外和过量的腐蚀常会使工业设备的效率降低，进而造成设备停产、甚至是灾难性的事故。腐蚀检监测技术是防止这类事故发生、保障设备及人身安全的重要方法和管理措施。

腐蚀检监测是指利用物理或电化学的探针或传感器对正在运行的工业设备进行腐蚀状态、腐蚀速率及腐蚀相关参数的在线测量，并进而通过监测所获得的腐蚀信息对生产过程实行自动控制或报警的技术。

腐蚀检监测技术，是从实验室实验方法和工厂设备的无损检测技术发展而来的，主要有物理方法和电化学方法两大类。物理方法，主要包括腐蚀挂片法、测厚法（超声测厚法、磁感应测厚法和涡流测厚法等）、电阻探针法、磁阻探针法、声发射技术等；电化学方法有电位探针法、线性极化探针法、交流阻抗探针法、氢探针法、电化学噪声法、电偶探针法和电流探针法等。

随着计算机技术的飞速发展及石油、化工、电力、海洋工程、冷却水系统等工业部门的内在要求，腐蚀检监测技术越来越受到工业部门的关注和重视。与此同时，微机控制的腐蚀检监测技术也开始逐步地在各工业部门中得到实际应用，并取得了很大的进展。

在本节实验中，选择利用线性极化探针法和磁阻探针法进行腐蚀监测的两个实验，以期对腐蚀检监测技术有一个初步的了解和认识。

实验三十七　　线性极化探针在腐蚀监测中的应用实验

一、实验目的

（1）掌握线性极化探针的种类和测量原理。

（2）利用线性极化探针监测碳钢在模拟冷却水中的腐蚀速率。

二、实验原理

线性极化探针是用来监测工厂设备在各种环境中的腐蚀速率并已获得广泛应用的技术之一。其原理是在腐蚀电位附近极化电位与极化电流呈线性关系，因而极化曲线的斜率反比于金属的腐蚀速率：

$$\left.\frac{\Delta E}{\Delta i}\right|_{\Delta E \to 0}=R_p=\frac{B}{i_{corr}} \quad 或 \quad i_{corr}=\frac{B}{R_p} \tag{4-13}$$

式中，R_p 为极化阻力（$\Omega \cdot cm^2$）；B 为极化阻力常数（V）；i_{corr} 为腐蚀电流密度（A/cm^2）。

在生产实际中，还常将 i_{corr} 换算成以腐蚀深度表示的金属腐蚀速率 V_d：

$$V_d=K\frac{A}{m\rho}i_{corr} \tag{4-14}$$

式中，V_d 为腐蚀速率（mm/a）；A 为金属的相对原子质量；m 为腐蚀前后金属原子价的变化；ρ 为金属的密度（g/cm^3）；K 为换算常数（在此单位下，K 为 3.27×10^3）。

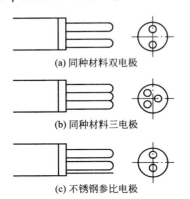

(a) 同种材料双电极

(b) 同种材料三电极

(c) 不锈钢参比电极

图 4.30　线性极化探针的电极配置

线性极化探针是一种可方便插入生产装置中的探头，常有同种材料双电极型、同种材料三电极型和采用不锈钢作参比电极（也可用铂、氯化银电极作参比电极）的三电极系统等三类，如图 4.30 所示。双电极探头的分布，可以直线分布，也可以同轴分布（一个电极为探头外壳）或探头只有一个电极而以金属设备为第二电极。三电极探头的三个电极，可呈等距离直线分布、等边三角形分布或参比电极接近工作电极的分布等形式。

双电极型极化探针的设计简单，既可测量金属的瞬时均匀腐蚀速率、又可测定设备发生孔蚀或局部腐蚀的倾向即孔蚀指数，但受溶液电阻的影响较大。孔蚀指数的测量依据是：考虑到局部腐蚀的发生源于电极表面阴、阳极区的不均匀分布，因而在变化极化方向时极化电流将产生很大的变化、造成正反向极化电流的不对称性，于是可利用正反向极化电流的差值作为孔蚀指数。在实际测量过程中，先在两电极之间施加 20mV 的电压，测量正向电流 i_1；然后改变两电极之间的相对极性并施加反向的极化电压 20mV，测量反向电流 i_2，进而分别用（i_1-i_2）表示孔蚀指数；而用 i_1 和 i_2 的算术平均值并经式（4-13）和式（4-14）计算后的 V_d 值表示金属的瞬时腐蚀速率。

与双电极型极化探针相比，三电极型极化探针可用于电阻率更大的实验体系，既可测量实验体系的腐蚀电位，又可通过对工作电极施加微小的极化来测定金属的腐蚀速率。在实际测量中，当采用不锈钢作参比电极时可通过腐蚀测量系统测量工作电极相对不锈钢的自腐蚀电位；接着对工作电极施加 10mV 的阴极极化和阳极极化，并按下式确定金属的腐蚀速率 V_d：

$$V_d = \frac{2 \times V_{dC} \times V_{dA}}{V_{dC} + V_{dA}} \qquad (4-15)$$

式中，V_{dC} 和 V_{dA} 分别是阴极极化和阳极极化时测量的腐蚀速率（mm/a）。

由于线性极化探针具有设备简单、响应迅速的特点，因而可以快速灵敏地测定金属的瞬时腐蚀速率，进而实现设备腐蚀速率的现场自动监测，并为设备的自动腐蚀报警、及时采取腐蚀控制措施（如添加缓蚀剂、调整 pH 等）提供正确的判断和操作。

三、实验材料和仪器

1）实验材料
实验介质选用模拟冷却水或自来水，组合式三电极由碳钢材料定制而成。
2）实验仪器
（1）CR-6 型腐蚀速率测量系统 1 套，包括主机、应用软件、连接线和组合式三电极等。
（2）恒温水浴槽 1 台。
（3）500mL 烧杯 1 个。
（4）温度计 1 支。

四、实验步骤

（1）将适量模拟冷却水倒入烧杯中，并放入到恒温水浴中进行加热。
（2）用连接线将工作电极、参比电极、辅助电极与腐蚀速率测量仪连通，并将线性极化探头和温度计插入烧杯中。
（3）打开计算机，并启动测量程序。控制水温为常温、30℃、40℃、50℃、60℃、70℃时，分别测定工作电极的自腐蚀电位。
（4）对工作电极施加 10mV 的阴极极化电位，测定对应的阴极极化电流，按式（4-13）和式（4-14）计算金属的腐蚀速率 V_{dC}；接着给工作电极施加 10mV 的阳极极化电位，测定对应的阳极极化电流，按式（4-13）和式（4-14）计算金属的腐蚀速率 V_{dA}；按式（4-15）计算金属的腐蚀速率 V_d。
（5）改变冷却水温度，重复步骤（3）和步骤（4），确定不同冷却水温度下的金属腐蚀速率。

五、实验结果处理

（1）按式（4-13）和式（4-14）计算金属阴极或阳极极化条件下的腐蚀速率 V_{dC} 和 V_{dA}，并按式（4-15）计算金属的腐蚀速率 V_d。
（2）绘制腐蚀速率与冷却水温度的关系曲线，讨论温度对腐蚀速率的影响规律。

六、思考题

（1）讨论线性极化探针中电极间距对测试结果的影响。

（2）什么是孔蚀指数？如何通过双电极系统确定金属的局部腐蚀倾向？

（3）在线性极化测量中为什么双电极体系中的极化电压选择 20mV，而三电极体系中的极化电压选择 10mV？

实验三十八　磁阻探针在腐蚀监测中的应用实验

一、实验目的

（1）掌握磁阻探针的构成和测量原理。

（2）利用磁阻探针监测碳钢在模拟大气环境中的腐蚀变化规律。

二、实验原理

磁阻探针是 1996 年由美国 Cortest 公司基于 EvginTiefnig 的专利技术研制而成的，商品名称为 Microcor 腐蚀测试系统。与电阻探针相似，磁阻探针也是以测量金属损失为基础，只不过测量的不是探针的电阻而是探针内置线圈的电感。磁阻探针监测系统对介质无任何要求，可以是液相、气相、电解质、非电解质甚至混凝土，并能为各种腐蚀过程提供快速准确的腐蚀速率信息，其响应时间比一般电阻探针缩短 2～3 个数量级。此外，磁阻探针系统的结构适应性强，可用于实验室或现场的腐蚀检测。但它仅适用于均匀腐蚀场合，不能给出金属材料局部腐蚀的信息。

磁阻探针的结构，如图 4.31 所示。1 为管状的试样，其单侧有效厚度为仅 5mil（0.127mm）。2 为线圈密封剂，其作用是使探头内部的通电线圈与作为试样的金属管壁完全绝缘隔开，从而当实际测量时试样本身并不带电以满足易燃易爆等苛性条件下的安全要求。线圈 3 密封在试样 1 内部，线圈所环绕的铁心 4 与试样 1 连接，以便将磁场传递到"外壳"试样中，使得试样事实上成为"铁心"的一部分。进行腐蚀速率测量时，试样"铁心"上因腐蚀而产生的尺寸细微变化，会使通电线圈形成的磁场和磁力线回路磁阻发生变化，进而线圈电感也发生相应改变，从而可通过测量线圈电感的变化来反映试样的腐蚀

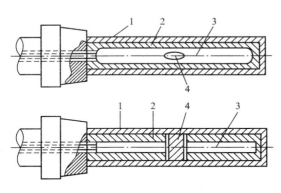

图 4.31　Microcor 磁阻探头的结构示意图
1—试样；2—耐腐蚀线圈密封剂（绝缘）；
3—线圈；4—铁心

程度。

为测试与计算的方便，Microcor 磁阻探头腐蚀测试系统对有效厚度为 5mil（0.127mm）的探头表面分割成 256000 份，每份称为一个探头寿命单元（probe life unit，PLU，$1PLU = 4.96 \times 10^{-7}$mm）。由于 PLU 值的变化与探头厚度损耗存在一一对应关系，因而可通过腐蚀过程中磁阻测试系统采集、存储的 $PLU-t$ 曲线（图 4.32(a)）计算出对应时间间隔内探头试样的金属损失和腐蚀速率。

对腐蚀速率的计算，Microcor 腐蚀测试系统内置的腐蚀速率计算方法是用某一段时间内 PLU 的变化除以响应的时间差即 $(PLU_2 - PLU_1)/(t_2 - t_1)$，然后将此计算值转换为用 mm/a 表示的腐蚀速率。但此种计算方法，只有当 PLU-t 曲线严格遵守线性关系时才成立。对实际腐蚀体系，测量过程中常会出现 PLU-t 曲线先增加后降低或上下随机波动的现象；此时如仍按内置计算方法将得到负腐蚀速率等不准确或异常实验结果。

针对出现的这种问题，并考虑到 PLU 的变化历史，唐子龙等提出可通过积分过滤算法（integration filter algorithm，IFA）进行腐蚀速率的计算。计算方法如下。

1）首先确定 PLU 数值的基点或初始点

对得到的 PLU-t 曲线，首先要选取 PLU 数值的基准点，用测量得到的 PLU 值减去测量基点的 PLU 值以获得 ΔPLU-t 曲线（图 4.32(b)）。实际计算中，常将系统达到稳态的第一点作为基点。

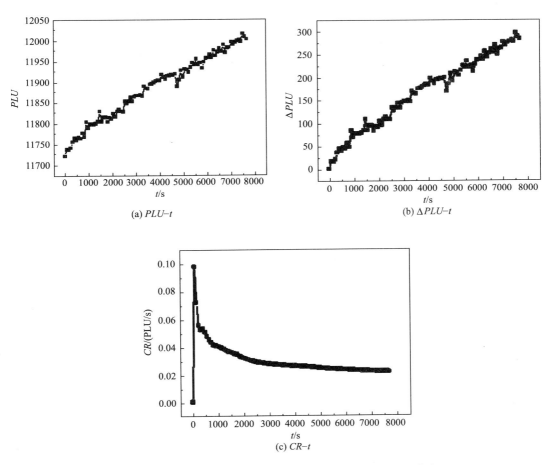

(a) PLU-t (b) ΔPLU-t

(c) CR-t

图 4.32　腐蚀测量过程中的 PLU-t、ΔPLU-t 和 CR-t 曲线

2）IFA 框架下 PLU^{IFA} 的定义及计算

首先定义在任意一段由 t_i 到 t_j 时间段内 PLU 的变化积分为：

$$\overline{PLU}_{i,j}^{IFA} = \frac{\int_{t_i}^{t_j} PLU \mathrm{d}t}{t_j - t_i} \tag{4-16}$$

如式（4-16）中 t_i 总是设定为测量曲线的第一点，即测试基点，则任意时间段 T 上 PLU 的 IFA 定义是：

$$PLU^{IFA}(T) = \frac{\int_0^T PLU \mathrm{d}t}{T} \tag{4-17}$$

3）基于 PLU^{IFA} 的腐蚀速率定义及计算

对从测试基点起到任意时间段 T 的腐蚀速率，则定义为：

$$CR_T^{PLU} = \frac{PLU^{IFA}(T)}{T} = \frac{\int_0^T PLU \mathrm{d}t}{T^2} \tag{4-18}$$

实验结果表明，采用 IFA 方法计算的腐蚀速率既包括整个腐蚀历程信息、使腐蚀速率曲线平滑（图 4.32（c）），而且与环境大气暴晒的平均腐蚀速率结果有较好的一致性。

三、实验材料和仪器

1）实验材料

磁阻探针的探头由 1018 普通碳钢定制而成；为模拟海洋大气和海洋工业大气环境，实验介质选用 20mmol/L NaCl 溶液和 20mmol/L NaCl＋20mmol/L Na_2SO_4 溶液。

2）实验仪器

（1）Microcor 磁阻探针测试系统 1 套，包括可替换探头、变送器、数据记录系统、直流稳压电源和连接电缆等。

（2）模拟加速腐蚀实验箱 1 套，包括介质槽、控制系统和空压机等。

（3）笔记本电脑 1 台。

（4）温度计 1 支。

利用模拟加速腐蚀实验箱和磁阻探针系统监测碳钢在模拟大气环境中腐蚀实验的示意图，如图 4.33 所示。

四、实验步骤

（1）检查加速腐蚀实验箱电器线路和气液管路是否完好，空压机放置是否平稳等，将 20mmol/L NaCl 溶液或 20mmol/L NaCl＋20mmol/L Na_2SO_4 溶液倒入介质槽。

（2）将磁阻探头装于模拟加速腐蚀实验箱盖的相应位置，调节稳压电源使电压在 3.65～3.70V，正确连接电源线和串口线；打开数据记录程序 miclog. exe，单击 "Read Logger Info"，确认 Battery Status、Memory Status、Transmitter Status 处于 "OK" 状态，根据时间确定采样速率，单击 "Write Logger Info"。

（3）接通模拟加速腐蚀实验箱的电源开关，在工作面板上按实验要求设定温度、湿度、喷雾/停喷时间、饱和空气温度等工作参数，喷雾选择可设定为手动和自动控制两种。

（4）设定超温报警温度（盐雾试验箱内为 45℃，饱和器内为 55～57℃）。

（5）设定调试正常后，开启各项工作键进行实验；待温度、湿度达到预定值后，启动数据记录程序进行腐蚀数据的采集与存储。

（6）实验结束后，先关掉空压机开关，让压缩空气从各器件中排净后再关掉喷雾开关及电源，以免造成空气逆流，切勿直接关电源；全部实验结束后，用清水全面清洗实验箱及喷雾塔和试样架，并排尽工作室积水、晾干。

（7）读取磁阻探针数据，记录系统中的数据，保存数据（注意包括路径），确认数据保存后清除，清洗探头。

（8）更换溶液，调整温度、湿度的设置，重复上述实验。

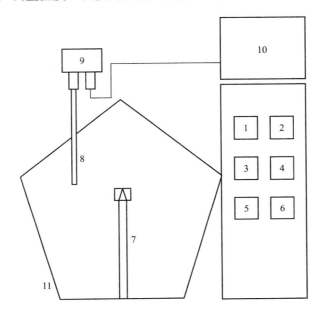

图 4.33　磁阻探针监测碳钢在大气环境中腐蚀的实验装置示意图

1—腐蚀实验箱总电源开关；2—实验箱温度；3—实验箱湿度；4—喷雾方式；5—喷雾时间；
6—喷雾量调节；7—喷雾塔；8—磁阻探头；9—数据变送器与记录器；
10—计算机图像显示；11—实验箱

五、实验结果处理

（1）读入存储的数据，绘制 PLU-t 曲线，并按式(4-16)～式(4-18)计算碳钢试样在海洋大气和海洋工业大气中的腐蚀速率。

（2）计算不同试验温度、湿度和介质种类下碳钢的大气腐蚀速率，探讨诸因素对碳钢腐蚀速率的影响规律。

六、思考题

（1）如在腐蚀测试过程中磁阻探头出现局部腐蚀现象，会对实验结果产生什么影响？

（2）在生产实际中，磁阻探针比较适合于哪种腐蚀环境中的检测和监测？

（3）在重复使用过程中，磁阻探针需要注意什么问题？

第5章
研究性腐蚀综合实验

在第 3 章和第 4 章中，分别进行了腐蚀科学和腐蚀工程的基础实验，而这些实验内容大多是基础性的验证实验。虽然验证性实验可以很好地巩固和验证所学的理论知识，使学生熟悉实验仪器的原理和测量方法，但对开发学生创新思维、培养学生研究问题能力的作用是有限的。

为培养学生的独立研究能力和创新意识，国内外各高校都在教学计划中逐渐减少基础验证性实验，尽量增加综合性、研究性实验内容的比例，以切实提高大学生的创新能力。

研究性实验是指学生在教师指导下，在自己的研究领域或教师选定的学科方向，针对某一或某些选定研究目标所进行的具有研究、探索性质的实验，是学生早期参加科学研究，教学与科研相结合的一种重要形式。通过研究性实验教学的实施，可缩短教与学、教学与科研、教科书与现代科学技术间的距离，使学生得到独立科研能力的锻炼，学会进行科学研究的方法。

在本章的实验中，将结合腐蚀科学与工程学科的特点，从耐蚀材料、应力作用、涂料设计和腐蚀表面膜四方面入手进行研究性的综合实验，从而促进学生对所学腐蚀科学与工程知识的综合运用，激发他们从事腐蚀科学与工程研究的积极性和主动性。

实验三十九　不锈钢腐蚀行为的电化学综合评价实验

一、实验目的

（1）掌握不锈钢的种类、特点和常见腐蚀类型。
（2）掌握不锈钢腐蚀速率的测量方法及介质对腐蚀速率的影响。
（3）理解和掌握不锈钢点蚀、晶间腐蚀的电化学测量和评价方法。
（4）掌握不锈钢腐蚀过程的等效电路模型及阻抗谱图的意义。

二、实验原理

1）不锈钢概述

不锈钢是指在自然环境或一定介质中具有耐腐蚀性的一类钢种的统称。有时，把能够抵抗大气或弱性腐蚀介质腐蚀的钢称为不锈钢；而把能够抵抗强腐蚀介质腐蚀的钢称为耐酸钢。不锈钢由于其优异的耐蚀性、优越的成型性、赏心悦目的外观及很宽的强度范围等综合性能而被广泛地应用于工业生产部门及日常生活的各个领域。

不锈钢的种类很多，性能各异，常见的分类方法有：

（1）按化学成分或特征元素，可分为铬不锈钢、铬镍不锈钢、铬锰氮不锈钢、铬镍钼不锈钢、超低碳不锈钢等。

（2）按钢的性能特点和用途，可分为耐硝酸不锈钢、耐硫酸不锈钢、耐点蚀不锈钢、耐应力腐蚀不锈钢、高强度不锈钢等。

（3）按钢的功能特点，可分为低温不锈钢、无磁不锈钢、易切削不锈钢、超塑性不锈钢等。

（4）按钢的组织，可分为马氏体不锈钢、铁素体不锈钢、奥氏体不锈钢和双相不锈钢等。

2）不锈钢的腐蚀行为

耐蚀性是不锈钢的最主要性能指标，因此在设计不锈钢时常通过促进钝化（向钢中加入铬、铝、硅等）、提高电极电位（加入13％以上的铬元素）和获得单相组织（单一铁素体、马氏体或奥氏体等）等措施改善不锈钢的耐蚀性。然而由于腐蚀介质的种类、浓度、温度、压力、流速等的不同，不锈钢也会因钝态的破坏而导致严重的腐蚀。

不锈钢的腐蚀，常可分为两大类，即均匀腐蚀和局部腐蚀；而局部腐蚀又可细分为点蚀、晶间腐蚀、缝隙腐蚀、应力腐蚀等。

（1）均匀腐蚀。均匀腐蚀是一种常见的腐蚀形式，它导致材料均匀变薄。由于浸蚀均匀并可预测，因而这类腐蚀的危害较小。

对不锈钢，均匀腐蚀的实用耐蚀界限是 0.1mm/a。当腐蚀速率小于 0.01mm/a 时，是"完全耐蚀"的；腐蚀速率小于 0.1mm/a 时，是"耐蚀"的；腐蚀速率为 0.1～1.0mm/a 是"不耐蚀"的，但在某些场合可用；腐蚀速率大于 1.0mm/a，属于严重腐蚀，不可用。

（2）点蚀。点蚀，是不锈钢在使用中经常出现的腐蚀破坏形式之一。点蚀虽然使金属的质量损失很小，但若连续发生，能导致腐蚀穿孔直至整个设备失效，从而造成巨大的经济损失和事故。

对不锈钢的点蚀，一般认为是由于腐蚀性阴离子（如 Cl^- 等）在氧化膜表面吸附后离子穿过钝化膜所致。腐蚀性阴离子与金属离子结合形成强酸盐而使钝化膜溶解，从而产生蚀孔。如果钢的再钝化能力不强，蚀孔将继续扩展形成点蚀源，进而形成小阳极（蚀孔内）大阴极（钝化表面），从而加速蚀孔向深处发展，直至将金属穿透。

影响点蚀的腐蚀性阴离子，除 Cl^- 外，还有 NO_3^-、SO_4^{2-}、OH^-、CrO_4^{2-} 等。此外，溶液的 pH、温度、浓度和介质流速等也会对不锈钢的点蚀有较大的影响。

从材料因素看，钢的组织不均匀性如晶界、夹杂物、显微偏析、空洞、刀痕、缝隙等都会成为点蚀的起源。加入 Cr、Mo、Ni、V、Si、N、Re 等可显著提高不锈钢的抗点蚀能力。

（3）晶间腐蚀。晶间腐蚀是一种危害性很大的腐蚀破坏形式，常发生在经过 450～800℃温度加热的奥氏体不锈钢或受 450～800℃温度热循环的奥氏体不锈钢焊接接头热影响区中。究其原因，比较被广泛接受的说法是晶界贫铬理论。奥氏体不锈钢在 450～800℃

的敏化温度区间加热或时效过程中，沿晶界析出 $Cr_{23}C_6$，引起奥氏体晶界贫铬，使固溶体中铬含量降至钝化所需极限含量以下引起的。

对奥氏体不锈钢的晶间腐蚀，可通过固溶处理、降低钢的碳含量、加入钛或铌等稳定化元素、改变晶界碳化物析出数量和分布等方法加以改善。

（4）其他腐蚀。除以上腐蚀形式外，应力腐蚀、腐蚀疲劳和腐蚀磨损等也是不锈钢经常发生的腐蚀破坏形式。

3）不锈钢腐蚀行为的测量与评价

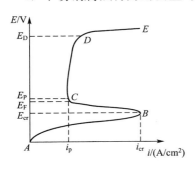

图 5.1　不锈钢的典型阳极极化曲线

（1）阳极极化曲线。不锈钢在腐蚀介质中的阳极极化曲线，是评价钝化金属腐蚀能力的常规方法。给被测定的不锈钢施加一个阳极方向的极化电位，并测量阳极极化电流随电位的变化曲线，如图 5.1 所示。

整个曲线分为 4 个区，AB 段为活性溶解区，不锈钢的阳极溶解电流随电位的正移而增大，一般服从半对数关系。随不锈钢的溶解，生成的腐蚀产物在不锈钢表面上形成保护膜。BC 段为过渡区，电位和电流出现负斜率的关系，即随保护膜的形成不锈钢的阳极溶解电流急剧下降。CD 段为钝化区，在此区间不锈钢处于稳定的钝化状态，电流随电位的变化很小。DE 段为过钝化区，此时不锈钢的阳极溶解重新随电位的正移而增大，不锈钢在介质中形成更高价的可溶性氧化物或有氧气析出。

钝化曲线中的 E_{cr} 为致钝电位，E_{cr} 越负，不锈钢越容易进入钝化区。E_F 称为 Flade 电位，是不锈钢由钝态转入活化态的电位，E_F 越负表明越不容易由钝态转入活化态。E_D 称为点蚀电位(也可表示为 E_b)，E_D 越正表明不锈钢的钝化膜越不容易破裂。$E_p \sim E_D$ 称为钝化区间，钝化区间越宽表明不锈钢的钝化能力越强。i_{cr} 称为致钝电流密度；i_p 称为维钝电流密度。

由上可以看出，钝化曲线上的几个特征电位和电流为评价不锈钢在腐蚀介质中的耐蚀行为提供了重要的实验参数。

（2）线性极化方法。不锈钢在腐蚀介质中的腐蚀速率，是评价不锈钢耐蚀能力的主要参数。常规的质量法，测试时间冗长，步骤复杂。线性极化法以其灵敏、快速、方便的特点，已成为测量不锈钢腐蚀速率的常用方法。线性极化法的原理是依据在电极的自腐蚀电位附近($\pm 10mV$)施加微小的极化电位，并测定极化电流随电位的变化曲线。根据 Stern-Geary 的理论推导，对活化控制的腐蚀体系，极化阻力($R_p = \Delta E / \Delta i$)与自腐蚀电流存在如下关系：

$$R_p = \frac{\Delta E}{\Delta i} = \frac{b_a \times b_c}{2.303(b_a + b_c)} \times \frac{1}{i_{corr}} \tag{5-1}$$

式中，ΔE 为极化电位(mV)；Δi 为极化电流密度(A/cm^2)；R_p 为线性极化电阻($\Omega \cdot cm^2$)，其物理意义是极化曲线上腐蚀电位附近线性区的斜率；i_{corr} 为自腐蚀电流密度(A/cm^2)；b_a 和 b_c 分别为常用对数下的阳极、阴极塔菲尔系数，对一定的腐蚀体系可认为是常数。

如令 $B = \dfrac{b_a \times b_c}{2.303(b_a + b_c)}$，式(5-1)可简化为：

$$i_{\text{corr}} = B/R_{\text{p}} \qquad (5-2)$$

显然，通过测量不锈钢在腐蚀介质中的极化阻力 R_{p}，可以分析介质对不锈钢腐蚀速率的影响。

（3）电化学阻抗谱方法。若把不锈钢在 0.25mol/L H_2SO_4 溶液中的腐蚀过程，视为一个简单的电极过程 $O_x + ne = R_{ed}$。由理论分析，其电极过程的等效电路如图 5.2 所示。其中 R_{s}、C_{d} 分别为溶液电阻和双电层电容；R_{ct} 为电化学反应电阻；$R_{\omega R}$ 和 $C_{\omega R}$ 是物质 R 浓差极化的电阻和电容；$R_{\omega O}$ 和 $C_{\omega O}$ 是物质 O 浓差极化的电阻和电容。

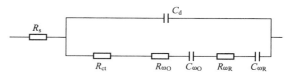

图 5.2　电极过程的等效电路模型

在平衡电位附近施加一个小幅度、频率为 ω 的正弦电压时，法拉第阻抗支路中各元件的阻抗与电化学参数间的关系为：

$$R_{\text{ct}} = \frac{RT}{nF} \cdot \frac{1}{i^0} \qquad (5-3)$$

$$R_{\omega O} = \frac{1}{\omega C_{\omega O}} = \frac{RT}{n^2 F^2 \sqrt{2\omega D_O} C_O^0} \qquad (5-4)$$

$$R_{\omega R} = \frac{1}{\omega C_{\omega R}} = \frac{RT}{n^2 F^2 \sqrt{2\omega D_R} C_R^0} \qquad (5-5)$$

用复数表示物质 O、R 的浓差极化阻抗 Z_ω 可写成：

$$Z_\omega = Z_{\omega O} + Z_{\omega R} = R_{\omega O} + R_{\omega R} - j\left(\frac{1}{\omega C_{\omega O}} + \frac{1}{\omega C_{\omega R}}\right)$$

$$= \frac{RT}{n^2 F^2 \sqrt{2}}\left(\frac{1}{C_O^0 \sqrt{D_O}} + \frac{1}{C_R^0 \sqrt{D_R}}\right)\left[\frac{1-j}{\sqrt{\omega}}\right]$$

如令 $S = \dfrac{RT}{n^2 F^2 \sqrt{2}}\left(\dfrac{1}{C_O^0 \sqrt{D_O}} + \dfrac{1}{C_R^0 \sqrt{D_R}}\right)$，则有：

$$Z_\omega = S\omega^{-1/2} - jS\omega^{-1/2} = S\left(\frac{1-j}{\sqrt{\omega}}\right) \qquad (5-6)$$

因而等效电路的总阻抗为：

$$Z = R_{\text{s}} + \cfrac{1}{j\omega C_{\text{d}} + \cfrac{1}{R_{\text{ct}} + S\omega^{-1/2} - jS\omega^{-1/2}}} \qquad (5-7)$$

在高频区存在 $R_{\text{ct}} \gg Z_\omega$，$Z_\omega$ 可忽略，则等效电路的阻抗简化为：

$$Z = R_{\text{s}} + \cfrac{1}{j\omega C_{\text{d}} + \cfrac{1}{R_{\text{ct}}}} = R_{\text{s}} + \frac{R_{\text{ct}}}{j\omega C_{\text{d}} R_{\text{ct}} + 1} \qquad (5-8)$$

其中阻抗的实部 Z_{Re} 和虚部 Z_{Rm} 分别为：

$$Z_{\text{Re}} = R_{\text{s}} + \frac{R_{\text{ct}}}{(\omega C_{\text{d}} R_{\text{ct}})^2 + 1}$$

$$Z_{\text{Im}} = \frac{\omega C_{\text{d}} R_{\text{ct}}}{(\omega C_{\text{d}} R_{\text{ct}})^2 + 1} R_{\text{ct}}$$

经计算可得：

$$\left(Z_{Re} - R_s - \frac{1}{2}R_{ct}\right)^2 + Z_{Im}^2 = \left(\frac{1}{2}R_{ct}\right)^2 \tag{5-9}$$

由式（5-9）可知，在高频区等效电路的复数平面图是一个圆心在（$R_s + 1/2R_{ct}$，0）、半径为 $1/2R_{ct}$ 的半圆，如图 5.3 所示。

在 $\omega \to \infty$ 处，$Z_{Re} = R_s$；在 $\omega \to 0$ 处，$Z_{Re} = R_s + R_{ct}$；在半圆顶点 $C_d = 1/\omega_B R_{ct}$（ω_B 为半圆顶点处的频率）。从复数平面图（Nyquist 图）可方便地求出简单电极反应等效电路的溶液电阻 R_s、电极反应电阻 R_{ct} 和双电层电容 C_d 等参数。

另外，以 $\lg(|Z|)$ 对 $\lg\omega$ 作图，可得阻抗-频率图（Bode 图），如图 5.4 所示。当 $\lg\omega \to \infty$ 时，$\lg(|Z|) \to \lg R_s$；当 $\lg\omega \to 0$ 时，$\lg(|Z|) \to \lg(R_s + R_{ct})$。进而可分析腐蚀过程中各因素对溶液电阻 R_s、电极反应电阻 R_{ct} 等的影响规律。

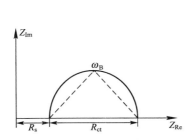

图 5.3　电极腐蚀过程的阻抗复数平面（Nyquist 图）

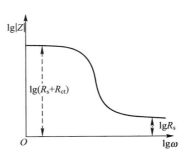

图 5.4　电极腐蚀过程的阻抗-频率图（Bode 图）

（4）点蚀的电化学实验方法。对不锈钢的点蚀，除利用 $6\%\mathrm{FeCl_3}$ 进行化学浸泡，进而通过显微镜观察点蚀密度、大小和深度（实验九）外，最主要的检测和评定方法就是电化学方法。测量与评价点蚀的电化学实验方法，又可分为控制电位法（包括阳极极化曲线法和恒电位法）和控制电流法（阳极极化曲线法和恒电流法）两类。

控制电位的阳极极化曲线法，已在实验十六中加以阐述。控制电位中的恒电位法如下：①点蚀电位 E_b（或 E_D），在点蚀电位 E_b 附近选择不同的电位值，测定恒定电位下的电流-时间曲线，如图 5.5（a）所示。当 $E < E_b$ 时，电流密度随时间而下降，不锈钢表面为钝态；当 $E > E_b$ 时，不锈钢产生点蚀，电流密度随时间而上升。将电流密度不随时间变化或略有下降的最高电位定义为 E_b。②保护电位 E_{pr}，测试前先在高于 E_{pr} 电流的电位下对试样进行活化处理，然后在各规定的恒定电位下测量电流密度随时间的变化，如图 5.5（b）所示。需要注意的是当更换电位时须使用一个新的试样。当 $E > E_{pr}$ 时，已存在的蚀孔继续扩展生长，电流密度随时间而持续上升；当 $E < E_{pr}$ 时，已有的蚀孔将发生钝化，电流密度随时间而下降。

在控制电流法中，也可通过阳极极化曲线法和恒电流法确定点蚀电位 E_b 和保护电位 E_{pr}。测试原理，详见参考文献 [1]。

此外，对不锈钢的点蚀还可通过测定临界点蚀温度来评价。其测试方法是在 0℃ 配制 1mol/L 的 NaCl 溶液，并以不锈钢试样（工作电极）、饱和甘汞电极（参比电极）和铂片（辅助电极）组成三电极体系。将三电极体系与电化学工作站相连接，并对不锈钢试样施加 $700~\mathrm{mV_{SCE}}$ 的阳极极化电位。之后将溶液放入到恒温水浴中，并以 1℃/min 的速度升温。进而测定阳极极化电流密度随时间的变化曲线，以阳极极化电流密度超过 $100\mu\mathrm{A/cm^2}$ 时的温度称为临界点蚀温度。

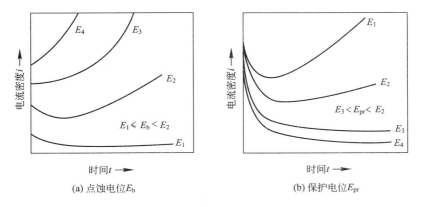

图 5.5　点蚀电位和保护电位的恒电位法测定

（5）晶间腐蚀的电化学实验方法。不锈钢晶间腐蚀的电化学实验，除 10％草酸电解实验（实验八）外，最主要的就是电化学动电位再活化方法（EPR 法）。EPR 法，又可细分为单环 EPR 和双环 EPR 两种。

单环 EPR 试验：以仔细抛光的 304 不锈钢为工作电极、饱和甘汞电极为参比电极、石墨棒为辅助电极，试液为 $0.5\text{mol/L}\ H_2SO_4 + 0.01\text{mol/L}\ KSCN$（也有文献采用 HCl、$NH_4SCN$、硫代乙酰胺或硫脲作为活化剂），实验温度为 30℃。首先经恒电位仪或电化学工作站对不锈钢试样进行从腐蚀电位（大约 -400mV_{SCE}，相对于饱和甘汞电极到钝化电位（$+200\ \text{mV}_{SCE}$）的阳极极化。然后逆向再活化至腐蚀电位，扫描速率选择 6V/h 或 1.67mV/s；如扫描过程中通过的总电荷为 Q（图 5.6（a）中阴影部分的面积，单位为 C），则以单位晶界面积的电量 $P_a = Q/GBA$ 表示晶间腐蚀的程度。式中，$GBA = A_s[5.09544 \times 10^{-3}\exp(0.34696X)]$，$A_s$ 为试样面积，X 为 ASTM 确定的晶粒尺寸。

经实验表明，当 $P_a = 0.01 - 5.0\text{C/cm}^2$ 时，与草酸电解实验中的"台阶"结构相对应；当 $P_a = 5.0 - 20.0\text{C/cm}^2$ 时，与草酸电解实验中的"混合（台阶＋沟槽）"结构相对应；当 $P_a > 20\text{C/cm}^2$ 时，与草酸电解实验中的"沟槽"结构相对应。

双环 EPR 试验：试液、电极组成和极化方式与单环 EPR 试验相同，只不过以 6V/h 或 1.67mV/s 的扫描速度从腐蚀电位（大约 -400mV_{SCE}）极化到钝化电位（$+300\ \text{mV}_{SCE}$）；然后再以相同的速度反向扫描至腐蚀电位，如图 5.6（b）所示。以再活化环和阳极化环的最大电流 i_r 和 i_a 之比，作为不锈钢敏化程度的指标。

经实验表明，当 i_r/i_a 处于 0.0001～0.001 时，对应草酸电解实验中的"台阶"结构；当 i_r/i_a 处于 0.001～0.05 时，对应草酸电解实验中的"混合（台阶＋沟槽）"结构；当 i_r/i_a 处于 0.05～0.30 时，对应草酸电解实验中的"沟槽"结构。

此外，利用电化学恒电位再活化法（ERT）也可评价不锈钢的晶间腐蚀敏感性。该方法的试液和电极组成均与 EPR 试验相同，但极化方式分为三步。第一步是在恒定活化电位 $+70\text{mV}_{SHE}$ 下阳极极化 5min，极化结束时的极化电流密度为 i_A；第二步是在恒定钝化电位 $+500\text{mV}_{SHE}$ 下阳极极化 5min；第三步是在回到活化电位 $+70\text{mV}_{SHE}$ 下阳极极化 100s，极化结束时的极化电流密度为 i_R，并以 i_R/i_A 的比值反映不锈钢的敏化程度。

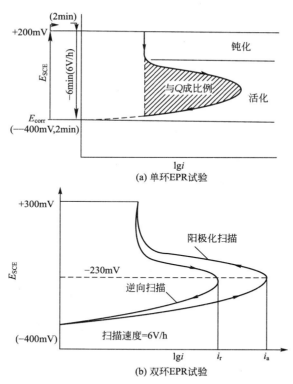

图 5.6 电化学动电位再活化方法示意图

三、实验材料和仪器

1）实验材料

430 铁素体不锈钢、304 奥氏体不锈钢（1300℃ 固溶处理及 650℃、14h 的敏化处理）。实验前，利用环氧树脂封装试样、并留出 1cm² 的测试面积；接着经金相砂纸依次研磨抛光、乙醇除油、蒸馏水清洗、烘干处理。

实验用试液分别为 0.25mol/L H_2SO_4、0.25mol/L H_2SO_4＋0.5mol/L NaCl、3.5％ NaCl、1mol/L NaCl、0.5mol/L H_2SO_4＋0.01mol/L KSCN，温度为 25℃。

2）实验仪器

（1）CHI660C 电化学工作站 1 台。

（2）饱和甘汞电极、铂片电极（或石墨棒电极）各 1 支。

（3）恒温加热水浴槽 1 台。

四、实验步骤

（1）将电解池的三电极与 CHI660C 电化学工作站的相应导线相连接。

（2）打开 CHI660C 的菜单，在 Technique 中选择 Tafel Plot 方法，并设置测试参数；之后分别测试 304 不锈钢和 430 不锈钢在 0.25mol/L H_2SO_4 溶液中的阳极极化曲线。测量结束后，命名存储。

（3）打开 CHI660C 的菜单，在 Technique 中选择 Linear Sweep Voltammetry 方法，

并设置测试参数。之后测试 304 不锈钢和 430 不锈钢分别在 0.25mol/L H₂SO₄ 和 0.25mol/L H₂SO₄ ＋ 0.5mol/L NaCl 溶液的极化电阻。

（4）打开 CHI660C 的菜单，在 Technique 中选择 A. C. Impedance 方法，并设置测试参数。之后分别测试 304 不锈钢和 430 不锈钢在 0.25mol/L H₂SO₄ 溶液中、不同电位(腐蚀电位 E_{corr}、E_{corr}＋100mV、E_{corr}＋500mV)下的电化学阻抗谱。

（5）打开 CHI660C 的菜单，在 Technique 中选择 Tafel Plot 方法，并设置测试参数。之后分别测试 304 不锈钢和 430 不锈钢在 3.5％NaCl 溶液的阳极极化曲线。

（6）打开 CHI660C 的菜单，在 Technique 中选择 Amperometric i-t Curve 方法，并设置不同的初始电位等参数。之后测试 304 不锈钢和 430 不锈钢在 3.5％NaCl 溶液的电流-时间曲线。

（7）将三电极系统安装在盛装 1mol/L NaCl 溶液的电解池中，并将电解池放入恒温加热水浴槽中，按 1℃/min 的速度升温。打开 CHI660C 的菜单，在 Technique 中选择 Amperometric i - t Curve 方法，并设置初始电位为 700mV。之后测试 304 不锈钢和 430 不锈钢在 1mol/L NaCl 溶液的临界点蚀温度。

（8）打开 CHI660C 的菜单，在 Technique 中选择 Cyclic Voltammetry 方法，并设置测试参数。之后测试固溶和敏化处理 304 不锈钢在 0.5mol/L H₂SO₄ ＋0.01mol/L KSCN 溶液中阳极极化扫描和逆向扫描时的最大电流 i_a 和 i_r。

五、实验结果处理

（1）从阳极极化曲线中确定 304 不锈钢和 430 不锈钢在 0.25mol/L H₂SO₄ 溶液中的点蚀电位、钝化电位区间、致钝电流密度和维钝电流密度等参数。

（2）按式(5-1)和式(5-2)计算 304 不锈钢和 430 不锈钢分别在 0.25mol/L H₂SO₄ 和 0.25mol/LH₂SO₄＋0.5mol/L NaCl 溶液的极化电阻和腐蚀电流密度。

（3）按电化学阻抗谱图确定不同电位下 304 不锈钢、430 不锈钢在 0.25mol/L H₂SO₄ 溶液中的溶液电阻 R_s、电化学反应电阻 R_{ct} 和双电层电容 C_d 等参数。

（4）由 304 不锈钢和 430 不锈钢在 3.5％NaCl 溶液的阳极极化曲线，以及不同电位下的电流-时间曲线确定 304 不锈钢和 430 不锈钢在 3.5％NaCl 溶液的点蚀电位。

（5）由不同电位下的电流-时间曲线确定 304 不锈钢和 430 不锈钢在 1mol/L NaCl 溶液的临界点蚀温度。

（6）计算固溶及敏化处理 304 不锈钢的 i_r/i_a，并用金相显微镜观察实验后试样的表面形貌。

六、思考题

（1）从不锈钢的阳极极化曲线入手，分析可用哪些参数评价不锈钢的耐腐蚀能力。

（2）在 0.25mol/L H₂SO₄ 溶液中，304 不锈钢和 430 不锈钢的耐蚀性能哪个更好？为什么？

（3）在实际测量系统中，绘制 Nyquist 图时为什么往往得不到理想的半圆？绘制 Bode 图时为什么往往得不到低频区的平台段？

（4）试讨论点蚀电位 E_b 和保护电位 E_{pr} 的物理意义。

（5）测试临界点蚀温度时，为什么要规定实验溶液的升温速度？升温速度对测试结果有什么影响？

（6）综合分析草酸电解、单环 EPR、双环 EPR、ERT 等晶间腐蚀电化学评价方法的优缺点。

实验四十　应力作用下金属腐蚀过程的综合研究实验

一、实验目的

（1）了解应力作用下金属腐蚀的概念、类型和分类方法。

（2）了解和掌握电化学噪声和动态电化学阻抗谱的研究方法。

（3）初步探明应力腐蚀和腐蚀磨损过程中材料的腐蚀行为特征。

二、实验原理

1）应力作用下的金属腐蚀

在工程实际中，材料或工程设备不仅会受到化学介质的腐蚀作用，而且还常遭受应力与环境介质的协同作用，如船舶的推进器、海洋平台的构架、压缩机和燃气轮机叶片、化工机械中的泵轴、油田开采设备等。由于环境介质与应力间存在着协同作用即力学化学效应（mechanochemical effect）和化学力学效应（chemomechanical effect），因而化学介质与应力能相互促进加速材料的损伤和破坏，使得比它们单独作用或者二者简单叠加造成的破坏更为严重。于是把材料在应力和环境条件（化学介质、辐照等）共同作用下引起材料力学性能下降、发生过早脆性断裂的现象称为材料的环境诱发断裂或环境敏感断裂（environmentally induced cracking，EIC 或 environmentally assisted cracking，EAC）。

由于工程结构的受力状态是多种多样的，如拉伸应力、交变应力、摩擦力、振动力等，因此不同状态的应力与介质的协同作用所造成的环境敏感断裂形式也不相同。根据构件受力的状态，应力作用下材料的腐蚀常可分为拉伸应力下的应力腐蚀开裂（stress corrosion cracking，SCC）、交变应力下的腐蚀疲劳断裂（corrosion fatigue cracking，CFC）、剪切应力下的腐蚀磨损（corrosive wear，CW）和微动腐蚀（fretting corrosion）等。从破坏机理看，可分为裂纹尖端阳极溶解引起的应力腐蚀开裂、阴极析氢引起的氢脆或氢致断裂（hydrogen embrittlement，HE 或 hydrogen induced cracking，HIC）等。

（1）应力腐蚀开裂。材料或零件在拉应力和腐蚀环境的共同作用下引起的脆性断裂现象，称为应力腐蚀开裂。这里需强调的是应力和腐蚀的共同作用，并不是应力和腐蚀介质两个因素分别对材料性能损伤的简单叠加。

经过研究发现，应力腐蚀开裂有以下的特点：①造成应力腐蚀破坏的是静应力，远低于材料的屈服强度，而且一般是拉伸应力。拉伸应力越大，断裂所需的时间越短。②应力腐蚀造成的破坏是脆性断裂，没有明显的塑性变形。③对每一种金属或合金，只有在特定的介质中才会发生应力腐蚀，如 α 黄铜在氨或铵离子的溶液、奥氏体不锈钢在氯化物溶液等。④应力腐蚀的裂纹扩展速率一般在 $10^{-9}\sim10^{-6}$ m/s，是渐进缓慢的。它远大于没有应力作用时的腐蚀速度，但远小于单纯力学因素引起的断裂速度。⑤应力腐蚀的裂纹多起源于表面蚀坑处，而裂纹的传播途径常垂直于拉力的方向。⑥应力腐蚀破坏的断口，其颜色灰暗，表面常有腐蚀产物；而疲劳断口的表面，如果是新鲜断口常常较光滑，有光泽。⑦应力腐蚀的主裂纹扩展时，常有分支。⑧应力腐蚀引起的断裂可以是穿晶断裂，也可以是沿晶断裂，甚至是兼有这两种形式的混合断裂。

对应力腐蚀开裂的研究，从试样形式看可以是光滑试样（弯梁、C 形环、O 形环、拉伸试样、音叉试样、U 形弯曲试样等）、缺口试样和预制裂纹试样等。加载方式可以是恒载荷、恒位移或慢应变速率拉伸等。评价方法和指标有应力-寿命曲线、临界应力 σ_{SCC}、临界应力场强度因子 K_{ISCC}、裂纹扩展速率 da/dt 等。从机理看，主要有阳极溶解型应力腐蚀（滑移溶解机理、择优溶解机理、介质导致溶解机理和腐蚀促进局部塑性变形机理）和氢致开裂型应力腐蚀等两种。

（2）氢脆。在氢和应力的共同作用而导致材料产生脆性断裂的现象，称为氢致断裂或氢脆。如当高强度钢或钛合金受到低于屈服强度的静载荷作用时，材料中原来存在的或从环境介质中吸收的原子氢将向拉应力高的部位扩散形成氢的富集区。经过一段孕育期后，当氢的富集达到临界值时，会在金属内部，特别是在三向拉应力区形成裂纹，裂纹逐步扩展，最后突然发生脆性断裂。由于氢的扩散需要一定的时间，加载后要经过一定时间才断裂，所以称为氢致滞后断裂。

研究氢脆的试验方法与评价指标，与应力腐蚀基本相同。

（3）腐蚀疲劳断裂。材料或零件在交变应力和腐蚀介质的共同作用下造成的失效，称做腐蚀疲劳断裂。

腐蚀疲劳与应力腐蚀相比，主要具有以下特点：①应力腐蚀是在特定的材料与介质组合下才发生的，而腐蚀疲劳却没有这个限制，它在任何介质中均会出现。只要环境介质对材料有腐蚀作用，在交变载荷下就可产生腐蚀疲劳，即腐蚀疲劳更具有普遍性。②在应力腐蚀中，材料存在临界应力强度因子 K_{ISCC}。当外加应力强度因子 $K_I < K_{ISCC}$ 时，材料不会发生应力腐蚀裂纹扩展。但对腐蚀疲劳，即使 $K_{max} < K_{ISCC}$，疲劳裂纹仍会扩展。③应力腐蚀破坏时，只有一两个主裂纹，且主裂纹上有分支裂纹；而在腐蚀疲劳断口上，有多处裂纹源，裂纹很少或没有分叉情况。④在一定的介质中，应力腐蚀裂纹尖端的溶液酸度是较高的，总是高于整体环境的平均值。而在腐蚀疲劳的交变应力作用下，裂纹能不断地张开与闭合，促使介质的流动，所以裂纹尖端溶液的酸度与周围环境的平均值差别不大。

对腐蚀疲劳的研究，从机理看有阳极滑移溶解机制、孔蚀形成裂纹机理、表面膜破裂机制、化学吸附机制等。从裂纹扩展速率看，常可通过线性叠加模型 $(da/dN)_{CF} = (da/dN)_F + (da/dN)_{SCC}$ 进行描述，其中 $(da/dN)_{CF}$ 为腐蚀疲劳裂纹的扩展速率；$(da/dN)_F$ 为纯机械疲劳裂纹的扩展速率；$(da/dN)_{SCC}$ 为一次应力循环下应力腐蚀裂纹的扩展量。

（4）腐蚀磨损。腐蚀磨损又称磨蚀或磨耗腐蚀，是指在腐蚀性介质中摩擦表面与介质发生化学或电化学反应而加速材料流失的现象。

实验结果表明，腐蚀磨损造成的材料流失量不仅是单纯腐蚀与干磨损的失重之和，而是远远大于它们之和，即腐蚀与磨损之间还存在交互（协同）作用。通常将腐蚀磨损造成的材料流失量表示为：

$$W_{total} = W_{corr} + W_{wear} + \Delta W; \quad \Delta W = \Delta W_{corr} + \Delta W_{wear} \qquad (5-10)$$

式中，W_{total} 是腐蚀磨损造成材料的总流失量；W_{corr} 是单纯的腐蚀失重；W_{wear} 是单纯的磨损失重；ΔW 是腐蚀与磨损间的交互作用量，ΔW_{corr} 为磨损对腐蚀的加速量，ΔW_{wear} 为腐蚀对磨损的加速量。

由上可以看出，材料的应力腐蚀、氢脆和腐蚀疲劳与腐蚀磨损同为力学及化学介质协同作用造成的过早失效，因而它们的破坏现象和机制必然存在许多相似之处；但与此同时，由于作用力形式的不同，也必然有各自的失效过程特点和破坏规律。

2) 动态研究方法

由于应力作用下的金属腐蚀涉及力学、材料、介质等因素，因此对其过程的研究也需要从力学、材料和环境介质等方面来进行分析。

(1) 力学研究方法。在力学方面，对应力腐蚀开裂、氢脆和腐蚀疲劳破坏，常需要分析材料的断裂寿命、裂纹萌生时间、裂纹扩展速率、强度或塑性损失等指标在腐蚀中的变化行为；对腐蚀磨损破坏，常需要分析摩擦因数、磨损量等在腐蚀过程的变化规律。于是，可通过分析腐蚀过程中应力-应变(或载荷-位移)、摩擦因数-时间曲线等监测或判断材料的损伤行为。

(2) 物理研究方法。形貌观察与监测是最基本的腐蚀检测方法，该方法通过肉眼、低倍放大镜或长焦距显微镜等检测、观测材料或设备的表面腐蚀情况，从而可对材料的腐蚀程度、腐蚀形态、裂纹扩展情况等进行分析。另外，还可利用 X 射线断层扫描技术和扫描电镜等方法研究材料次表层或断口形貌的微观特征。

声发射技术，是通过监听和记录材料在受力或断裂过程中因能量快速释放而产生的弹性波来检测材料中腐蚀损伤和缺陷发生及发展的无损检测技术。材料腐蚀过程中发生的应力腐蚀开裂、点蚀、气泡、裂纹扩展、磨损腐蚀等都会伴随着声发射现象的发生(图 5.7)，

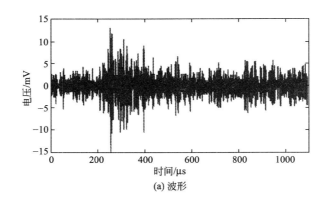

(a) 波形

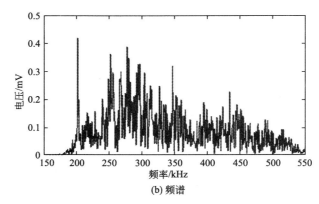

(b) 频谱

图 5.7　304 不锈钢在酸性 NaCl 溶液中的典型声发射波形和频谱图

因此可通过对声发射事件计数、振铃计数、上升时间、持续时间、能量计数、频谱特征等声发射参数的分析，获取应力作用下金属腐蚀过程的特征信息。

此外，还可利用超声检测技术、热成像技术、涡流检测技术等对腐蚀过程中的腐蚀情况进行检测。

（3）电化学研究方法。电化学噪声是指电化学动力系统演化过程中电位或电流的随机非平衡现象，如图5.8所示。由于电化学噪声反映了金属电极表面在溶液中的动力学演化信息，且在测量过程中无需对金属电极施加外界扰动，因而通过对其时域、频域的分析可揭示包括点蚀、缝隙腐蚀、应力腐蚀等在内的腐蚀类型和腐蚀速度。电化学噪声的时域谱分析参数，包括标准偏差、噪声电阻、概率密度、局部腐蚀指数、特征事件频率等；频域谱的分析参数包括高频斜率、白噪声水平和谱噪声电阻等。此外，还可利用分形维数、关联维数等来描述电化学噪声的特征。

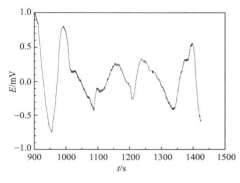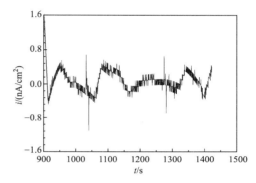

图5.8　304不锈钢在NaCl溶液中应力腐蚀过程中的典型电化学噪声谱

动态电化学阻抗谱技术是电化学阻抗谱技术的一种，具体地说就是材料腐蚀过程中不同时间、电位下的电化学阻抗谱，如图5.9所示。通过对腐蚀过程中动态电化学阻抗谱的研究，可探明应力作用下金属腐蚀过程的动力学信息。

在本实验中，将着重利用形貌监测、电化学噪声、声发射技术等方法联合研究应力腐蚀破裂和腐蚀磨损过程中材料的各种行为变化特征，从而全面揭示应力与化学介质协同作用下金属的腐蚀机理。

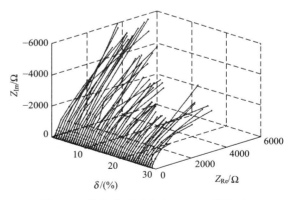

图5.9　拉伸变形过程中304L不锈钢在
0.5mol/L NaCl溶液中的电化学阻抗谱

三、实验材料和仪器

1）实验材料

市售304不锈钢，试液选用4mol/L NaCl+0.01mol/L $Na_2S_2O_3$溶液（应力腐蚀实验）和3.5%NaCl溶液（腐蚀磨损实验）。实验温度为25℃。

电化学测试体系，采用异种材料ZRA模式，其中工作电极为304不锈钢；饱和甘汞

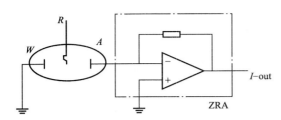

图 5.10　电化学测试系统示意图

电极为参比电极，小面积的 Pt 为辅助电极，如图 5.10 所示。

2）实验仪器

（1）慢应变速率拉伸试验机 1 套。

（2）往复式摩擦磨损试验机 1 套，其中对摩副为直径为 6mm 的 ZrO_2 球。

（3）电化学工作站 1 台。

（4）声发射测试系统 1 台。

（5）长焦距显微镜 1 套。

（6）扫描电子显微镜 1 台。

慢应变速率下应力腐蚀的实验装置示意图如图 5.11 所示。往复式摩擦磨损条件下金属腐蚀的实验装置示意图如图 5.12 所示。

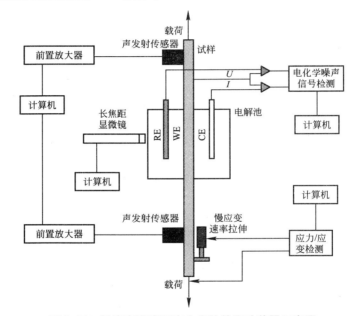

图 5.11　慢应变速率下应力腐蚀的实验装置示意图

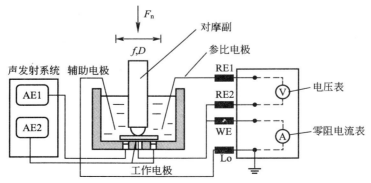

图 5.12　往复式摩擦磨损条件下金属腐蚀的实验装置示意图

四、实验步骤

（1）将拉伸试样装夹在拉伸夹具上，并将配制好的试液倒入电解池中。按图 5.11 中的配置和要求，连接好声发射传感器、参比与辅助电极及位移传感器等。

（2）打开慢应变速率试验机的控制程序，选择应变速率同时调整电化学噪声、声发射、长焦距显微镜等的数据采集与显示系统。

（3）按恒定的应变速率对试样进行应力腐蚀实验，同时检测与记录拉伸变形过程中的应力-应变曲线、电化学噪声谱、声发射谱和表面形貌图像，直至试样发生断裂为止。

（4）按图 5.12 的要求，装夹好试样，倒入试液，并连接好声发射传感器、参比与辅助电极。

（5）打开摩擦磨损试验机的控制程序，选择振幅、载荷和往复频率等参数；同时调整电化学噪声和声发射等的数据采集与记录系统。

（6）在固定的振幅、载荷和往复频率下对试样进行腐蚀磨损实验，同时检测与记录实验过程中的摩擦力、电化学噪声谱、声发射谱等数据，直至实验结束。

（7）实验结束后，将拉伸试样的断口及腐蚀磨损试样放入扫描电镜中进行形貌观察，分析断口和磨痕的特征。

（8）更换试液或改试液为空气，重复上述实验过程，比较介质对应力-应变曲线、电化学噪声谱、声发射谱、摩擦力曲线等的影响。

五、实验结果处理

（1）根据时域谱和频域谱的分析方法，计算应力腐蚀和腐蚀磨损条件下的特征电化学噪声参数和声发射特征参数，并探讨特征参数随实验时间的变化规律。

（2）计算应力腐蚀过程中应力-应变曲线上的各特征参数及腐蚀磨损过程中的摩擦因数-时间曲线，分析空气与实验介质下力学参数(环境敏感系数)的变化规律。

（3）归纳总结腐蚀过程中材料表面的形貌变化特征及断口、磨痕的形貌特点，探讨应力作用下的金属腐蚀机理。

六、思考题

（1）应力作用下的金属腐蚀是如何分类的？各自的腐蚀特点和机制是什么？

（2）查阅国内外文献资料，全面阐述金属腐蚀动态过程的研究方法。

（3）分析应力与化学介质间的协同作用对金属腐蚀破坏的影响。

实验四十一　涂料的设计与制备综合实验

一、实验目的

（1）掌握环氧涂料中环氧树脂与固化剂用量的计算原理与方法。

（2）了解涂料各组成对涂料及涂层性能的影响。

（3）掌握涂料的制备及施工方法。

二、实验原理

涂料，俗称为油漆，是由一种涂于物体表面，能形成具有保护、装饰或特殊性能（如绝缘、防腐等）的固态薄膜的一类液体或固体材料的总称。涂料虽然种类繁多，但各种涂料的组成基本上都包括成膜物质、颜填料、溶剂、助剂等成分。其中油料、树脂是主要成膜物质，它们可以单独成膜也可以粘结颜填料等物质成膜，它是涂料的基础。颜料、填料是次要的成膜物质，不仅使涂层呈现颜色和遮盖力，还可以增加机械强度、耐久性及特种功能如防蚀和防污等性能。组成涂料的三大部分，并不是每种涂料都必须含有的，只有主要成膜物质才是涂料不可缺少的成分。

1）成膜物质

涂料成膜物质的品种很多，如植物油和合成树脂等。下面，将以防腐蚀涂料中应用最广泛的环氧树脂涂料为主加以介绍。

环氧树脂，泛指分子中含有两个或两个以上环氧基团的有机高分子化合物，除个别外它们的相对分子质量都不高。环氧树脂的分子结构，以分子链中含有活泼的环氧基团为其特征，环氧基团可以位于分子链的末端、中间或成环状结构。由于分子结构中含有活泼的环氧基团，使它们可与多种类型的固化剂发生交联反应而形成不溶、不熔的具有三向网状结构的高聚物。环氧树脂有多种型号，各具不同的性能，其性能可由特性指标确定。环氧当量（或环氧值）是环氧树脂最重要的特性指标，表征树脂分子中环氧基的含量。环氧基是环氧树脂中的活性基团，它的含量多少直接影响树脂的性质。环氧当量是指含有 1mol 环氧基的环氧树脂的质量，一般用 Q 表示。而环氧值是指 100g 环氧树脂中环氧基的摩尔数，用 E 表示。Q 与 E 的换算关系为 $Q=100/E$。

环氧树脂的固化，是通过固化剂来实现的。固化剂通过直接参加固化反应而成膜。在工业上应用最广泛的是将胺加成物作为固化剂。用来计算胺加成物固化剂用量的特性指标，是胺值和胺当量。胺值，是指中和 1g 碱性胺加成物所需要的过氯酸所对应的当量氢氧化钾的毫克数。胺当量，是指含有 1mol N 原子的胺加成物的质量。胺值和胺当量的换算关系为：胺当量＝56100/胺值。

研究表明，胺类固化环氧树脂的机理主要是 N 原子上的活泼氢原子进攻环氧开环。故反应时胺类固化剂与环氧树脂二者的用量，主要与环氧基团的数目和活泼氢原子的数目有关。

由胺当量计算活泼氢当量，可通过下式实现：

活泼氢当量＝胺当量×（胺加成物中 N 原子数/胺加成物的活泼氢原子数）

若安排环氧基与活泼氢原子按 1:1 进行固化反应，环氧树脂与胺类加成物的用量关系可通过式（5-11）计算：

$$M=\frac{m\times E\times 561}{胺值}\times\frac{胺加成物中 N 原子数}{胺加成物中活泼氢原子数} \tag{5-11}$$

式中，m 是环氧树脂的质量；M 是胺类加成物的质量。

通常情况下，胺类加成物主要含有伯胺结构时，上式右侧分式的值取 1/2；胺类加成物中主要含有仲胺时，上式右侧分式的值取 1。通过计算得到的数据大多数时候都只作为参考，根据使用环境和条件并参照实际施工经验最终决定环氧树脂与固化剂二者的用量。

2) 颜料

颜料是次要成膜物质，是构成涂层的组分；它离开主要成膜物质不能单独成膜。颜料是涂料中的着色物质，同时具有遮盖底层、阻挡光线、提高涂层的耐水性、耐气候性、增加机械强度、硬度、耐磨性、延长涂层使用寿命等作用。颜料是不溶于水的无机物、金属及非金属元素的氧化物、硫化物及盐类。一般颜料，分为着色颜料、防锈颜料、体质颜料三种。

3) 溶剂

溶剂是一些能挥发的液体，能溶解和稀释树脂或油料，改变其黏度以便于施工。同时，溶剂又是涂料的辅助成膜物质之一。在制漆和涂装中，溶剂占有很大比例，但涂料干结成膜后，并不留在涂层内，而是完全挥发到空气中去，所以又称挥发部分。溶剂是溶剂型涂料不可缺少的组成之一，除在制漆时要采用溶剂外，涂装时为降低涂料的黏度，也要加入溶剂。制漆、涂装时选择溶剂十分重要，它直接影响涂料性能、涂层性能和涂层质量。如制漆选择不当，会影响涂料的储存稳定性，造成部分漆基的析出而变质。在涂装时，溶剂选择不当，会影响稀释涂料黏度和施工性能，会使涂层产生白斑、白化、失光等瑕疵，严重时会使涂料报废。

4) 辅助材料

辅助材料(又称涂料助剂)是辅助成膜物质，它本身不能成膜。辅助材料一般根据其功效来分，主要有催干剂、防潮剂、增韧剂、润湿剂、防霉剂、杀虫剂、抗结皮剂、乳化剂、脱漆剂等。辅助材料虽然用量很小，在总配方中不过百分之几，甚至千分之几，但在涂料工业应用很广，而且在涂料组分中占有重要的地位，是涂料生产、储存、施工和使用过程中必不可少的材料。

涂料是一种应用广泛的精细化学品，涉及日常生活、国民经济及国防建设的各个部门，发展非常迅速，品种从仅具有装饰和保护功能的通用涂料，扩展到能改变被涂物表面各种性能的特种涂料。随着人们对保护环境和节约能源意识的加强，世界各国先后制定法规限制有机挥发物的排放量，促使涂料朝着节省资源、节省能源和无污染即节约型涂料的方向发展。涂料的研究、开发和生产，涉及科学技术的众多领域。针对使用环境和条件选定涂料种类后，设定好涂料配方，即可开始制备涂料。

三、实验材料和仪器

1) 实验材料

氧化铁红、硫酸钡、着色颜料、滑石粉、环氧树脂、增稠剂、混合溶剂、聚酰胺树脂、丙酮、马口铁片等。

在本实验中，以常用环氧涂料配方为基础，通过广泛查阅文献确定出环氧树脂、聚酰胺树脂、混合溶剂、增稠剂和颜填料为主要因素，确定出五因素四水平的正交实验表 $L_{16}(4^5)$(表 5-1)。其中，颜填料由氧化铁红、硫酸钡、滑石粉按 3:1:3 混合组成，也可根据实验室条件自行确定。

2) 实验仪器

(1) 砂磨分散搅拌多用机 1 台。

(2) 烘箱 1 台。

(3) 烧杯 16 个。

（4）涂料刷若干。

四、实验步骤

（1）用金刚砂布打磨马口铁片表面，并用丙酮清洗。

（2）按表5-1的正交配方将各物质在烧杯中混合，使用砂磨分散搅拌多用机对烧杯中的溶液进行研磨分散，按照 GB/T 1723—93 的要求测定涂料的黏度，并填入表5-1中。

（3）在马口铁片上均匀涂刷配制成的涂料，在 110℃烘箱中烘干，时间为2h。按照 GB/T 1771—2007 的要求，测定已固化涂层的耐盐雾腐蚀性能，并填入表5-1中。

表5-1　环氧涂料的正交试验设计及涂料黏度和涂层耐蚀性能

序号	环氧树脂/g	聚酰胺树脂/g	混合溶剂/g	增稠剂/g	颜填料/g	涂料黏度/s	涂层耐盐雾试验性能/h
1	18	9	21	0.1	36		
2	18	11	24	0.2	40		
3	18	13	27	0.3	44		
4	18	15	30	0.4	48		
5	22	9	24	0.3	48		
6	22	11	21	0.4	44		
7	22	13	30	0.1	40		
8	22	15	27	0.2	36		
9	26	9	27	0.4	40		
10	26	11	30	0.3	36		
11	26	13	21	0.2	48		
12	26	15	24	0.1	44		
13	30	9	30	0.2	44		
14	30	11	27	0.1	48		
15	30	13	24	0.4	36		
16	30	15	21	0.3	40		

五、实验注意事项

（1）实验过程中注意各药品的称量次序，最后向体系中加入固化剂组分。

（2）要保证一定的搅拌时间，但是也不能过长，当黏度达到一定程度后开始涂刷，否则黏度过大，影响最终实验效果。

（3）涂刷过程中，要使用旧报纸等物以避免将涂料滴落在试验台上难以清理。

六、实验结果处理

（1）测定表5-1中16种配方涂料的黏度及涂层的耐盐雾腐蚀性能，并完成正交试验表(表5-1)。

(2)对表5-1中的黏度和耐盐雾腐蚀性能进行极差分析,完成极差分析表(表5-2)。

(3)根据极差 R_1 确定对涂料黏度影响最大的因素;并依据 K_{1i} 作图分析各因素用量的变化对涂料黏度的影响,确定各因素的最佳水平。

(4)根据极差 R_2 确定对涂层耐盐雾试验性能影响最大的因素;并依据 K_{2i} 作图分析各因素用量的变化对涂层耐盐雾试验性能的影响,确定各因素的最佳水平。

表5-2　环氧涂料黏度和涂层耐蚀性能的极差分析

	环氧树脂/g	聚酰胺树脂/g	混合溶剂/g	增稠剂/g	颜填料/g
K_{11}					
K_{12}					
K_{13}					
K_{14}					
K_{21}					
K_{22}					
K_{23}					
K_{24}					
R_1					
R_2					

七、思考题

(1)分析固化剂用量对涂层最终性能的影响。

(2)在涂料配方设计中,应如何选择配方的组成成分、正交因素个数和水平数?因素和水平数对实验结果有什么影响?

实验四十二　腐蚀产物膜的综合分析实验

一、实验目的

(1)掌握腐蚀产物膜形貌、成分及结构特征的基本分析方法。

(2)了解腐蚀产物分析常用实验仪器的功能和用途。

二、实验原理

腐蚀产物膜的主要分析方法是表观检查。表观检查是一种定性的检查评定方法,通常包括宏观检查和微观检查两部分内容。

宏观检查,就是用肉眼或低倍放大镜对金属材料去除腐蚀产物前后的形态进行观测。宏观检查时,应注意观察和记录材料表面腐蚀产物膜的颜色、形态、附着情况及分布,判别去除腐蚀产物膜后金属基体的腐蚀类型。局部腐蚀应确定部位、类型并检测其腐蚀破坏程度。另外，可对腐蚀产物膜及去除腐蚀产物膜后金属基体的形貌进行拍摄，以便保存和事后分析。

微观检查，常用来获取微观(局域的或表面的)信息，用以描述腐蚀产物膜的形貌、成分及结构特征，是宏观检查的进一步发展和必要补充。常用于微观检查的分析方法有扫描电子显微镜（SEM）、能谱分析（EDS）、X 射线衍射（XRD）及 X 射线光电子能谱（XPS）等。

扫描电子显微镜(SEM)，是应用电子束在样品表面扫描激发二次电子成像的电子显微镜。它主要用于研究样品表面的形貌与成分。

能谱(EDS)分析，是利用不同元素的 X 射线光子特征能量不同进行成分分析。它是电子显微镜(扫描电镜、透射电镜)的重要附属配套仪器，结合电子显微镜，能够在 $1\sim3\mathrm{min}$ 内对材料微观区域的元素分布进行定性定量分析，但只能分析原子序数大于 11 的元素。

如果需要更精确的元素分析，就需要用到电子探针显微分析仪(EPMA)。EPMA 是利用束径 $0.5\sim1\mu m$ 的高能电子束，激发出试样微米范围的各种信息，进行成分、结构、形貌和化学结合状态等分析。成分分析的空间分辨率(微束分析空间特征的一种度量，通常以激发体积表示)是几个立方微米范围。微区分析是 EPMA 的一个重要特点之一，它能将微区化学成分与显微结构对应起来，是一种显微结构的分析。它所分析的元素范围一般可从硼(B)到铀(U)，是目前微区元素定量分析最准确的仪器，检测极限(在特定分析条件下，能检测到元素或化合物的最小量值)一般为 $0.01\%\sim0.05\%$。不同测量条件和不同元素有不同的检测极限，有时可以达到 10^{-6} 级。

X 射线衍射(XRD)，是利用 X 射线受到原子核外电子的散射而发生衍射现象的分析方法。由于晶体中规则的原子排列就会产生规则的衍射图像，可据此分析表面腐蚀产物膜的结构。X 射线衍射如果直接用来检测金属表面上的腐蚀产物，对图谱的解释须考虑到 X 射线会穿透到表层 $10\sim20\mu m$ 处；如果腐蚀产物层比这个厚度厚，那么衍射图谱上不会反映基体的信息。

X 射线光电子能谱(XPS)，是用 X 射线去辐射样品，使原子或分子的内层电子或价电子受激发发射出来。XPS 的主要应用是测定电子的结合能来实现对固体表面元素的定性分析，包括表面的化学组成或元素组成、原子价态等。光电子能谱仪有不同的进样系统，固、液、气三态样品均可分析。可利用 XPS 研究金属和周围介质相互作用的初期阶段，金属表面腐蚀膜的组成，气体的表面吸附及表面沾污情况等。用 XPS 测定各有关元素的谱形变化，可对表面膜中各元素的相对变化做一定性的研究。

通过以上表面分析方法的结合使用，就可对腐蚀产物膜各层形貌、结构及化学成分组成做系统的定性和定量分析。例如，在石油天然气工业中普遍存在的 CO_2 腐蚀，碳钢经过 CO_2 腐蚀后，腐蚀产物膜主要是由 $FeCO_3$ 晶体组成。而含铬钢腐蚀产物膜主要是由非晶态的 $Cr(OH)_3$ 及少量的 $FeCO_3$ 晶体组成的。通过观察图 5.13 中 N80 钢去除腐蚀产物膜前后的形貌可以发现，腐蚀产物膜呈灰黑色，表面存在大小不一的孔洞，其余部分腐蚀产物膜相对致密；去除腐蚀产物膜后，可见基体呈现明显的点蚀形貌特征。对比可见腐蚀产物膜的缺陷(如鼓泡、孔洞)处，基体发生局部腐蚀。从微观腐蚀形态上看，N80 钢表面由一层堆积比较紧密的晶体构成，如图 5.14(a)所示，通过能谱分析可知，其主要由 Fe、O 及 C 元素组成(表 5-3)。结合 X 射线衍射分析，表明这些腐蚀产物是 $FeCO_3$(图 5.15)。

从截面形貌可以清楚看出，腐蚀产物膜分为三层：最外的表面层由一些较小的 $FeCO_3$ 晶体构成；而内层的 $FeCO_3$ 晶体颗粒较大；中间层的晶体大小介于二者之间，如图 5.14(b) 所示。

(a) 去除腐蚀产物膜前   (b) 去除腐蚀产物膜后

图 5.13　N80 钢去除腐蚀产物膜前后的宏观形貌

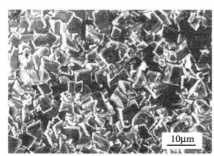 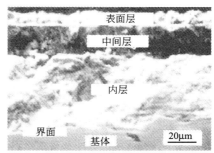

(a) 表面形貌   (b) 断面形貌

图 5.14　N80 钢腐蚀产物膜的微观形貌

表 5 - 3　腐蚀产物膜的成分分析（%）

C	Fe	O	Mn	Ca
5.39	38.13	52.69	2.07	1.72

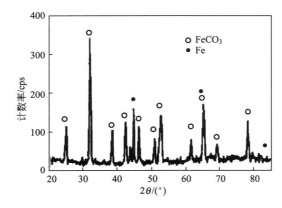

图 5.15　N80 钢腐蚀产物膜的 XRD 图谱

再结合图 5.16 的 XPS 分析和表 5 - 4 的结合能分析可知，Fe 在 710.13 eV（表面层）、

710.30 eV（中间层）处有明显结合能峰，与标准值 710.20eV 相吻合，说明 Fe 以＋2 价态存在，同样可分析出 O 和 C 分别以－2 和＋4 的价态存在。由此可以证明，腐蚀产物膜中的 Fe 是以 $FeCO_3$ 晶体形式存在。

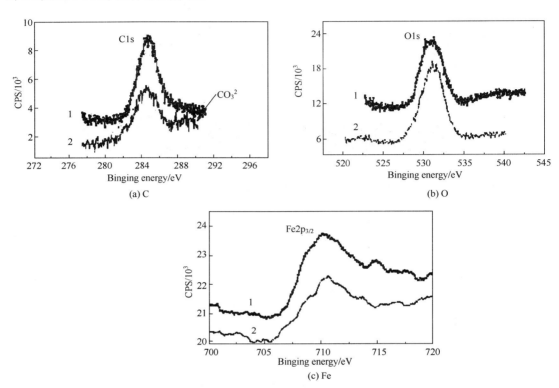

图 5.16　N80 钢腐蚀产物膜的 XPS 分析

1—表层膜；2—中间层膜

表 5-4　Fe、O 和 C 元素结合能实验结果与标准值的对比

结合能	标准值	实验值	
	$FeCO_3$	表面层	中间层
$Fe2p_{3/2}$	710.20	710.13	710.30
O1s	531.90	530.92	531.23
C1s	289.40	284.60	284.60，289.20

结合以上分析结果，我们就可以进一步地阐明腐蚀产物膜的特性、形成机制及对金属基体耐蚀性的影响。

三、实验材料和仪器

1）实验材料

带有腐蚀产物膜的试样，分析纯无水乙醇、分析纯丙酮等。

2）实验仪器

（1）扫描电子显微镜 1 台。

（2）能谱分析仪 1 台。

（3）X 射线衍射仪 1 台。

（4）X 射线光电子能谱仪 1 台。

（5）吹风机 1 台。

（6）数码照相机 1 台。

四、实验步骤

（1）试样的准备：准备好带有腐蚀产物的试样，根据所做实验分析的类型准备相应的平行试样（不得少于 3 块）。

（2）腐蚀产物膜的宏观观察：观察并记录腐蚀产物膜的宏观腐蚀形貌；并利用数码照相机对每一块试样照相，以备后续分析时使用。

（3）去除腐蚀产物膜：选取一块特征明显的试样以备后续腐蚀产物膜分析使用，将剩余试样刮去腐蚀产物膜存放，以备 XRD 等分析使用。根据试样材质，结合标准选取合适的溶液去除腐蚀产物；将试样用酒精除水，丙酮除油后吹干。

（4）试样腐蚀形貌观察：观察腐蚀后金属基体的腐蚀形貌，判断腐蚀类型，并拍照。

（5）使用扫描电镜和能谱分析仪分析腐蚀产物膜的表面和断面形貌及成分：在进行扫描电镜观察前，要对试样作相应处理（切割），切忌不能破坏腐蚀产物膜，试样大小要适合所使用的仪器样品座的大小；若材料的导电性差，要进行喷碳或喷金处理，然后用导电胶把试样粘结在样品座上；实验仪器准备就绪后，观察腐蚀产物膜表层及断面形貌，选取特征明显的部位拍照；对表层及断面各层腐蚀膜进行能谱微区成分分析，保存实验结果。

（6）使用 X 射线衍射仪分析腐蚀产物膜的结构：样品可以选用块状试样或粉末试样；块状试样大小要根据使用仪器样品架大小制备，一般不超过 $20mm \times 18mm$，必须使测定面与试样表面在同一平面上，试样表面的平整度要求达到 $0.02mm$ 左右；粉末试样一般情况下定性鉴定用 $10mg$ 即可，制备时要保证平整；将制备好的试样放入样品架进行测量，保存实验数据。

（7）使用 X 射线光电子能谱仪分析腐蚀产物膜的元素组成及化合价态：对于块状样品和薄膜样品，其长宽最好小于 $10mm$，高度小于 $5mm$；对于体积较大的样品则必须通过适当方法制备成合适大小的样品，但在制备过程中，必须考虑处理过程可能对表面成分和状态的影响；将制备好的试样装入样品架上，进行测量，保存实验数据。

（8）实验结束后，按要求整理实验器材。

五、实验结果处理

（1）描述腐蚀产物膜表面的宏观形貌特征及去除腐蚀产物膜后试样的腐蚀形貌。

（2）根据腐蚀产物膜表面及断面的 SEM 形貌，分析腐蚀产物膜的组成及结构。

（3）自建表格，记录能谱分析结果。

（4）使用 Search - Match、Jade 等分析软件分析 X 射线衍射曲线；使用 XPS 分峰软件分析 X 射线光电子能谱曲线，用 Origin 绘图软件作图，标定相应化合物及元素信息，分析腐蚀产物膜的结构及化学组成。

（5）结合以上实验结果，综合分析腐蚀产物膜的特征。

六、思考题

（1）在腐蚀产物膜分析中，要用到哪些主要的表面分析方法？各自的原理是什么？

（2）在腐蚀产物膜试样的制备过程中，需要注意哪些问题？

（3）试表征所分析腐蚀产物膜的元素组成、物相及结构特征。

第6章
工程性腐蚀综合实验

　　腐蚀科学与工程不仅是一门融合材料科学、化学、电化学、表面科学、力学等学科的理论交叉学科，而且是一门典型的工程应用性学科，其最大的特点就是理论研究与工程实际相结合，即工程实际应用是腐蚀科学理论发展的最大动力、解决工程实际中的材料腐蚀问题是腐蚀科学与工程学科的最终目的。

　　工程性综合实验是以工程实际中遇到的问题为背景，经过对其中科学问题的提炼而引入到实验教学中去的。在实验过程中，通过让学生熟悉工程应用背景、发现工程中的实际问题、综合运用所学的理论知识制订解决问题的方案、验证实验方案、得出结论并解决工程问题的实验过程，加强学生的工程化观念、提升学生的工程实践能力，从而大大激发学生的求知欲和工程创新意识。

　　在本章中，将以海洋构筑物、埋地管道、石油开采机械、钢筋混凝土等大型工程结构的腐蚀问题为背景，通过对其材料腐蚀行为和防护措施的综合实验研究，强化学生的工程意识，提升学生解决工程实际问题的能力。

实验四十三　海水腐蚀及海洋设施的防护实验

一、实验目的

（1）了解海洋环境的特点及海水腐蚀的分类与特征。
（2）掌握海水腐蚀的实验方法及评价标准。
（3）测定碳钢在海洋腐蚀各环境区域的腐蚀速率和腐蚀特征。
（4）掌握海洋结构设施的合理防护方法。

二、实验原理

　　金属结构在海洋环境中发生的腐蚀，称为海水腐蚀。海水是自然界中含量大且具有很强腐蚀性的电解质溶液。我国海域辽阔、大陆海岸线长，加之近年来海洋开发受到重视，各种海上运输工具、舰船、海上采油平台、开采和水下输送及储存设备等金属构件受到海水和海洋大气腐蚀的威胁愈来愈重，所以了解海洋环境中金属的腐蚀机理并掌握其防护措施具有非常重大的意义。

海水是由氯化物、硫酸盐等组成，盐含量达 3.5%，并溶解有氧气、氮气和二氧化碳的电解液，其 pH 为 7.2~8.6，电导率为 $4 \times 10^{-2} S/cm$（远高于河水和雨水）。此外，海水中还含有大量的海洋生物。因此，海水腐蚀主要以氧去极化为主。影响海水腐蚀的主要因素有溶解氧含量、温度、海生物污损、碳酸盐沉淀、微生物、pH、盐度、流速等。在一定条件下，温度、流速、海生物污损、微生物（如硫酸盐还原菌等）都可以成为影响腐蚀速率的控制因素。

按照金属和海水的接触情况，可将海洋腐蚀环境区域分为：海洋大气区、浪花飞溅区、海洋潮差区、海洋全浸区和海底泥土区。海洋大气区是指海洋环境中不直接接触海水（常高出海平面 2m 以上）的部分，其腐蚀是由于材料表面在含氧、海盐粒子水膜中的电化学过程而造成的。浪花飞溅区是指海水的飞沫能够喷洒到材料表面，但在海水涨潮时又不能被海水所浸没的部位（常高出海平面 0~2m），其特点是材料处于干湿交替区、氧气供应充足、腐蚀产物膜常被浪花冲击破坏，因而该区域的腐蚀很严重。海洋潮差区是指涨潮时浸在水中、而落潮时在水线上的区域。由于周期性的干湿交替和加之水线上下的氧浓差电池，使得浸在水线下的材料区域腐蚀严重。海洋全浸区是指常年被海水浸泡的区域。按照海水深度，可细分为浅海区（50m以内）、中等深海区（50~200m）和深海区（200m 以上）。由于氧含量随海水深度而降低，因此材料的腐蚀速率随深度略有降低。海底泥土区是指位于海底沉积物的区域。在该区域中材料的腐蚀主要受细菌和海底土壤的影响。海洋环境中各区域的材料腐蚀倾向，如图 6.1 所示。

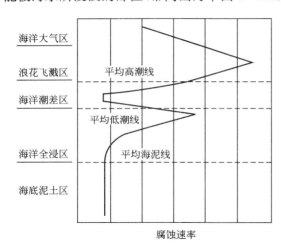

图 6.1 钢铁材料在海洋环境中的腐蚀倾向

从腐蚀机理看，海洋环境中材料的腐蚀有均匀腐蚀（如裸钢在中性海水中的均匀腐蚀速率约为 0.2mm/a）、点蚀、缝隙腐蚀（因构件间的缝隙而产生的）、电偶腐蚀（不同材质接触时产生的）、应力腐蚀和腐蚀疲劳（如风浪作用下的桅杆、螺旋桨等）、流动腐蚀、冲刷腐蚀、空蚀和杂散电流腐蚀等类型。

针对海水腐蚀的特点和影响海水腐蚀的因素，防治海水腐蚀的措施主要有：研制和应用耐海水腐蚀的材料如钛、镍、铜及其合金、耐海水钢等；实施外加电流或牺牲阳极的阴极保护技术（常用于海洋全浸区和海底泥土区）；涂装与包覆技术（对海洋大气区常采用涂装；而对浪花飞溅区和海洋潮差区常采用涂装＋包覆方法）。

在海水腐蚀试验方法方面，由于海洋环境影响因素的复杂性，使得目前的室内模拟加速试验和测试手段仍无法完全代替海洋自然环境试验（实海挂片试验）。实海挂片试验方法具有环境条件真实，试验简单，结果比较可靠等优点。但其最大的问题是试验周期长，一般试验周期从半年到十几年，环境因素无法控制，试样丢失造成试验失败的风险较高，从而制约了新材料新工艺在海洋工程中的快速应用。于是，更多时候常采用室内模拟的方法对材料的海水腐蚀行为、机理和防护措施进行研究，并以3.5％NaCl溶液作为模拟海水。

实验室内进行的模拟海水加速腐蚀试验，常从试样与溶液的相对位置、海水流速和实验温度等方面进行考虑和设计，但通常不考虑海洋微生物的影响。在试样与溶液的相对位置方面，有全浸实验、半浸实验和间浸实验三种，其实验装置如图6.2和图6.3所示。在海水流速方面，有流动溶液实验（如高速冲刷腐蚀、空蚀等）和转动试样实验（如旋转圆盘实验等）两大类。材料海水腐蚀的评定方法和评价指标，主要有形貌检查（腐蚀产物颜色和组成及表面形貌特征等）、失重率、腐蚀深度、点蚀深度、电化学参数（腐蚀电流密度、极化电阻）、力学参数变化等。

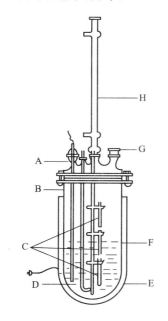

图6.2　多用途浸泡试验装置图

A—热电偶孔；B—烧杯；C—试样；
D—进气管；E—加热套；F—液面；
G—备用接口；H—回流冷凝器

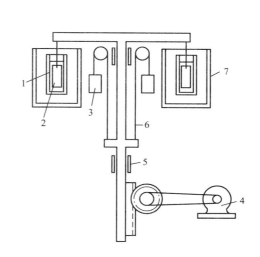

图6.3　间浸试验装置图

1—容器；2—试样；3—平衡锤；
4—电动机；5—轴承；6—绳索；
7—恒温器

在本试验中，将通过全浸、半浸和间浸等实验方法模拟海洋潮差区和海洋全浸区材料的腐蚀行为，通过制作旋转圆盘电极分析海水流速对材料腐蚀行为的影响，进而通过添加H_2O_2强化海水的阴极去极化作用等方式研究阴极保护方法在海洋设施防护中的作用。最后，根据查阅国内外的参考文献设计出满足海洋飞溅区要求的模拟浪花飞溅腐蚀实验装置，探索钢铁材料在浪花飞溅区的腐蚀特征及防护措施。

三、实验材料和仪器

1）实验材料

Q235钢，试样尺寸为60mm×40mm×4mm，中心打孔用于悬挂，用水磨碳化硅砂纸打磨至600♯，用清水冲洗后用酒精擦洗，吹风机吹干后放入干燥箱备用。

试液采用3.5％ NaCl溶液及3.5％ NaCl ＋0.01mol/L H_2O_2溶液，实验温度为室温。

2）实验仪器

（1）多用途浸泡实验装置 1 台。

（2）间浸试验装置 1 台。

（3）恒电位仪 1 台、辅助电极和参比电极（饱和甘汞电极）各 1 支。

（4）旋转圆盘电极 1 台。

（5）扫描电子显微镜 1 台。

（6）共焦显微拉曼光谱仪 1 台。

（7）增氧泵 1 台。

（8）分析天平、游标卡尺各 1 个。

（9）超声波清洗仪 1 台。

（10）吹风机、干燥箱各 1 个。

四、实验步骤

（1）用分析天平称量每块 Q235 试样的质量，并用游标卡尺测量试样的尺寸，计算试样的表面积。

（2）将 Q235 试样悬挂于图 6.2 中的试样架上，倒入适量的 3.5% NaCl 溶液使试样分别处于液面下方（全浸）、液面中间（半浸）和液面上方（大气腐蚀）。在室温下浸泡 30 天后，取出试样，清洗、称重并计算腐蚀速率。利用扫描电子显微镜和共焦显微拉曼光谱仪观察测定试样的腐蚀形貌和锈层组成。

（3）将 Q235 试样悬挂于图 6.3 中的试样架上，倒入适量的 3.5% NaCl 溶，调整间浸实验的条件：循环周期为 60min，其中浸泡 10min，空气中暴露 50min。在室温下间浸 30 天后，取出试样，清洗、称重并计算腐蚀速率。利用扫描电子显微镜和共焦显微拉曼光谱仪观察测定试样的腐蚀形貌和锈层组成。

（4）将 3.5% NaCl＋0.01mol/L H_2O_2 溶液倒入图 6.4 中的加速海水腐蚀实验装置中，并通过增氧泵进行充气。实验中试样 2 和 3 为海水腐蚀试样（计算失重率）；试样 4 为阴极保护试样，并与辅助电极 5、参比电极 7 组成三电极系统（用于阴极保护和电化学测试）。在室温下浸泡 15 天后，取出试样，清洗、称重计算腐蚀速率，并观察海水加速腐蚀和阴极保护的效果。同时，也可用扫描电子显微镜和共焦显微拉曼光谱仪观察测定各试样的腐蚀形貌和锈层组成。

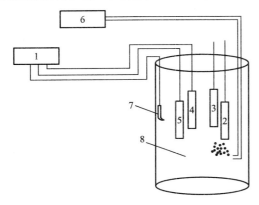

图 6.4　加速海水腐蚀与阴极保护试验的装置图

1—恒电位仪；2、3—海水腐蚀试样；

4、5—辅助电极与阴极保护试样；6—增氧泵；

7—参比电极；8—腐蚀介质

（5）利用旋转圆盘电极模拟研究不同海水流速下的腐蚀行为，计算腐蚀速率并利用扫描电子显微镜观察其腐蚀形貌特征。

（6）查阅国内外的文献资料，并根据参考文献［114~118］的设计思路研制能反映浪花飞溅区腐蚀行为的浪花飞溅腐蚀实验装置，并实地测量 Q235 钢试样在浪花飞溅条件下的腐蚀特征、失重率和锈层组成。

（7）对 Q235 试样进行涂料涂覆处理，然后重复步骤（2）～步骤（6）的实验过程，观察涂覆处理对材料的海水腐蚀速率的影响。

（8）将上述实验中的模拟海水换成从海洋中取来的实际海水，重复上述实验，观察其对材料腐蚀速率的影响。

五、实验结果处理

（1）通过列表，分析 Q235 试样在全浸、半浸、间浸、大气、流速、加速、浪花飞溅及阴极保护、涂覆等条件下的腐蚀速率，并与图 6.1 的实验规律进行对比。

（2）分析不同实验条件下 Q235 试样的海水腐蚀形貌特征，并分析腐蚀形貌特征与各实验条件间的因果关系。

（3）分析不同实验条件下 Q235 试样的锈层组成特点，并分析锈层组成与各实验条件间的因果关系。

六、思考题

（1）简述海洋环境的特点及海洋腐蚀的特征与分类方法。

（2）影响海水腐蚀的因素有哪些？各因素对海水各区域的腐蚀速率和腐蚀特征有什么影响？

（3）评价材料海水腐蚀行为的实验方法有哪些？评价方法和标准是什么？

（4）防止海水腐蚀的方法有哪些？应如何依据海洋各环境区域的特点，有针对性地选择合理的防护措施？

实验四十四　土壤腐蚀与埋地管道的防护实验

一、实验目的

（1）理解并掌握土壤理化性质的实验室测定方法和原理。
（2）熟悉并掌握土壤电阻率的电化学测试方法和原理。
（3）熟悉并掌握在埋地管道中实施外加电流阴极保护与牺牲阳极保护的原理和方法。

二、实验原理

1）土壤的特性

土壤的不均匀性：土壤中的氧有的溶解在水中，有的存在于土壤的缝隙中。土壤中的氧浓度与土壤的湿度和结构都有密切关系，氧含量在干燥砂土中最高，在潮湿的砂土中次之，而在潮湿密实的黏土中最少；这种充气的不均匀性正是造成氧浓差电池腐蚀的原因。

土壤的导电性：由于在土壤中的水分能以各种形式存在，土壤中总是或多或少地存在一定的水分，因此土壤有导电性。土壤也是一种电解质，土壤的孔隙及含水的程度又影响着土壤的透气性和电导率的大小。

土壤的多相性：土壤是由土粒、水、空气、有机物等多种组分构成的复杂多相体系。实际的土壤，一般是这几种不同组分按一定比例组合在一起的。

土壤的含水量一般采用烘干法进行测量，其原理是将试样置于105℃±2℃的烘箱中烘至恒重，即可使其所含水分全部蒸发以此计算出水分含量。在此温度下，有机质一般不致大量分解损失影响测定结果。

土壤的酸碱性：大多数土壤是中性的，pH 为 6.0～7.5；有的土壤是碱性的，如我国西北的盐碱地，pH 为 7.5～9.0；也有一些土壤是酸性的，如腐殖土和沼泽土 pH 为 3～6。一般认为，pH 越低，土壤的腐蚀性越大。

2）土壤腐蚀的类型

氧浓差电池：由于管线不同部位土壤中氧含量的差异，产生氧浓差电池。氧含量低的部位电位较负成为阳极，氧含量高的部位电位较正为阴极。

异种金属接触电池：地下金属构件采用电极电位不同的两种金属材料连接时，电位较负的金属腐蚀加剧，而电位较正的金属获得保护。

盐浓差电池：由于土壤介质含盐量不同而造成的，盐浓度高的部位电极电位较负，成为阳极而加速腐蚀。

温差电池：这种电池在油井和气井的套管及压缩站的管道中可能发生。位于地下深层的套管处于较高的温度，成为阳极；而位于地表面附近即浅层的套管温度低，成为阴极。

新旧管线构成的腐蚀：当新旧管线连在一起时，由于旧管线表面有腐蚀产物层，使电极电位比新管线正，成为阴极，加速新管的腐蚀。

长距离腐蚀宏电池：发生在埋设于地下的长距离金属构件上，由于土壤的组成、结构不同所形成的腐蚀电池。长距离腐蚀宏观电池可产生相当可观的腐蚀电流，也称为长线电流。

杂散电流腐蚀：杂散电流是指由原定正常电路漏失的电流，其来源主要有电气化铁道、电焊机、电化学保护装置、电解槽等。杂散电流可导致地下金属设施发生严重的腐蚀破坏作用，其腐蚀量与杂散电流的强度成正比，服从法拉第电解规律。腐蚀事故表明，直流电和交流电均能产生杂散电流腐蚀，但后者仅为前者的 1%。

微生物腐蚀：微生物对地下金属构件的腐蚀，是新陈代谢的间接作用，不直接参与腐蚀过程。

3）土壤腐蚀的电化学过程

大多数金属在土壤中的腐蚀都属于氧去极化腐蚀。金属在土壤中的腐蚀与在电解液中的腐蚀本质是一样的。以 Fe 为例，阳极过程为：

$$Fe + nH_2O \longrightarrow Fe^{2+} \cdot nH_2O + 2e^-$$

阳极反应的速度，主要受金属离子化过程的难易程度控制。

在低 pH 的土壤中，OH^- 很少，由于不能生成 $Fe(OH)_2$，使 Fe^{2+} 浓度在阳极区增大。在中性和碱性土壤中生成的 $Fe(OH)_3$ 溶解度很小，沉淀在钢铁表面上，对阳极溶解有一定的阻滞作用。土壤中如含有碳酸盐，也可能在阳极表面生成不溶性沉积物，起保护膜的作用。土壤中氯离子和硫酸根离子能与 Fe^{2+} 生成可溶性的盐，因而加速阳极溶解。

阴极过程为：

$$1/2O_2 + H_2O + 2e^- \longrightarrow 2OH^-$$

在弱酸性、中性和碱性土壤中，阴极反应主要是氧的去极化作用。由于土壤中的水溶解氧是有限的，对土壤腐蚀起主要作用的是缝隙和毛细管中的氧。土壤中的传递过程比较复杂，进行得也比较慢。在潮湿的黏性土壤中，由于渗水能力和透气性差，氧的传递是相当困难的，使阴极过程受阻，当土壤水分的 pH 大于 5 时，腐蚀产物能形成保护层，腐蚀受到抑制。

4）埋地管道的防护

阴极保护是对埋地管道进行保护的最普遍最有效的方法之一。通过对受保护的金属设施进行阴极极化，使之成为一个大阴极，从而防止金属管道的腐蚀（金属只有在阳极状态下才可能腐蚀）。阴极保护可以通过两种方法实现，一是外加电流法，二是牺牲阳极法，如图 6.5 所示。

管道在土壤中的腐蚀是电化学过程。在土壤环境中，管道的某个部位发生阴极反应，称为阴极区；而管道的另外某个部位发生阳极反应，称为阳极区。在阳极区，管道中的金属 Fe 变为 Fe^{2+}，并进一步向氧化成高价铁的反应方向进行。

考虑到腐蚀电池中两个电极是相互连接的，在两个电极上分别同时进行阳极反应和阴极反应，因此图 6.6 所示腐蚀极化图中的阳极极化曲线 $E_a^0 T$ 与阴极极化曲线 $E_c^0 R$ 将相交于 S 点。且流过两电极的电流必定相等，即在 S 点处阳极反应电流应与阴极反应电流相等，即金属的自腐蚀电流 i_{corr}，相应于 S 点的电极电位即腐蚀电位 E_{corr}。

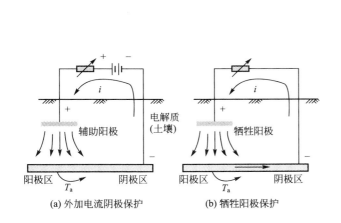

图 6.5　阴极保护的方法示意图　　图 6.6　阴极保护的原理示意图

当对系统外加阴极电流而产生阴极极化时，系统总电位将负移。如电位移至 E_1，这时阴极上的还原反应速度增大至 i_1，而阳极上的氧化反应速度即金属腐蚀速度减小到 i_a，外加电流为两电极反应电流之差。可以认为，这时的金属管道得到了一定的保护。当外加阴极电流继续增大，系统总电位继续负移。当系统电位达到阳极的平衡电极电位 E_a^0 时，系统中阳极金属的腐蚀电流为零，可以认为这时腐蚀过程停止进行，系统得到了完全的保护。此时的阴极反应电流 $i_{保护}$ 就等于外加阴极电流，这一外加电流称为最小保护电流，对应的电位称为最小保护电位。

一般情况下，由于牺牲阳极的驱动电压低、输出电流小，一般只用在短距离且土壤电阻率低的管道。而外加电流阴极保护的输出可调，可用在大型管道及高土壤电阻率地区。

（1）外加电流法。将被保护的金属构件整体接至直流电源的负极，通以外加电流使金属阴极极化，这种方法称为外加电流阴极保护法。在此系统中，阳极为一个不溶性的辅助件，二者组成宏观电池，从而实现阴极保护。

如果将金属的电位向负方向调整，金属将进入 $E\text{-}pH$ 图中的不腐蚀区，其阳极溶解便被抑制。为此，向被保护件引入阴极电流，使其发生阴极极化，可达到控制金属腐蚀的目的。

当外加电流 i_c^{ex} 由辅助阳极流向阴极时，阴极本身还承受着腐蚀原电池的阳极电流 i_a。因此，阴极电流 i_c 为：

$$i_c = i_a + i_c^{ex}$$

当外加阴极电流 i_c^{ex} 等于 i_c 时，有：

$$i_a = i_c - i_c^{ex} = 0$$

即阳极电流 i_a 为零，阳极反应停止，金属腐蚀停止。

在外加电流阴极保护中，保护电流由外部直流电源（常用的有整流器，还有太阳能电池、热电发生器、风力发电机等）提供，靠电源的电压来驱动电流。辅助阳极起传送电流的作用，材料为导体，如高硅铸铁等。如果用电位很负的金属（如镁）作为辅助阳极，则由所形成电池的电动势来驱动电流。在这种情况下，保护电流是靠辅助阳极（镁）的溶解提供的，即我们所说的牺牲阳极。

（2）牺牲阳极法。利用比被保护构件电位更负的金属和合金制成的牺牲阳极，对被保护构件输出阴极电流，从而使被保护构件免遭腐蚀，这种方法称为牺牲阳极法阴极保护，简称牺牲阳极保护。外接牺牲阳极的电极电位比被保护金属更负，更容易失去电子，它输出阴极电流使阴极极化。

为了达到有效保护，牺牲阳极不仅在开路状态有足够负的开路电位，而且在闭路状态有足够的闭路电位。只有这样，在工作时才可保持足够的驱动电压。驱动电压指牺牲阳极的闭路电位与金属构筑物阴极极化后的电位之差，也称为有效电压。

作为牺牲阳极的材料，必须具有下列条件：

① 要有足够的负电位，且很稳定。

② 工作中阳极极化要小，溶解均匀，产物易脱落。

③ 阳极必须有高的电流效率，即实际电容量和理论电容量之比的百分数要大。

④ 电化当量高，即单位质量的电容量要大。

⑤ 腐蚀产物无毒，不污染环境。

⑥ 材料来源广，加工容易，价格便宜。

在土壤环境中，常用的阳极材料有镁和镁合金、锌和锌合金，在海洋环境中还有铝合金。这三类牺牲阳极，已在世界范围内广泛应用。

三、实验材料和仪器

1）实验材料

土壤样品，编号为 A1～A6；准备直径为 600mm、长 0.5m 的 X60 钢管及含外防护涂层的管段 20 段；Na_2CO_3、$NaHCO_3$、去离子水等分析纯试剂。

2）实验仪器

（1）离子色谱仪，并配保护柱、分离柱、电化学自再生抑制器、电导检测器、色谱工作站。

（2）ZC-8 接地电阻测量仪。

（3）工具显微镜。

（4）万分之一天平。

（5）烘干箱、pH 计、土壤氧化还原电位仪、烧杯、容量瓶等。

（6）恒电位仪、蓄电池、不溶性辅助阳极、镁合金、锌合金。

四、实验步骤

1）土壤理化性质测定

采用烘干法，在 105℃±2℃时加热将土壤烘干，计算土壤的含水量。

称取过 2mm 尼龙筛的风干土样 10.0g 放入 30mL 烧杯中，加 10mL 无二氧化碳去离子水，用玻璃棒剧烈搅拌 1～2min，静置 3min，此时应避免空气或挥发性酸性气体等的影响，然后用 pH 计和土壤氧化还原电位仪测量其温度、pH、电导与氧化还原电位。

配制淋洗液为 Na_2CO_3（3.5mmol/L）和 $NaHCO_3$（1.0mmol/L）的混合溶液，淋洗液流速 0.92～0.94mL/min，进样量 25μL，电流 50mA。用 1/100 电子天平称取通过 1mm 筛孔的风干土样 50.00g，置于 500mL 细口瓶中，加无二氧化碳蒸馏水 250mL，用橡皮塞塞紧瓶口，在振荡机上振荡 3min，及时过滤于另一干燥的细口瓶中，测定滤液电导率，以确定稀释倍数。配制所需浓度的标准溶液，使之符合离子色谱检测范围。配制 3 种不同浓度的标准溶液，以峰面积定量，测定各离子的保留时间和标准曲线的相关系数。在实验条件下，将处理好的稀释土壤样品进行 5 次重复测定，当离子的峰面积的相对标准偏差较小时，读取不同离子的含量。

2）土壤电阻率测试

图 6.7 为四极法测试土壤电阻率的接线示意图，四个电极均匀布置在一条直线上，极间距为 S，电极入土深度应小于 $S/20$。使用 ZC‑8 接地电阻测量仪（0～1Ω 到 10～100Ω）进行测量时，在 C_1、C_2 两电极间通过电流 I，同时测量 P_1、P_2 两电极间的电压 V，从而计算电阻值 $R=V/I$，然后按 $\rho=2\pi SR$ 计算土壤的电阻率 ρ，式中，ρ 为布极点处从地表到插入土层的电阻率（Ω·m）；R 为 ZC‑8 接地电阻测量仪示值（Ω）；S 为相邻两电极之距离（m）。

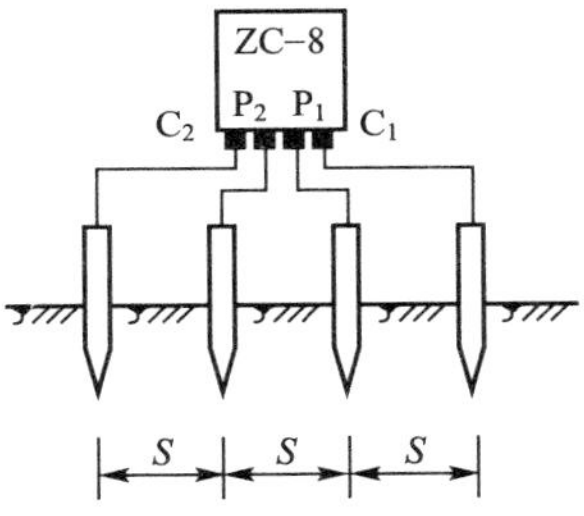

图 6.7　土壤电阻率测试接线示意图

四极法的数学模型为两个电极在土壤中形成电场，而在两个电极之间形成的电位差与电极上流过的电流量及两电极间的土壤电阻率成正比。当电极为球形电极时，满足上式关系。要把电极看成球形电极，只有当电极入土深度小于极间距的 5% 时，这种模拟才比较切合实际，所以要求电极入土深度小于等于 $S/20$。

3）埋地管道的防护实验

（1）外加电流法。将直径为 600mm、长 0.5m 且管内壁涂有防护涂层的 8 段管道水平埋置，分为两组。第一组 4 段管道采用外加电流法，分别编号为 1、2、3、4；第二组 4 段管道作为对照，编号为 5、6、7、8。应严密封闭管端，第一组每段管道中用蓄电池或临时的整流电源及地床作为电源，管道连接电源负极，正极连接不溶性的辅助阳极。

测量阴极保护电流时，用电源给管道送电，测量管道沿线各点的管地电位，根据试验结果确定阴极保护电流。根据管道阴极保护电流密度、管道直径、壁厚的不同，确定每个辅助阳极之间的保护距离。首先确定单位长度管道的纵向电阻 R：

$$R = \frac{\rho_T}{\pi(D-\delta)\delta} \qquad (6-1)$$

式中，R 为单位长度管道的纵向电阻（Ω/m）；ρ_T 为钢管电阻率（$\Omega \cdot \text{m}$）；D 为管道外径（mm）；δ 为管道壁厚（mm）。

每个辅助阳极之间的保护距离为：

$$2L = \sqrt{\frac{8\Delta V}{\pi D \times J_s \times R}} \qquad (6-2)$$

式中，L 为单侧保护长度（m）；ΔV 为最大保护电位与最小保护电位之差（V）；D 为管道外径（m）；J_s 是管道保护电流密度（A/m^2，新涂层保护电流密度参考值为 0.01mA/m^2）；R 为单位长度管道的纵向电阻（Ω/m）。

对 1、2、3、4 号管道，均按照此方法分布辅助阳极。每两个试样之间的距离取决于试样的大小和土壤的电阻率，要求一个试样的腐蚀产物和腐蚀电流不会影响到另一个试样的腐蚀过程，一般认为试样间隔距离至少应是其直径（或宽度）的两倍。

第二组的 4 段管道与第一组的管道对应埋在相同位置，作为对照试验组。按计划分期分批地取出试样，分析腐蚀结果。试验持续的总周期及两次取样之间的时间间隔取决于试验目的和性质。对于钢铁试样通常每隔 1~2 年取样一次，总持续时间为 15~20 年，甚至更长。

取出试样后用显微镜分别聚集在未受腐蚀的蚀孔外缘和蚀孔底部测量蚀孔深度，每个试样上测定 5~10 个最深蚀孔的深度，并求平均最大侵蚀深度，这是土壤腐蚀结果的评定判据之一。同时，采用失重法由暴露前后的试样质量差计算每单位面积、单位时间内的腐蚀速率，作为判据之二。

（2）牺牲阳极法

将直径为 600mm、长 0.5m 且管内壁涂有防护涂层的 12 段管道水平埋置，分为三组。第一组 4 段管道采用镁合金电极，编号为 1、2、3、4；第二组 4 段管道采用锌合金电极，编号 5、6、7、8；第三组作为对照，进行裸管实验，编号 9、10、11、12。同样应严密封闭管端，外加电极作为阳极被氧化，管道作为阴极被保护。

根据管道系数与阴极保护电流等确定阳极的支数和距离：

被保护面积：$A = \pi \times D \times L$

所需阴极保护电流：$I = A \times i_{保护} \times \eta$

式中，D 为管道直径；L 为管道长度；$i_{保护}$ 为保护电流密度；η 为涂层效率，根据国内规范，新管道应在 99.9%~99.5%。

单支阳极的输出电流为 $i=$ 阳极驱动电位/电路总电阻，算出输出电流 I 需要阳极的支数为 $n=I/i$。将 n 支阳极沿管道平均距离埋设，然后与管道连接，按此方法将第一、二组的每段管道埋设阳极，第三组作为对照组。

取样的时间间隔和取出试样后的分析测量方法，同外加电流法。

五、实验结果处理

（1）根据实验结果，填写表 6-1~表 6-6。

表 6－1　土壤样品的离子液相色谱结果　　　　　（单位：mg/L）

样品	F^-	Cl^-	NO^{2-}	NO^{3-}	SO_4^{2-}	Br^-	PO_4^{3-}	H_2S
A1								
A2								
A3								
A4								
A5								
A6								

表 6－2　土壤电阻率测试结果　　　　　（单位：$\Omega \cdot m$）

样品	土壤电阻率
A1	
A2	
A3	
A4	
A5	
A6	

表 6－3　不同管道在外加电流法下的孔蚀深度　　　　　（单位：mm）

试件编号	最大 10 个孔蚀深度										平均孔深
1											
2											
3											
4											
5											
6											
7											
8											

表 6－4　外加电流保护下由失重法测定的腐蚀速率

试件编号	腐蚀前质量/g	腐蚀后质量/g	使用时间/y	腐蚀速率/(g/y)
1				
2				
3				
4				
5				
6				

（续）

试件编号	腐蚀前质量/g	腐蚀后质量/g	使用时间/y	腐蚀速度/(g/y)
7				
8				

表 6-5　不同管道在牺牲阳极法下的孔蚀深度　　　　　　（单位：mm）

试件编号		最大 10 个孔蚀深度										平均孔蚀深度
镁合金	1											
	2											
	3											
	4											
锌合金	5											
	6											
	7											
	8											
对照组	9											
	10											
	11											
	12											

表 6-6　牺牲阳极法保护下由失重法测定的腐蚀速率

试件编号		腐蚀前质量/g	腐蚀后质量/g	使用时间/y	腐蚀速率/(g/y)
镁合金	1				
	2				
	3				
	4				
锌合金	5				
	6				
	7				
	8				
对照组	9				
	10				
	11				
	12				

（2）综合评价不同土壤的腐蚀性。

六、思考题

（1）简述土壤离子含量的主要测试方法。
（2）简述电阻率对土壤腐蚀的影响规律。
（3）分析不同防护方法对管道耐蚀性的影响。

实验四十五　油田用缓蚀剂和防垢剂的性能评定实验

一、实验目的

（1）了解缓蚀剂和防垢剂性能评定的原理。
（2）掌握缓蚀剂和防垢剂性能评定的方法。

二、实验原理

1）缓蚀剂

油田开发到中后期，产出液含水量达到 90% 以上。由于水中溶解了不同程度的 CO_2、H_2S、O_2 等腐蚀性气体，会对金属设备和管道产生严重的腐蚀。防止和抑制腐蚀的方法，主要有使用耐蚀材料、金属表面涂层防护、电化学保护、添加缓蚀剂等。缓蚀剂具有以下优点：①不更换设备的情况下对设备实施防护；②添加量少，防护性能好。

目前国内外使用的油田缓蚀剂大多是吸附型缓蚀剂，主要缓蚀成分是有机物，如链状有机胺及其衍生物、咪唑啉及其盐、季铵盐类、松香衍生物、磺酸盐、亚胺乙酸衍生物及炔醇类等。其中丙炔醇类、有机胺类、咪唑啉及其衍生物类、季胺盐类的缓蚀效果较好。目前，油田使用最多的是咪唑啉缓蚀剂及其衍生物，因此本实验以咪唑啉缓蚀剂为例进行实验。

缓蚀剂的测试评定主要是在各种条件下，对比金属材料在腐蚀介质中有无缓蚀剂时的腐蚀速率，从而确定其缓蚀效率。所以，缓蚀剂的测试研究方法就是金属腐蚀的测试方法。

实验室中评价缓蚀剂的方法主要有质量法、电化学方法及新出现的一些新方法如光电化学法、恒电位-恒电流法等。失重法具有简便、直观、易操作等许多优点，目前仍是测量腐蚀的基本方法，而且在大多数情况下还被认为是与其他方法进行比较的一种标准方法。

缓蚀剂的性能，可通过缓蚀率 η 表征。缓蚀率越大，缓蚀性能越好。

$$\eta = \frac{\Delta m_0 - \Delta m_1}{\Delta m_0} \times 100\% \qquad (6-3)$$

式中，η 是缓蚀率（%）；Δm_0 是空白试验中试片的质量损失（g）；Δm_1 是加药（添加缓蚀剂）试验中试片的质量损失（g）。

2）防垢剂

含有 Ca^{2+}、Mg^{2+}、SO_4^{2-}、CO_3^{2-}、Ba^{2+} 等各种成垢离子的油田水，由于压力、温度等条件的变化及水的热力学不稳定性和化学不相容性，地层、油套管、井下及地面设备、集输管线常会发生结垢。结垢严重时，会影响油气生产，甚至使石油气井停产、报废。

油田防垢技术，可分为化学法防垢技术、物理法防垢技术和工艺法防垢技术等。在众多的防垢方法中，化学防垢及防垢技术由于其成本低、效果明显的优点而被广泛采用。

当两种盐水混合时，某种成垢阳离子和阴离子可能形成垢沉淀，从而使水中该成垢离子浓度显著下降。如混合盐水中有防垢剂，沉淀难以形成，成垢阳离子原始浓度的降低也受到抑制。因而在混合盐水中改变防垢剂类型、用量，保证形成沉淀所需时间，通过测定某种成垢阳离子的变化，可对防垢剂性能进行评定和筛选。

防垢剂的性能，常用防垢率 E 表征；其百分数越大，防垢性能越好。

$$E = \frac{M_2 - M_1}{M_0 - M_1} \times 100\% \qquad (6-4)$$

式中，M_2 是加防垢剂后混合溶液中的钙离子浓度；M_1 是未加防垢剂混合溶液中的钙离子浓度；M_0 是用实验 A 溶液（见实验步骤部分）中测得的钙离子浓度之半。

本实验采用静态缓蚀率测定方法（也可以选用旋转挂片法或动电位极化评价方法）评价缓蚀剂的性能；通过抑制碳酸钙垢的性能实验评价防垢剂性能。防垢剂性能的评定，还要进行抑制硫酸钙性能试验、抑制硫酸钡性能试验和抑制硫酸锶垢性能试验。这几个试验和抑制碳酸钙性能试验有很大的相似性，因此在这里我们就选做一个，在真正的防垢剂性能评定试验中需根据试验介质做相应的试验。

三、实验材料和仪器

1）缓蚀剂性能评价

实验所用的化学试剂，有咪唑啉衍生物缓蚀剂及分析纯的氯化钠、氯化镁、氯化钾、硫酸钠、氯化钙、碳酸氢钠、硫化钠、氢氧化钠、硫酸、盐酸、无水乙醇和丙酮等，以及高纯氮（纯度≥99.99%）和二氧化碳（纯度≥99.95%）。

实验仪器有恒温箱（控温精度±1℃）、分析天平（感量为 0.1mg）、游标卡尺（精度为0.02mm）、启普发生器、下口瓶（容量 10L、20L，上下口用带管的橡胶管封堵密封）等。

2）防垢剂性能评价

实验所用的化学试剂，有 IMC-50N 防垢剂（沈阳中科腐蚀控制工程技术中心）和分析纯的氯化钠、二水氯化钙、硫酸钠、六水氯化镁、碳酸氢钠、二水氯化钡、氯化锶、氢氧化钠、乙二胺四乙酸二钠（EDTA）、盐酸等及碳酸钙（基准试剂）、钙试剂羧酸钠等。

实验仪器有分析天平（感量 0.01g、感量 0.0001g）、控温烘箱（精度±2℃）、恒温水浴（精度±2℃）、瓶装 CO_2（工业品）、具塞磨口锥形瓶（150mL）、玻璃注射器（5mL）、6 号针头（长度 10cm）、旋盖式塑料过滤器（过滤面直径 11mm）、溶剂微孔过滤膜（水系，直径5μm）及移液管、滴定管等。

四、实验步骤

1）缓蚀剂性能评定

（1）取现场所用钢材如 N80、J55 等，切成 50mm×13mm×1.5mm 的长方体，用砂纸打磨至 800 目。

（2）实验前一天，根据缓蚀剂用量要求（如咪唑啉用量>50mg/L），用容量瓶配置缓蚀剂溶液。

(3) 试片用滤纸擦净后，丙酮清洗；擦净后再用无水乙醇浸泡 5min，然后吹干；干燥后测量尺寸并称重。

(4) 根据现场实际水质(如胜二区采出液，见补注 1)配置模拟液，用氮气驱氧，再通入二氧化碳或硫化氢。

(5) 将配置好的缓蚀剂溶液，按设计质量浓度用移液管分别加入到实验容器中。

(6) 将模拟液导入实验容器中(注意排除空气)，液面到瓶颈时挂入试片，用橡胶瓶塞密封。

(7) 同时做空白试验(缓蚀剂添加量为 0mg/L)。(每组试验至少做三个平行试验，每个平行试验容器中挂三片试片)。

(8) 将试验装置放入恒温箱中，在 50℃下放置 7～14 天。取出试片。先用去离子水冲洗，擦干后放入丙酮中除油，再放入无水乙醇中浸泡 5min。

(9) 取盐酸 100mL 和六甲基四胺 5～10g，加水至 1000mL，配置酸洗液。

(10) 将试片放入酸洗液中浸泡 5min，除去试样表面腐蚀产物。取出试片用去离子水冲洗后立即浸入(60g/L)氢氧化钠溶液中，30s 后用去离子水冲洗，再放入无水乙醇中浸泡 5min，清洗、脱水两次，后用冷风吹干干燥后称量。

2) 防垢剂性能评定

(1) 按如下要求配制 A、B、C 溶液：

A 溶液：$C_{NaCl} = 33.00g/L$, $C_{CaCl_2 \cdot 2H_2O} = 12.15g/L$, $C_{MgCl_2 \cdot 6H_2O} = 3.68g/L$

B 溶液：$C_{NaCl} = 33.00g/L$, $C_{NaHCO_3} = 7.36g/L$, $C_{Na_2SO_4} = 0.03g/L$

C 溶液：$C_{防垢剂} = 0.5\%$(质量分数)

(2) 将玻璃导气管浸没到溶液 A 和 B 中，通入 CO_2 气体，并在恒温水浴(70±2)℃中通气 0.5h，然后塞紧瓶塞。

(3) 向编号为 0，1，2，3，4，5 的瓶中分别加入 C 溶液 0.000g，0.010g，0.030g，0.050g，0.100g，0.200g；向编号为 0′，1′，2′，3′，4′，5′ 的瓶中依次加入 C 溶液 0.000g，0.010g，0.030g，0.050g，0.100g，0.200g。

(4) 向编号为 0，1，2，3，4，5 的瓶中分别加入 A 溶液 50mL；向编号为 0′，1′，2′，3′，4′，5′ 的瓶中依次加入 B 溶液 50mL，塞紧瓶塞混合均匀；再将瓶中溶液在恒温水浴(70±2)℃中预热 0.5h。

(5) 将 0′ 瓶中溶液全部倒入 0 瓶中盖紧瓶塞，充分混匀，称取总质量，在控温烘箱(70±2)℃中恒温 25h。按 0′-0 瓶的步骤，对 1′-1，2′-2，3′-3，4′-4，5′-5 瓶做相同的操作。

(6) 对恒温后的瓶子称取总质量，与步骤(5)称取的总质量相比较，质量损失等于或大于 0.5g，须向瓶中加入去离子水以弥补恒温期间的水分损失。

(7) 将装好滤膜的塑料过滤器一端接在玻璃注射器上，另一端接上针头；从 0 瓶中抽吸滤液 2mL，将该滤液 1.00mL 加进已盛有 50mL 去离子水的瓶中，混匀待滴定。对 1，2，3，4，5 瓶做相同的操作。

(8) 按国家标准 GB 7476—1987(见补注 2)的要求，测定每瓶溶液中的钙离子浓度。

3) 缓蚀剂与防垢剂的配伍性

按现场缓蚀剂和防垢剂的用量添加缓蚀剂和防垢剂到模拟液中，分别测试其缓蚀性能和防垢性能，并且与之前添加单一组分的模拟液所测得的缓蚀率与防垢率进行比较。

4）注意事项

（1）缓蚀剂性能评定试验中，试验介质的用量为每 $1cm^2$ 试片面积不少于 20mL。

（2）缓蚀剂性能评定试验中，试片不能与容器壁接触，试片间距应在 1cm 以上，试片上端距液面应在 3cm 以上。

五、实验结果处理

（1）根据实验所得结果，分别填写表 6-7 和表 6-8。

表 6-7　缓蚀剂性能评价报告

试片材质：_____；试验周期：_____；试验日期：_____。

	单用缓蚀剂性能测定		与防垢剂的配伍性
	空白试验	加药试验	
腐蚀介质中的离子含量			
试片试验前后的处理方法			
试验方法			
试验条件			
缓蚀剂及其他水处理剂配方与质量浓度			
试片表面积			
缓蚀率			
备注			

表 6-8　防垢剂性能评定报告

试验日期：_____。

	单用防垢剂性能		与缓蚀剂的配伍性
	空白试验	加药试验	
EDTA 消耗量(mol/L)			
Ca 离子浓度/(mol/L)			
防垢率			
备注			

（2）计算缓蚀剂和防垢剂的效率，并评价缓蚀剂和防垢剂的配伍性。

六、思考题

（1）简述质量法和电化学法评定缓蚀剂性能的优缺点。

（2）测定防垢剂防垢效率的原理是什么？

（3）影响这两个试验准确度的因素有哪些？

补注 1 胜二区采出液离子浓度

胜二区某批次油井采出液的离子浓度见表 6-9。

表 6-9 胜二区某批次油井采出液的离子浓度

离子种类	K^+	Na^+	Ca^{2+}	Mg^{2+}	Cl^-	HCO_3^-	NO_3^-	总矿化度
离子浓度/(mg/L)	123.5	6646.06	226.5	68.35	10530.7	725.9	38.1	18359.3

补注 2 钙的测定：EDTA 滴定法 GB 7476—1987(部分)

在 pH 为 12～13 的条件下，用 EDTA 溶液络合滴定钙离子。以钙羧酸为指示剂与钙形成红色络合物，镁形成氢氧化镁沉淀，不干扰测定。滴定时，游离钙离子首先和 EDTA 反应，与指示剂络合的钙离子随后和 EDTA 反应，达到终点时溶液由红色转为亮蓝色。

1) 溶液配制

配制 2mol/L 的氢氧化钠溶液，配制 10mmol/L 的 EDTA-2Na 标准溶液，并用钙标准溶液标定。

2) 步骤

试样应含钙 2～100mg/L (0.05～2.5mmol/L)，含量过高的样品应稀释，使其浓度在上述范围内，记录稀释因子 F。如试样经酸化保存，可用计算量的氢氧化钠溶液中和。计算结果时，应把样品或试样由于加酸或碱的稀释考虑进去。

用移液管吸取 50.0mL 试样于 250mL 锥形瓶中，加 2mL 氢氧化钠、约 0.2g 羧酸钙指示剂干粉，溶液混合后立即滴定。在不断振摇下自滴定管加入 EDTA-2Na 溶液，开始滴定时速度宜稍快，接近终点时应稍慢，最好每滴间隔 2～3s，并充分振摇，至溶液由紫红色变为亮蓝色，表示到达终点，整个滴定过程应在 5min 内完成。记录消耗 EDTA-2Na 溶液的体积。

如试样含铁离子为 30mg/L，在临滴定前加入 250mg 氰化钠或数毫升三乙醇胺掩蔽，氰化物使锌、铜、钴的干扰减至最小，三乙醇胺能减少铝的干扰。加氰化物前必须保证溶液呈碱性。

试样含正磷酸盐超出 1mg/L，在滴定的 pH 条件下可使钙生成沉淀。如滴定速度太慢，或钙含量超出 100mg/L，会析出碳酸钙沉淀。如上述干扰未能消除，或存在铝、钡、铅、锰等离子干扰时，需改用原子吸收法测定。

3) 结果表示

钙含量 C(mg/L) 可用 $C = \dfrac{C_1 V_1}{V_0} \times A$ 进行计算，其中 C_1 是 EDTA-2Na 溶液浓度 (mmol/L)；V_1 是滴定中消耗 EDTA-2Na 溶液的体积(mL)；V_0 是试样体积(mL)；A 是钙的原子质量。如所用试样经过稀释，应采用稀释因子 F 修正计算。

实验四十六　混凝土中钢筋腐蚀的检测与防护实验

一、实验目的

(1) 了解和掌握混凝土中钢筋腐蚀的危害、类型和机理。

（2）熟悉和掌握混凝土中钢筋腐蚀的检测方法和检测技术。

（3）了解并熟悉控制混凝土中钢筋腐蚀的方法和技术。

二、实验原理

钢筋混凝土是由钢筋和混凝土两种力学性质完全不同的材料所组成的复合材料，因其具有成本低廉、坚固耐用且材料来源广泛等优点而被土木工程的各个领域（如海港工程、水利工程、公路和桥梁、公共和民用建筑等）普遍采用，并已成为当今世界现代建筑中使用最为广泛的材料。通常认为钢筋混凝土是一种耐久性好的材料，而长期的工程应用实践表明：钢筋混凝土结构在自然环境作用下也会发生多种形式的破坏如分层、开裂、剥落等，使得混凝土的耐久性不足而导致工程使用寿命达不到设计要求，从而给工业生产造成严重的经济损失（维修、重建等的费用），甚至是灾难性的事故。

1）混凝土中钢筋的腐蚀

研究实践表明，当今世界上混凝土的破坏原因，按重要性递降顺序排列依次是钢筋锈蚀、寒冷气候下的冻害、浸蚀环境下的物理化学作用等。可见，钢筋锈蚀（腐蚀）已成为钢筋混凝土建筑物耐久性不足、过早发生破坏的主要因素。究其原因，一方面，钢筋腐蚀后会导致钢筋截面积减少，从而使得钢筋的力学性能下降、混凝土构件的承载能力降低；另一方面，钢筋腐蚀后，腐蚀产物积聚在钢筋与混凝土之间，降低了钢筋与混凝土界面的结合强度，使混凝土发生开裂。

从腐蚀角度看，由于拌制混凝土的硅酸盐水泥中含大量的硅酸钙，水化时会释放出大量的 OH^-，使混凝土的 pH 高达 12 以上。在这种碱性条件下，钢筋表面会形成一层致密的、厚度约为 1nm 的 $\gamma-Fe_2O_3$ 保护膜，以保持钢筋的钝态。在这种钝态下，即使在钢筋/混凝土界面上存在氧气和水，钢筋也不会腐蚀。然而混凝土是多孔材料，存在从毛细孔到凝胶孔的一系列孔径的空隙，水泥与骨料之间也会存在微小的裂缝，施工过程中也难免会产生缺陷等。于是环境中的有害物质会渗入到混凝土内部，使钢筋表面的钝化膜破裂，导致钢筋的腐蚀。

从自然环境角度看，能导致钢筋表面钝化膜破裂的有害物质主要是 Cl^- 和二氧化碳等。此外，自然环境中 SO_4^{2-}、温度、湿度、杂散电流等及混凝土的制备工艺（水泥品种、水灰比、养护方式）等也会对钢筋的腐蚀产生影响。

（1）氯离子腐蚀。由于混凝土拌制过程中使用 $CaCl_2$ 等早强剂或接触海洋大气、海水、除冰盐等原因，氯离子会透过混凝土毛细管到达钢筋表面。鉴于氯离子具有极强的穿透能力，当钢筋周围的混凝土液相中氯离子浓度或氯离子与氢氧根离子浓度比达到腐蚀的临界值时，钢筋钝化膜就会局部破坏而使钢筋表面活化，为钢筋的腐蚀提供条件。进而当钢筋附近的混凝土中存在氧气和水时，钢筋就开始腐蚀。

在腐蚀过程中，阳极区的铁发生腐蚀生成 Fe^{2+}；与此同时氯离子在电场作用下不断向阳极区迁移而富集。Fe^{2+} 和 Cl^- 生成可溶于水的 $FeCl_2$，然后向阳极区外扩散。进而与混凝土中或阴极区中的 OH^- 生成多孔疏松的 $Fe(OH)_2$ 沉淀；在空隙中，水和氧存在的条件下可进一步转化为 Fe_2O_3 或 Fe_3O_4，同时放出 Cl^-。由于整个反应过程中 Cl^- 没有消耗，持续进行的电化学反应使钢筋周围空隙溶液的碱度快速降低并使局部 pH 降低到 4 以下（甚至是 1.0 左右），从而对腐蚀起自催化作用，加速钢筋的腐蚀。有关氯离子参与钢筋腐蚀的电化学反应式如下：

阳极反应：$Fe \longrightarrow Fe^{2+} + 2e^-$

阴极反应：$O_2 + 2H_2O + 4e^- \longrightarrow 4OH^-$

从而有：

$$Fe^{2+} + 2Cl^- + 4H_2O \longrightarrow FeCl_2 \cdot 4H_2O$$

$$FeCl_2 \cdot 4H_2O \longrightarrow Fe(OH)_2 \downarrow + 2Cl^- + 2H^+ + 2H_2O$$

$$6FeCl_2 + O_2 + 6H_2O \longrightarrow 2Fe_3O_4 + 12H^+ + 12Cl^-$$

或有：

$$Fe^{2+} + 2OH^- \longrightarrow Fe(OH)_2$$

$$4Fe(OH)_2 + O_2 \longrightarrow 2Fe_2O_3 \cdot H_2O + 2H_2O(红锈)$$

$$6Fe(OH)_2 + O_2 \longrightarrow 2Fe_3O_4 \cdot H_2O + 4H_2O(黑锈)$$

（2）混凝土碳化。空气中的二氧化碳能够通过混凝土中的毛细孔道，与混凝土孔隙液中水泥水化生成的 $Ca(OH)_2$ 进行中和反应：

$$Ca(OH)_2 + CO_2 \longrightarrow CaCO_3 \downarrow + 2H_2O$$

即所谓的混凝土碳化，它会使孔隙液的 pH 下降到 8 左右。由于钢筋表面的钝化膜在孔隙液的 pH 小于 11.5 时就不稳定，因此当混凝土碳化深度达到钢筋表面时，钝化膜就遭到破坏，进而引起钢筋锈蚀。

（3）其他腐蚀。随着环境污染的日益严重，水体受污染而酸性化，空气中越来越多的 SO_2、H_2S 及其所形成的酸雨，也逐渐成为降低混凝土碱度的污染源，如钢筋混凝土的硫酸盐腐蚀等。

此外，随着钢筋混凝土结构在电车轨道、地下铁道、工业区、城市铁路中的运用，杂散电流引起的腐蚀也逐渐成为混凝土中钢筋腐蚀的一种主要形式。

2）钢筋腐蚀的检测

用于检测混凝土钢筋腐蚀的方法有很多种，大致可分为物理方法和电化学方法两大类。物理方法包括常规检查、称量、电阻探头、声发射、涡流、磁通减量、膨胀应变探头测量等；电化学方法包括半电池电位、极化电阻、交流阻抗谱、电阻率、恒流脉冲、电化学噪声、极化曲线、电偶探头测量等。其中最常用的方法有常规检查(外观、保护层厚度、碳化深度、氯离子含量、钢筋锈蚀率等)、半电池电位法、电阻率法和极化电阻法等。

（1）常规检查。

① 外观检查，通常是用眼睛、摄像机、相机、放大镜、直尺等测量钢筋混凝土的结构性缺陷、外显性裂缝、保护层剥落、空鼓、钢筋锈蚀等，并对其位置、大小、走向等进行描述与记录。

② 钢筋保护层厚度，常通过利用电磁感应制作的保护层厚度测定仪进行测量。

③ 碳化深度的测量，常先利用冲击钻在混凝土上钻一个直径为 20mm、深约 70mm 的孔洞，清除孔洞中的粉末和碎屑后将 10%～20% 的酚酞酒精溶液喷洒在孔洞内壁，进而用碳化深度测量仪或游标卡尺测量孔洞内不变色混凝土的厚度，即为碳化深度。因为混凝土未碳化的部分呈碱性，在酚酞酒精溶液作用下变为红色；而已碳化的部分因呈中性而不能使酚酞酒精溶液变色。

④ 氯离子含量的测定，常先钻取不同深度层的混凝土样品，用酸溶解后再通过硝酸银溶液进行滴定或离子选择电极进行测定。根据测得的氯离子浓度，可对照表 6-10 判断钢筋锈蚀的可能性。

表 6-10 混凝土中氯离子浓度与钢筋锈蚀的关系

氯离子含量(以水泥质量计算)/%	<0.2	0.2~0.4	>0.4
钢筋锈蚀的可能性	可忽略	不确定	高

⑤ 对钢筋的锈蚀情况，可通过目测分级评定和质量损失法进行评价。在目测分级中，可分为有黑色产物无锈(Ⅰ级)、小面积浮锈斑点(Ⅱ级)、浮锈覆盖整个钢筋且混凝土上有锈迹(Ⅲ级)、有锈层且钢筋的截面积减少(Ⅳ级)和锈层较厚且钢筋端面腐蚀严重(Ⅴ级)五级。

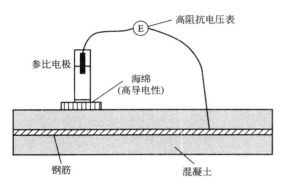

图 6.8 混凝土中钢筋半电池电位测定示意图

（2）半电池电位法。钢筋半电池电位，也称为自腐蚀电位或自然电位，是指无外部电流影响时钢筋和混凝土界面的腐蚀电位。常利用参比电极和高内阻电压表(内阻大于 10MΩ)进行测量，其中的参比电极可以选择铜/硫酸铜电极（copper/copper sulfate electrode，CSE）、银/氯化银电极等。高内阻电压表选用市售的数字万用表即可(图 6.8)。

钢筋的半电池电位虽然受混凝土含水量、电位降等因素的影响，但半电池电位与钢筋锈蚀之间存在一定的关系。当钢筋处于混凝土孔隙液碱性介质包裹时，表面钝化膜未遭受破坏，不发生腐蚀，电位较正；但当钝化膜破坏后，钢筋表面活化，电位偏负。钢筋半电池电位与钢筋锈蚀的关系见表 6-11。

表 6-11 钢筋半电池电位与钢筋锈蚀的关系(ASTM C-876)

电位/mV$_{CSE}$	<-500	<-350	-200~-300	>-200
锈蚀概率	严重腐蚀	90%，高腐蚀概率	50%，中等腐蚀概率	10%，低腐蚀概率

另外，在测量过程中，还可通过移动参比电极的位置确定混凝土表面钢筋半电池电位的位置分布图和等电位图，从而可大致判断钢筋发生腐蚀的位置和区域。

（3）电阻率法。混凝土的电阻率是混凝土导电能力的指标，反映了混凝土孔隙液中离子流动时发生电解的难易程度，同时也是影响混凝土中钢筋腐蚀的关键因素。

混凝土电阻率的大小，取决于混凝土中氯化物含量及孔结构的含水率和温度。混凝土中的氯化物含量越高(无论是先天带入还是后来渗入)，其电阻率越低；氯化物含量越低，混凝土电阻率越高。混凝土在完全干燥时几乎不导电，电阻率可达 10^{11}MΩ·cm；潮湿时大约为 10^3MΩ·cm；在水饱和时可降低到 $5×10^2$Ω·cm。另外，混凝土的电阻率往往随温度的升高而增大。

室内与现场研究表明，当混凝土含水率在 40%~70% 时，电阻率在 5~100kΩ·cm 之间变化，且电阻率与钢筋腐蚀速率成反比关系，即混凝土电阻率越小，钢筋腐蚀速度越大。混凝土电阻率与钢筋锈蚀状态的判别，见表 6-12。

表 6-12　混凝土电阻率与钢筋锈蚀状态的判别（GB/T 50344—2004）

混凝土电阻率/kΩ·cm	>100	50~100	10~50	<10
锈蚀状态判别	钢筋不会锈蚀	低锈蚀速率	钢筋活化时，可出现中高锈蚀速率	电阻率不是锈蚀的控制因素

　　混凝土电阻率的测量，常通过四电极法和两电极法进行。在四电极法中，将四支电极通过蘸水的海绵或导电胶连接于混凝土表面，四个电极排成一行（图6.9），彼此的间距相等。由电源给外侧的两电极输入恒定电流，然后通过混凝土构成回路，进而由中间两电极间的电压降计算混凝土的电阻率：

$$\rho = 2\pi a \frac{V}{I} \tag{6-5}$$

式中，ρ 是混凝土的电阻率（Ω·cm）；a 是电极之间的距离（cm）；V 是中间两电极的电压降（V）；I 是给定的恒定电流（A）。

　　两电极法是通过测量埋在一定深度混凝土中的两金属电极（铜棒或不锈钢棒）之间的电压和电流，即可测得两电极间的混凝土电阻。之后，用电阻率已知的一种液体先测定电阻与电阻率间的系数，即可将测得的电阻值换算为混凝土的电阻率值。

　　（4）极化电阻法、电化学阻抗谱和恒电流脉冲法。除上述半电池电位和混凝土电阻率等定性检测方法外，还可以采用定量检测方法确定混凝土中钢筋的腐蚀速率。首先，按图6.10的要求在混凝土表面装设

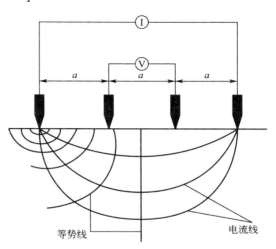

图 6.9　混凝土电阻率测定示意图

参比电极和辅助电极，制作好三电极测试系统，然后对混凝土中的钢筋施加一个很小的电化学扰动并记录其响应信号，从而可通过分析计算获得钢筋的腐蚀速率。

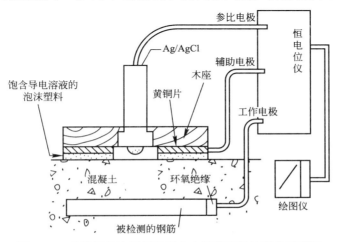

图 6.10　线性极化法测量混凝土中钢筋腐蚀速率的示意图

电化学扰动信号，可以是在自腐蚀电位附近的线性扫描信号(线性极化法)，也可以是小幅度的正弦交流信号(电化学阻抗谱法)，还可以是小幅度的恒电流脉冲信号(恒电流脉冲法)。通过这些方法首先测定出混凝土中钢筋的极化电阻，然后再转化为腐蚀电流密度或年腐蚀量，以利于钢筋腐蚀速率的定量评价。

(5) 其他方法。评价钢筋腐蚀程度的方法，除以上方法外，还有宏电池电流法、极化曲线法、电化学噪声法等。

此外，还可将参比电极或腐蚀传感器预理在混凝土内，从而可实时地采集、记录电阻率、电位、腐蚀电流等信息，获得混凝土钢筋的锈蚀状态随时间的变化规律。

3) 控制钢筋腐蚀的方法

为防止或控制混凝土中钢筋的腐蚀，常可采取如下的保护措施：

(1) 电化学保护。电化学保护的实施方式是在混凝土结构表面设置阳极，并使钢筋成为阴极，从而构成回路对钢筋进行保护。该方法与传统修补方法相比，具有节省时间、减少工作量等优点，并可从根本上抑制已碳化或被氯离子污染引起的钢筋腐蚀问题(电化学脱盐和再碱化)，具有显著的经济效益和社会效益。

(2) 混凝土表面涂层。在混凝土表面涂覆环氧树脂、聚氨酯树脂、丙烯酸树脂、氯化橡胶等涂料，可阻挡水、氯离子、二氧化碳等有害物质的渗入，使钢筋长期保持钝态而不发生腐蚀。

(3) 使用阻锈剂。在混凝土拌制过程中加入阻锈剂或在混凝土表面涂覆迁移性阻锈剂，可有效地抑制钢筋的腐蚀，延长钢筋混凝土的使用寿命。

(4) 涂层钢筋。在钢筋的表面涂覆一层涂层如镀锌层或环氧涂层，可有效隔离浸蚀介质与钢筋的直接接触，以此来保护钢筋不受腐蚀。

另外，还可选用不锈钢、碳钢钢心外包不锈钢作为钢筋材料，以提高钢筋本身的耐蚀性能。

(5) 耐久性混凝土。通过混凝土的设计和施工如降低水灰比、消除毛细孔道、加入矿物掺和料或外加剂等，最大限度地提高混凝土的抗渗性，以延缓二氧化碳、氯离子到达钢筋表面的时间，增加钢筋混凝土的使用寿命。

总之，由于钢筋混凝土涉及的材料种类、原料来源、施工方法、使用环境等因素众多，因此混凝土中钢筋的腐蚀较多地受到外部环境条件、测试位置、测试时间和测试方法等的影响。因而在对混凝土钢筋的腐蚀进行实际评价时，最好是几种测量方法和表征参数同时进行测量，并在相互对比和综合分析的基础上对腐蚀程度做出判断。

三、实验材料和仪器

1) 实验材料

直径为 8mm 的 HPB235 钢筋和 304 不锈钢圆钢筋及市面上销售的水泥、细砂和碎石子等。

试液选用 3%NaCl 和 5%Na_2SO_4 溶液，实验温度为室温。

2) 实验仪器

(1) 数字万用表 1 台。

(2) 四探针测量仪 1 台。

(3) 恒电位仪 1 台。

（4）电化学工作站 1 台。

（5）铜/硫酸铜电极、银/氯化银电极各 1 支。

（6）导电海绵、黄铜片等。

四、实验步骤

（1）按水泥：砂：石子＝1：2.4：4 及水灰比 0.60 的比例拌制混凝土原料，搅拌均匀后倒入已装设 HPB235 钢筋的试模中。经振动捣实、整平处理后，在室温下静置两昼夜。

（2）拆模后取出钢筋混凝土试块（试块尺寸为 280mm×150mm×115mm），并在室温、湿度为 90％的养护室内进行自然养护 28 天。之后取出，放置一定时间后进行测试。

（3）用环氧树脂封闭试块的两个侧面，且在试块顶部安装盛制 3‰NaCl 溶液的储水槽（储水槽尺寸为 150mm×75mm×75mm），并在室温、湿度为 50％条件下让液面高度为 40mm 的 NaCl 溶液逐渐渗入到钢筋混凝土中去，渗透时间为 2 周。之后试块自然干燥 2 周。如此反复进行干湿循环暴露实验。

（4）在实验过程中，利用半电池电位法、四探针法和极化电阻法测量混凝土中钢筋的半电池电位、混凝土的电阻率和极化电阻。

（5）将试液变更为 5‰Na_2SO_4 溶液，重复测量钢筋的半电池电位、混凝土的电阻率和极化电阻。

（6）将实验钢筋变更为 304 不锈钢钢筋，重复实验步骤 4 和步骤 5 中的半电池电位、混凝土的电阻率和极化电阻测量。

五、实验结果处理

（1）记录不同钢筋种类和试液条件下钢筋的半电池电位，并绘制电位与时间的关系曲线。

（2）记录不同钢筋种类和试液条件下混凝土的电阻率，并绘制电阻率与时间的关系曲线。

（3）记录不同钢筋种类和试液条件下钢筋的极化电阻，并绘制极化电阻与时间的关系曲线。

六、思考题

（1）分析混凝土中钢筋的腐蚀破坏类型和特点。

（2）比较半电池电位、电阻率、线性极化、电化学阻抗谱等测试方法在钢筋腐蚀评价中的作用及各自的优缺点。

（3）简述控制混凝土中钢筋腐蚀的方法及各自的应用范围。

附　　　录

附录 1　清除金属腐蚀产物的化学方法

材料	溶液	时间	温度	备注
铝合金	70％ HNO_3	2～3min	室温	随后轻轻擦洗
	20％CrO_3＋5％H_3PO_4 溶液	10min	79～85℃	用于氧化膜不溶于 HNO_3 的情况，随后仍用 70％ HNO_3 处理
铜及其合金	15％～20％HCl	2～3min	室温	随后轻轻擦洗
	5％～10％H_2SO_4	2～3min	室温	随后轻轻擦洗
铅及其合金	10％醋酸	10min	沸腾	随后轻轻擦洗，可除去 PbO
	5％醋酸铵		热	随后轻轻擦洗，可除去 PbO
	80g/L NaOH＋50g/L 甘露糖醇＋0.62g/L 硫酸肼	30min 或至清除为止	沸腾	随后轻轻擦洗
铁和钢	20％HCl 或 H_2SO_4＋有机缓蚀剂	几分钟	30～40℃	橡皮擦，刷子刷
	20％NaOH＋10％锌粉	5min	沸腾	
	浓 HCl＋50g/L$SnCl_2$＋20g/L$SbCl_2$		室温	溶液应搅拌
镁及镁合金	15％CrO_3＋1％$AgCrO_4$ 溶液	15min	沸腾	
镍及其合金	15％～20％HCl		室温	
	15％H_2SO_4		室温	
锡及其合金	15％Na_3PO_4	10min	沸腾	随后轻轻擦洗
锌	10％NH_4Cl 然后 5％ CrO_3＋1％$AgNO_3$ 溶液	5min 20s	室温 沸腾	随后轻轻擦洗
	饱和醋酸铵		室温	随后轻轻擦洗
	100g/L NaCN	15min	室温	

附录 2　常用腐蚀速率单位的换算因子

腐蚀速率单位	换算因子				
	$g/m^2 \cdot h$	$mg/dm^2 \cdot d$	mm/a	in/a	mil/a
$g/m^2 \cdot h$	1	240	$8.76/\rho$	$0.345/\rho$	$345/\rho$
$mg/dm^2 \cdot d$	4.17×10^{-3}	1	$3.65\times10^{-2}/\rho$	$1.44\times10^{-3}/\rho$	$1.44/\rho$
mm/a	$1.14\times10^{-1}\times\rho$	$274\times\rho$	1	3.94×10^{-2}	39.4
in/a	$2.9\times\rho$	$696\times\rho$	25.4	1	10^3
mil/a	$2.9\times10^{-3}\times\rho$	$0.696\times\rho$	2.54×10^{-2}	10^{-3}	1

注：1. 1mil(密耳)＝10^{-3}inch(英寸)；1inch(英寸)＝25.4mm(毫米)；h 为小时；a 为年；d 为天；ρ 为材料密度。

2. 有时，$mg/dm^2 \cdot d$、in/a、mil/a 可简写为 mdd、ipy、mpy。

附录3　均匀腐蚀的十级标准

耐蚀性评定	耐腐蚀等级	腐蚀深度/(mm/a)	耐蚀性评定	耐腐蚀等级	腐蚀深度/(mm/a)
Ⅰ 完全耐蚀	1	<0.001	Ⅳ 尚耐蚀	6	0.1～0.5
Ⅱ 很耐蚀	2	0.001～0.005		7	0.5～1.0
	3	0.005～0.01	Ⅴ 欠耐蚀	8	1.0～5.0
Ⅲ 耐蚀	4	0.01～0.05		9	5.0～10.0
	5	0.05～0.10	Ⅵ 不耐蚀	10	>10.0

附录4　常用参比电极在25℃时相对标准氢电极的电位

作为参比电极的电极系统	E/V_{SHE}	作为参比电极的电极系统	E/V_{SHE}
$Pt(H_2，1atm)/HCl(1mol/L)$	0.000	$Ag/(AgCl)/Cl^-(\alpha_{Cl^-}=1mol/L)$	0.2224
$Hg/(Hg_2Cl_2)/KCl(饱和)$	0.2438	$Ag/(AgCl)/KCl(0.1mol/L)$	0.290
$Hg/(Hg_2Cl_2)/KCl(1mol/L)$	0.2828	$Hg/(Hg_2SO_4)/H_2SO_4(1mol/L)$	0.6515
$Hg/(Hg_2Cl_2)/KCl(0.1mol/L)$	0.3365	$Hg/(HgO)/NaOH(0.1mol/L)$	0.165

附录5　温度对不同浓度KCl溶液中甘汞电极电位的影响

温度/℃	甘汞电极的电位/V_{SHE}			温度/℃	甘汞电极的电位/V_{SHE}		
	0.1mol/L KCl	1mol/L KCl	饱和 KCl		0.1mol/L KCl	1mol/L KCl	饱和 KCl
0	0.3380	0.2888	0.2601	30	0.3362	0.2816	0.2405
5	0.3377	0.2876	0.2568	35	0.3359	0.2804	0.2373
10	0.3374	0.2864	0.2536	40	0.3356	0.2792	0.2340
15	0.3371	0.2852	0.2503	45	0.3353	0.2780	0.2308
20	0.3368	0.2840	0.2471	50	0.3350	0.2763	0.2275
25	0.3365	0.2828	0.2438	60			0.2199

附录6　线性极化技术中的B值(文献摘录)

腐蚀体系	B/mV	腐蚀体系	B/mV
$Fe/0.5mol/L\ H_2SO_4$	12.9～14.4	Al、Cu、软钢/海水	5.5
$Fe/0.5mol/L\ H_2SO_4$(加缓蚀剂)	25	$Cu/3\%NaCl$	31
$Fe/10\%H_2SO_4$	43	304 不锈钢/3%NaCl(理论值)	21.7
碳钢/$0.5mol/L\ H_2SO_4$	12	Cu、Cu-Ni 合金、黄铜/海水	17.4
不锈钢/$0.5mol/L\ H_2SO_4$	18	碳钢、不锈钢/水(pH=7，250℃)	20～25
$Fe/1mol/L\ HCl$	28	碳钢、304 不锈钢/水(298℃)	20.9～24.2
$Fe/0.2mol/L\ HCl$	30	Cr-Ni 不锈钢/Fe^{3+}/Fe^{2+}(缓蚀剂)	52
$Fe/1mol/L\ HCl$	18.0～23.2	Cr-Ni 不锈钢/$FeCl_3$ 和 $FeSO_4$	52
$Fe/HCl+H_2SO_4$(加缓蚀剂)	11～21	Fe/有机酸	90
$Fe/4\%NaCl(pH=1.5)$	17.2	Fe/中性溶液	75
碳钢/海水	25	软钢/$0.02mol/L\ H_3PO_4$＋缓蚀剂	16～21
Al/海水	18.2		

参 考 文 献

[1] 李久青，杜翠薇. 腐蚀试验方法及监测技术 [M]. 北京：中国石化出版社，2007.

[2] 李晓刚. 材料腐蚀与防护 [M]. 长沙：中南大学出版社，2009.

[3] 高荣杰，杜敏. 海洋腐蚀与防护技术 [M]. 北京：化学工业出版社，2011.

[4] (联邦德国) E 海兹，R 亨克豪斯，A 拉默尔. 腐蚀实验指南 [M]. 北京：化学工业出版社，1991.

[5] 王凤平，朱再明，李杰兰. 材料保护实验 [M]. 北京：化学工业出版社，2005.

[6] 魏宝明. 金属腐蚀理论及应用 [M]. 北京：化学工业出版社，2004.

[7] 冶金工业信息标准研究院冶金标准化研究所，中国标准出版社第五编辑室. 金属材料腐蚀试验方法标准汇编 [M]. 北京：中国标准出版社，2007.

[8] 顾浚祥，林天辉，钱祥荣. 现代物理研究方法及其在腐蚀科学中的应用 [M]. 北京：化学工业出版社，1990.

[9] Yang Lietai. Techniques for corrosion monitoring [M]. Cambridge：CRC press，2008.

[10] 吴荫顺，方智，何积铨，等. 腐蚀试验方法与防腐蚀检测技术 [M]. 北京：化学工业出版社，1996.

[11] 林玉珍，杨德钧. 腐蚀和腐蚀控制原理 [M]. 北京：中国石化出版社，2007.

[12] 柯伟，杨武. 腐蚀科学技术的应用和失效案例 [M]. 北京：化学工业出版社，2006.

[13] 曹楚南. 腐蚀电化学原理 [M]. 3 版. 北京：化学工业出版社，2008.

[14] 努丽燕娜，王保峰. 实验电化学 [M]. 北京：化学工业出版社，2007.

[15] 王凤平，康万利，敬和民. 腐蚀电化学原理、方法及应用 [M]. 北京：化学工业出版社，2008.

[16] 胡会利，李宁. 电化学测量 [M]. 北京：国防工业出版社，2011.

[17] 吴荫顺. 金属腐蚀研究方法 [M]. 北京：冶金工业出版社，1992.

[18] 贾铮，戴长松，陈玲. 电化学测量方法 [M]. 北京：化学工业出版社，2006.

[19] 刘永辉. 电化学测试技术 [M]. 北京：北京航空学院出版社，1987.

[20] 宋诗哲. 腐蚀电化学研究方法 [M]. 北京：化学工业出版社，1988.

[21] (美)阿伦 J 巴德，拉里 R 福克纳. 电化学方法原理和应用 [M]. 2 版. 邵元华，朱果逸，董献堆，等译. 北京：化学工业出版社，2005.

[22] 天华化工机械及自动化研究设计院. 腐蚀与防护手册(第一卷)：腐蚀理论、试验及监测 [M]. 北京：化学工业出版社，2009.

[23] 潘清林. 金属材料科学与工程实验教程 [M]. 长沙：中南大学出版社，2006.

[24] 曾荣昌，韩恩厚. 材料的腐蚀与防护 [M]. 北京：化学工业出版社，2006.

[25] 潘莹，张三平，周建龙，等. 金属材料点蚀形核过程研究 [J]. 装备环境工程，2010，7(4)：67-70.

[26] 安洋，徐强，任志峰. 循环冷却水中不同离子对不锈钢点蚀的影响 [J]. 电镀与精饰，2010，32(7)：10-13.

[27] 陈美玲，刘元栋，杨莉. 改性纳米 SiC 粉体强化铸造奥氏体不锈钢耐点蚀性能的研究 [J]. 中国腐蚀与防护学报，2009，29(6)：411-414.

[28] 吴坤湖，李卫平，刘慧丛. 模拟地热水环境中 304 不锈钢管材的结垢与腐蚀电化学行为 [J]. 北京科技大学学报，2009，31(10)：1263-1269.

[29] 胡裕龙，陈学群，陈德斌. 试验面选取对碳钢点蚀电位测量的影响 [J]. 海军工程大学学报，

2003，15(2)：92－96.

[30] 王晓龙，杨森. 喷丸和退火对 304 不锈钢晶间腐蚀性能的影响 [J]. 铸造技术，2010，31(8)：985－987.

[31] 郑世平. 敏化温度区热处理对 C－276 合金晶间腐蚀敏感性的影响 [J]. 石油和化工设备，2010，13(9)：9－11.

[32] 俞树荣，夏洪波，李淑欣，等. 316L 不锈钢扩散连接结构晶间腐蚀的研究 [J]. 中国机械工程，2010，21(17)：2138－2141.

[33] 王文先，王一峰，刘满才，等. 1Cr18Ni9Ti＋Q235 复合钢板对接焊缝组织和抗腐蚀性能分析 [J]. 焊接学报，2010，31(6)：689－92.

[34] 龚利华，张波，王赛虎. 超级双相不锈钢焊接接头的耐蚀性能 [J]. 焊接学报 2010，31(7)：59－63.

[35] 许淳淳，张晓波，刘幼平. A3 钢在碱性 NaCl 体系中闭塞电池腐蚀的研究 [J]. 北京化工大学学报，2000，27(2)：52－55.

[36] 杨铁军，李国明，陈珊，等. 低合金钢点蚀扩展过程中的自催化作用 [J]. 腐蚀与防护，2010，31(7)：540－541，569.

[37] 叶康民. 金属腐蚀与防护概论 [M]. 北京：高等教育出版社，1993.

[38] 冶金部钢铁研究总院. GB/T 13303—1991 钢的抗氧化性能测量方法 [S]. 北京：中国标准出版社，1992.

[39] 褚武扬，乔利杰，陈奇志，等. 断裂与环境断裂 [M]. 北京：科学出版社，2000.

[40] 王吉会，郑俊萍，刘家臣，等. 材料力学性能 [M]. 天津：天津大学出版社，2006.

[41] 乔利杰，王燕斌，褚武扬. 应力腐蚀机理 [M]. 北京：科学出版社，1993.

[42] 冶金部钢铁研究总院. GB/T 17899—1999 不锈钢点蚀电位测量方法 [S]. 北京：中国标准出版社，1999.

[43] 刘长久，李延伟，尚伟. 电化学实验 [M]. 北京：化学工业出版社，2011.

[44] 王圣平. 实验电化学 [M]. 武汉：中国地质大学出版社，2010.

[45] 吴荫顺，郑家燊. 电化学保护和缓蚀剂应用技术 [M]. 北京：化学工业出版社，2006.

[46] 中国工业防腐蚀技术协会，中国标准出版社第二编辑室. 中国防腐蚀标准汇编 [M]. 北京：中国标准出版社，2006.

[47] 吴荫顺，曹备. 阴极保护和阳极保护：原理、技术与工程应用 [M]. 北京：中国石化出版社，2007.

[48] 初世宪，王洪仁. 工程防腐蚀指南：设计·材料·方法·监理·检测 [M]. 北京：化学工业出版社，2006.

[49] 李金桂，郑家燊. 表面工程技术和缓蚀剂 [M]. 北京：中国石化工业出版社，2007.

[50] 姚寿山，李戈扬，胡文彬. 表面科学与技术 [M]. 北京：机械工业出版社，2005.

[51] 徐滨士，刘世参. 表面工程技术手册 [M]. 北京：化学工业出版社，2009.

[52] 张先锋，蒋百灵. 能量参数对镁合金微弧氧化陶瓷层耐蚀性的影响 [J]. 腐蚀科学与防护技术，2005，17(3)：141－143.

[53] 郭洪飞，安茂忠，徐莘，等. 镁合金微弧氧化工艺条件对陶瓷膜耐蚀性的影响 [J]. 材料工程，2006(3)：29－32，36.

[54] 郝建民，陈宏，张荣军. 电参数对镁合金微弧氧化陶瓷层致密性和电化学阻抗的影响 [J]. 腐蚀与防护，2003，24(6)：249－251.

[55] 卫中领，陈秋荣. 镁合金微弧氧化膜的微观结构及耐蚀性研究 [J]. 材料保护，2003，36(10)：11－13.

[56] 薛文彬，邓志威，来永春，等. ZM5 镁合金微弧氧化膜的生长规律 [J]. 金属热处理学报，1998，19(3)：42－45.

［57］王吉会，房大然，杨静. 镁合金微弧氧化的电解液组分研究［J］. 天津大学学报，2005，38(11)：1026-1030.

［58］张宏祥，王为. 电镀工艺学［M］. 天津：天津科学技术出版社，2002.

［59］董瑞华，李木森，王修春，等. 机械转动在机械能助渗铝技术中的作用［J］. 山东大学学报（工学版），2008，38(6)：91-94.

［60］王吉会，张兴华，张跃. 机械能助渗铝的工艺与性能研究［J］. 热处理，2010，25(6)：22-25.

［61］陈学定，韩文政. 表面涂层技术［M］. 北京：机械工业出版社，1994.

［62］钱强，刘克勇. 热喷涂技术在国内外的应用(2)［J］. 焊接，1999(5)：6-9.

［63］武建军，曹晓明，温鸣. 现代金属热喷涂技术［M］. 北京：化学工业出版社，2007.

［64］张志坚. 高温等离子弧喷涂应用进展综述［J］. 云南冶金，1997，26(4)：40-46.

［65］周静，韦云隆，张隆平，等. 等离子喷涂耐磨涂层及热障涂层的新进展［J］. 表面技术，2001，30(2)：23-25.

［66］Parco M，Zhao L D，Zwick J，et al. Investigation of particle flattening behaviour and bonding mechanisms of APS sprayed coatings on magnesium alloys［J］. Surface and Coatings Technology，2007，201(14)：6290-6296.

［67］龚志强，吴子健，吕艳红，等. 等离子喷涂纳米 Al_2O_3-13％TiO_2 涂层的研究现状和展望［J］. 热喷涂技术，2010，2(2)：1-6.

［68］田宗军，王东生，沈理达，等. 等离子喷涂纳米 Al_2O_3-13TiO_2 陶瓷涂层研究［J］. 稀有金属材料与工程，2009，38(10)：1740-1744.

［69］李守彪，许立坤，沈承金，等. 等离子喷涂耐冲蚀陶瓷涂层的性能研究［J］. 中国腐蚀与防护学报，2011，31(3)：196-201.

［70］陈天佐. 金属堆焊技术［M］. 北京：机械工业出版社，1991.

［71］周振丰，张文钺. 焊接冶金及金属焊接性［M］. 北京：机械工业出版社，1994.

［72］邱玲. 不锈钢堆焊层耐蚀性研究［J］. 热处理技术与装备，2008，29(6)：13-18.

［73］张义霞，高军松，陈巨辉. 铬镍奥氏体不锈钢材料的堆焊工艺研究［J］. 材料开发与应用，2010，25(4)：57-60.

［74］侯亚芳，马鸣亮. CO_2 气体保护药芯焊丝堆焊不锈钢工艺及其应用［J］. 焊接技术，2009，38(9)：58-61.

［75］傅樟木，盛继生. 高锰堆焊衬板耐腐蚀磨损机理研究［J］. 焊接技术，2010，39(8)：60-63.

［76］洪啸吟，冯汉保. 涂料化学［M］. 2版. 北京：科学出版社，2005.

［77］闫福安. 涂料树脂合成及应用［M］. 北京：化学工业出版社，2008.

［78］金建锋. 改善粉末涂料流平性的研究［J］. 上海涂料，2006，13(11)：62-66.

［79］屠振文. 涂料粘度及其测定方法［J］. 上海涂料，2006，13(2)：42-46.

［80］陈建山，罗洁，吴志平，等. 低粘度紫外光固化竹木基涂料的研制［J］. 化工新型材料，2005，33(8)：66-68.

［81］虞莹莹. 涂料粘度的测定—流出杯法［J］. 化工标准·计量·质量，2005(2)：25-27.

［82］涂料名词术语［J］. 上海涂料，2011，49(5)：54-55.

［83］马保国，戴璐，张风臣. 一种新型隔热涂料的制备及性能研究［J］. 材料导报，2010，24(10)：52-54.

［84］胡波年. 利用蓖麻油制备紫外光固化涂料的研究［J］. 材料保护，2005，38(4)：45-47.

［85］王智宇，林旭添，陈海锋，等. 原位生成法制备纳米 TiO_2 改性聚丙烯酸酯涂料［J］. 涂料工业，2006，36(8)：28-31.

［86］严微，鲁琴，胡荣涛，等. 有机硅改性丙烯酸酯涂料的性能研究［J］. 化学与生物工程，2011，28(9)：32-35.

[87] 贾梦秋，白红英，王金玲. 环氧有机硅防腐蚀涂料耐热性的研究 [J]. 材料保护，2003，36(4)：54-56.

[88] 徐国财，邢宏龙，闽凡飞. 纳米 SiO_2 在紫外光固化涂料中的应用 [J]. 涂料工业，1999(7)：3-5.

[89] 高延敏，李照磊，王鹏. 用苯乙烯-马来酸酐固化环氧树脂 [J]. 应用化学，2008，25(8)：998-1000.

[90] 杨建文，曾兆华，陈用烈. 光固化涂料及应用 [M]. 北京：化学工业出版社，2005.

[91] 王树强. 涂料工艺第三分册 [M]. 北京：化学工业出版社，1985.

[92] 李光亮. 有机硅高分子化学 [M]. 北京：科学出版社，1999.

[93] 石江波. 压水堆核电站关键材料的在线腐蚀监检测 [D]. 天津：天津大学，2010.

[94] 宋诗哲，万小山，郭英. 磁阻探针腐蚀检测技术的应用 [J]. 化工学报，2001，52(7)：622-625.

[95] 唐子龙，宋诗哲. 磁阻探头系统腐蚀速率解析及在大气腐蚀中的应用 [J]. 化工学报，2007，58(3)：698-703.

[96] 佘坚，宋诗哲. 磁阻探针研究碳钢在人造污染大气中的腐蚀行为 [J]. 腐蚀科学与防护技术，2006，18(1)：9-11.

[97] ASTM International. 2012 Annual book of ASTM standards, Vol 03 02 [M]. Engan：ASTM International press，2012.

[98] Buhler H E, Gerlach L, Greven O, et al. The electrochemical reactivation test (ERT) to detect the susceptibility to intergranular corrosion [J]. Corrosion Science，2003，45：2325-2336.

[99] Gutman E M. Mechanochemistry of materials [M]. London：Cambridge International Science Publishing，1998.

[100] 宋诗哲，王吉会，李健，等. 电化学噪声技术检测核电环境材料的腐蚀损伤 [J]. 中国材料进展，2011，30(5)：21-26.

[101] Du G, Li J, Wang W K, et al. Detection and characterization of stress corrosion cracking on 304 stainless steel by electrochemical noise and acoustic emission techniques [J]. Corrosion Science，2011(53)：2918-2926.

[102] Orlikowski J, Darowicki K, Arutunow A, et al. The effect of strain rate on the passive layer cracking of 304L stainless steel in chloride solutions based on the differential analysis of electrochemical parameters obtained by means of DEIS [J]. Journal of Electroanalytical Chemistry，2005，576：277-285.

[103] 张鉴清. 电化学测试技术 [M]. 北京：化学工业出版社，2010.

[104] 杨春晖，陈兴娟，徐用军，等. 涂料配方设计与制备工艺 [M]. 北京：化学工业出版社，2003.

[105] 武利民，李丹，游波. 现代涂料配方设计 [M]. 北京：化学工业出版社，2000.

[106] 高延敏，李为立. 涂料配方设计与剖析 [M]. 北京：化学工业出版社，2008.

[107] 高瑾，米琪. 防腐蚀涂料与涂装 [M]. 北京：中国石化出版社，2007.

[108] 国家石油和化学工业局. SY/T 0546—1996 腐蚀产物的采集与鉴定 [S]. 北京：中国标准出版社，1996.

[109] 刘凤麟. 腐蚀产物收集、鉴别的推荐实用标准 [J]. 石油化工腐蚀与防护，1995，12(3)：57-61.

[110] 国家技术监督局. GB/T 16545—1996 金属和合金的腐蚀 腐蚀试样上腐蚀产物的清除 [S]. 北京：中国标准出版社，1996.

[111] 陈长风，路民旭，赵国仙，等. N80 油套管钢 CO_2 腐蚀产物膜特征 [J]. 金属学报，2002，38(4)：411-416.

[112] 张慧霞，戚霞，曾华波，等. 海水全浸室内模拟加速试验方法的研究 [J]. 腐蚀科学与防护技术，2010，22(3)：192-196.

[113] 张万灵，刘建容，黄桂桥. E36 钢的海水腐蚀模拟试验研究 [J]. 材料保护，2009，42(11)：

27 - 29.

[114] 施勤龙，赵晓栋，周枫，等. 一种改进的海洋腐蚀模拟拟试验装置的设计 [J]. 科学时代，2010(7)：59 - 60.

[115] 侯保荣. 海洋钢结构浪花飞溅区腐蚀控制技术 [M]. 北京：科学出版社，2011.

[116] 侯保荣. 海洋结构钢腐蚀试验方法的研究 [J]. 海洋科学集刊，1981，18：87 - 95.

[117] 常安乐. 模拟海洋试验装置及金属构筑物的腐蚀电化学检测 [D]. 天津：天津大学，2010.

[118] 张爱萍，田冰，何其平，张勇刚. 耐候钢海水飞溅腐蚀试验装置：中国 200620034876.9.

[119] 张树香. 离子色谱测定新疆土壤中 Cl⁻，NO₃⁻ 和 SO₄²⁻ [J]. 现代科学仪器，2004(5)：60 - 61.

[120] 葛燕，朱锡昶，朱雅仙，等. 混凝土中钢筋的腐蚀与阴极保护 [M]. 北京：化学工业出版社，2007.

[121] Bohni H. 钢筋混凝土结构的腐蚀 [M] 蒋正武，龙广成，孙振平，译. 北京：机械工业出版社，2009.

[122] 洪定海. 混凝土中钢筋的腐蚀与保护 [M]. 北京：中国铁道出版社，1998.

[123] 侯保荣. 海洋钢筋混凝土腐蚀与修复补强技术 [M]. 北京：科学出版社，2012.

[124] 张清玉. 油气田工程实用防腐蚀技术 [M]. 北京：中国石化出版社，2009.

[125] 国家石油和化学工业局. SY/T 5273—2000 油田采出水用缓蚀剂性能评价方法 [S]. 北京：石油工业出版社，2000.

[126] 国家石油和化学工业局. SY/T 5673—1993 油田用防垢剂性能评定方法 [S]. 北京：石油工业出版社，1993.

[127] 国家环境保护局. GB 7476—1987 水质钙的测定 EDTA 滴定法 [S]. 北京：中国标准出版社，1987.

[128] 柯伟. 中国腐蚀调查报告 [M]. 北京：化学工业出版社，2003.

北京大学出版社材料类相关教材书目

序号	书 名	标准书号	主 编	定价	出版日期
1	金属学与热处理	7-5038-4451-5	朱兴元，刘忆	24	2007.7
2	材料成型设备控制基础	978-7-301-13169-5	刘立君	34	2008.1
3	锻造工艺过程及模具设计	978-7-5038-4453-5	胡亚民，华林	30	2012.3
4	材料成形 CAD/CAE/CAM 基础	978-7-301-14106-9	余世浩，朱春东	35	2008.8
5	材料成型控制工程基础	978-7-301-14456-5	刘立君	35	2009.2
6	铸造工程基础	978-7-301-15543-1	范金辉，华勤	40	2009.8
7	材料科学基础	978-7-301-15565-3	张晓燕	32	2012.1
8	无机非金属材料科学基础	978-7-301-22674-2	罗绍华	53	2013.7
9	模具设计与制造	978-7-301-15741-1	田光辉，林红旗	42	2013.7
10	造型材料	978-7-301-15650-6	石德全	28	2012.5
11	材料物理与性能学	978-7-301-16321-4	耿桂宏	39	2012.5
12	金属材料成形工艺及控制	978-7-301-16125-8	孙玉福，张春香	40	2013.2
13	冲压工艺及模具设计(第 2 版)	978-7-301-16872-1	牟林，胡建华	34	2013.7
14	材料腐蚀及控制工程	978-7-301-16600-0	刘敬福	32	2010.7
15	摩擦材料及其制品生产技术	978-7-301-17463-0	申荣华，何林	45	2010.7
16	纳米材料基础与应用	978-7-301-17580-4	林志东	35	2013.9
17	热加工测控技术	978-7-301-17638-2	石德全，高桂丽	40	2013.8
18	智能材料与结构系统	978-7-301-17661-0	张光磊，杜彦良	28	2010.8
19	材料力学性能	978-7-301-17600-3	时海芳，任鑫	32	2012.5
20	材料性能学	978-7-301-17695-5	付华，张光磊	34	2012.5
21	金属学与热处理	978-7-301-17687-0	崔占全，王昆林，吴润	50	2012.5
22	特种塑性成形理论及技术	978-7-301-18345-8	李峰	30	2011.1
23	材料科学基础	978-7-301-18350-2	张代东，吴润	36	2012.8
24	DEFORM-3D 塑性成形 CAE 应用教程	978-7-301-18392-2	胡建军，李小平	34	2012.5
25	原子物理与量子力学	978-7-301-18498-1	唐敬友	28	2012.5
26	模具 CAD 实用教程	978-7-301-18657-2	许树勤	28	2011.4
27	金属材料学	978-7-301-19296-2	伍玉娇	38	2013.6
28	材料科学与工程专业实验教程	978-7-301-19437-9	向嵩，张晓燕	25	2011.9
29	金属液态成型原理	978-7-301-15600-1	贾志宏	35	2011.9
30	材料成形原理	978-7-301-19430-0	周志明，张弛	49	2011.9
31	金属组织控制技术与设备	978-7-301-16331-3	邵红红，纪嘉明	38	2011.9
32	材料工艺及设备	978-7-301-19454-6	马泉山	45	2011.9
33	材料分析测试技术	978-7-301-19533-8	齐海群	28	2011.9
34	特种连接方法及工艺	978-7-301-19707-3	李志勇，吴志生	45	2012.1
35	材料腐蚀与防护	978-7-301-20040-7	王保成	38	2012.2
36	金属精密液态成形技术	978-7-301-20130-5	戴斌煜	32	2012.2
37	模具激光强化及修复再造技术	978-7-301-20803-8	刘立君，李继强	40	2012.8
38	高分子材料与工程实验教程	978-7-301-21001-7	刘丽丽	28	2012.8
39	材料化学	978-7-301-21071-0	宿辉	32	2012.8
40	塑料成型模具设计	978-7-301-17491-3	江昌勇　沈洪雷	49	2012.9
41	压铸成形工艺与模具设计	978-7-301-21184-7	江昌勇	43	2012.9
42	工程材料力学性能	978-7-301-21116-8	莫淑华　于久灏等	32	2013.3
43	金属材料学	978-7-301-21292-9	赵莉萍	43	2012.10
44	金属成型理论基础	978-7-301-21372-8	刘瑞玲　王军	38	2012.10
45	高分子材料分析技术	978-7-301-21340-7	任鑫　胡文全	42	2012.10
46	金属学与热处理实验教程	978-7-301-22065-8	高聿为　刘永	35	2013.1
47	无机材料生产设备	978-7-301-22065-8	单连伟	36	2013.2
48	材料表面处理技术与工程实训	978-7-301-22064-1	柏云杉	30	2013.2
49	腐蚀科学与工程实验教程	978-7-301-23030-5	王吉会	32	2013.9

相关教学资源如电子课件、电子教材、习题答案等可以登录 www.pup6.com 下载或在线阅读。

扑六知识网(www.pup6.com)有海量的相关教学资源和电子教材供阅读及下载(包括北京大学出版社第六事业部的相关资源)，同时欢迎您将教学课件、视频、教案、素材、习题、试卷、辅导材料、课改成果、设计作品、论文等教学资源上传到 pup6.com，与全国高校师生分享您的教学成就与经验，并可自由设定价格，知识也能创造财富。具体情况请登录网站查询。

如您需要免费纸质样书用于教学，欢迎登陆第六事业部门户网(www.pup6.com)填表申请，并欢迎在线登记选题以到北京大学出版社来出版您的大作，也可下载相关表格填写后发到我们的邮箱，我们将及时与您取得联系并做好全方位的服务。

扑六知识网将打造成全国最大的教育资源共享平台，欢迎您的加入——让知识有价值，让教学无界限，让学习更轻松。

联系方式：010-62750667，童编辑，13426433315@163.com，pup_6@126.com，欢迎来电来信。